ELECTRIC ELECTRONICS

공무원·군무원·교원임용 자격증을 준비하는 수험생들을 위한 기초이론

우영이와 승완이가 함께하는

전기/전자
통신관련

기초
전기전자

최우영·전승완

Daum 카페 [우영이집] [검색]
 동영상강의 **pass.willbes.net**

예문사

이 책을 처음 만들자고 계획한 것은 공무원 전자공학을 수업하면서부터입니다. 수험생들 중에 전공을 하지 않은 친구들은 물론이거니와 졸업한 지 오래되어 전공 내용을 거의 잊어버린 학생들이 많아 기초적인 내용을 알려주어야 할 필요성을 절감했기 때문입니다.

따라서 이 책은 전기/전자/통신을 전공으로 하는 고등학생/대학생 및 관련 분야에 관심을 가지고 접근하는 사람들을 위한 초급과정에 해당한다고 할 수 있습니다.

많은 학생들이 "쉬운 책이 어떤 것이냐?"라고 묻습니다.
그때마다 대답하기가 난감한 것은 전기/전자/통신은 쉬운 내용이 별로 없는데, 쉬운 책을 찾는 사람들에게 어떤 대답을 주어야 하느냐는 고민 때문입니다. 사실 제일 쉽게 설명된 책은 대학교 때 배우는 전공서적입니다. 시중에 나와 있는 쉽게 설명되었다고 하는 얇은 책의 내용을 아주 두꺼운 분량으로 자세하게 설명한 것이 전공서적이니까요. 그렇지만, 사람들은 전공서적보다 더 쉬운 설명서를 원합니다.

여기서 다루는 내용은 전기이론(or 회로이론)과 관련된 과목입니다.
회로에 익숙해지는 것을 목표로 회로변환, 노드방정식, RLC 해석 등의 내용을 주로 담을 것입니다. 이런 회로이론 자체가 전기/전자/통신의 가장 기초이면서 어려운 내용입니다. 하지만 전자공학과 전기공학에서 반드시 다루어야 할 내용입니다.

이런 기본적인 것을 모르고 전자공학이나 통신공학을 접하게 되면 전공분야에 거부감부터 생기게 됩니다. 그래서 최대한 쉽게 설명하려고 애썼고 가능하면 기본 원리에 위배되지 않는 범위 내에서 실제 생활에 적용해 설명하려고 노력했습니다.
물론 책만으로는 힘들어, 동영상도 병행했습니다.

아무쪼록 전기/전자/통신 관련 분야를 공부하려는 분들이 이 책을 통해 공부에 대한 부담과 거부감을 조금이나마 덜 수 있기를 바라며, 출간을 맡아주신 예문사에 감사한 마음을 전합니다.

최 우 영 · 전 승 완

제1편 | 기초전기이론

제**3**편 회로해석방법(2)

제**4**편 전기장과 자기장

제**5**편 교류회로해석(기초)

제6편 과도현상

제**7**편 2포트 회로의 이해

제8편 | 라플라스 변환

제9편 | 기출 및 예상문제

PART
01

기초
전기이론

전기의 본질

1 원자핵과 전자

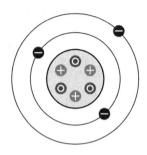

| 원자구조(Atomic Structure) |

① 원자핵

　ⓐ 원자핵 : 양성자와 중성자로 구성

　ⓑ 양성자와 중성자의 질량은 거의 같으며, 전자의 약 1,840배인 입자

　ⓒ 양성자와 중성자를 한데 합하여 핵자라 함

② 전자, 양성자

③ 질량 : 9.10955×10^{-31}[kg], 1.67261×10^{-27}[kg]

④ 전자의 전하량 : 1.60219×10^{-19}[C]

⑤ 전자의 비전하$\left(\dfrac{e}{m}\right) = \dfrac{1.602 \times 10^{-19}}{9.109 \times 10^{-31}}$[C/kg]

② 전기의 발생

| 중성 상태 |　　　　　| 양전기 상태 |　　　　　| 음전기 상태 |

※ 자유전자의 발생원인과 전하량은 얼마인가?

③ 전하와 전기량

① 전하 : 대전된 전기(Electric Charge)

② 전기량 : 전하가 가지고 있는 전기의 양, 단위 : Coulomb[C]

③ 전자 1개의 전기량 : $e = 1.60219 \times 10^{-19}$ [C]

④ 1[C]의 전하량을 만들기 위해 필요한 전하량

$$\therefore 1[C] = \frac{1}{1.60219 \times 10^{-19}} \approx 6.24 \times 10^{18} \text{개}$$

⑤ 가전자의 의미는 무엇인가?

●실전문제 ELECTRIC ELECTRONICS

01 원자핵에 대한 설명 중 틀린 것은?

① 양자의 전하량과 전자의 전하량은 그 크기가 같다.

② 원자핵이 원자질량의 대부분을 차지한다.

③ 원자핵은 양자와 전자로 구성되어 있다.

④ 원자번호는 양자의 숫자와 같다.

02 전자와 양성자의 성질에 관한 설명으로 옳지 못한 것은?

① 양성자는 (+), 전자는 (−) 전기를 가지며, 같은 종류의 전기는 흡입하고 다른 종류의 전기는 반발한다.

② 전자의 질량은 9.10955×10^{-31}[kg]이고, 양성자는 전자보다 약 1,840배 무겁다.

③ 1개의 전자와 양성자가 가지는 전기량의 절댓값은 1.60219×10^{-19}[C]이다.

④ 원자에서 양성자의 숫자는 원자번호와 같다.

03 〈보기〉는 원자를 이루는 전자에 대한 특성을 나열한 것이다. 〈보기〉에서 옳은 것을 모두 고른 것은?

22년 서울시(고졸) 9급

〈보기〉
ㄱ. 원자핵의 일부분이다.
ㄴ. $e = -1.602 \times 10^{-19}$[C]의 전기량을 가진다.
ㄷ. 원자핵 가장자리를 회전하는 최외각 전자에 에너지가 공급되면 이동이 가능한 상태가 된다.
ㄹ. 질량은 양성자의 약 1,840배에 해당한다.

① ㄱ

② ㄴ, ㄷ

③ ㄴ, ㄹ

④ ㄴ, ㄷ, ㄹ

정답 01 ③ 02 ① 03 ②

전기회로의 기본 용어

❶ 일반적인 물리현상과 전기회로의 비교

수압 ↔ 전압
수도꼭지 ↔ 저항
물의 흐름 ↔ 전류

| 일반적인 물리현상 | 〈상호 관계〉 | 일반적인 전기회로 |

전압 : V [V]
전류 : I [A]
저항 : R [Ω]
전하량 : Q [C]
정전용량 : C [F]

❷ 옴의 법칙 $\left(I = \dfrac{V}{R} \right)$

① R을 일정하게 유지

$$V \uparrow \Rightarrow I \uparrow$$
$$V \downarrow \Rightarrow I \downarrow$$

$I \propto V$ (전류와 전압이 비례)

② V를 일정하게 유지

$$R \uparrow \Rightarrow I \downarrow$$
$$R \downarrow \Rightarrow I \uparrow$$

$I \propto \dfrac{1}{R}$ (전류와 저항은 반비례)

$$I = \frac{V}{R}$$

* 옴의 법칙 : 회로에 흐르는 전류는 전압에는 비례하고 저항에는 반비례한다.

3 전류(I)와 전하량(Q)의 비교

$$Q = I \times t, \quad I = \frac{Q}{t}$$

* 그릇에 물을 담을 수 있는 양 : 100리터
* 10초 동안 물이 흘러 그릇을 채웠다. 1초에 흐른 물의 양은?
* 5초 동안 물이 흘러 그릇을 채웠다. 1초에 흐른 물의 양은?

* 총 흐른 물의 양 : 전하량(Q)
* 단위시간에 흐른 물의 양 : 전류(I)
* $Q = n \cdot e$
  여기서, n : 전자의 개수
  　　　 e : 전자 1개의 전하량

4 전하량과 정전용량의 관계

$$Q = CV$$

여기서, Q : 그릇에 찬 물의 양
　　　 C : 그릇의 밑변의 넓이
　　　 V : 그릇에 찬 물의 높이

01 옴의 법칙을 바르게 설명한 것은 무엇인가?(단, V : 전압, I : 전류, R : 저항)

① $V = IR$

② $V = \dfrac{R}{I}$

③ $V = \dfrac{I}{R}$

④ $I = VR$

02 어떤 도체의 단면을 30분 동안에 5,400[C]의 전기량이 이동했다고 하면, 전류의 크기는 몇 [A]인가?

① 1[A]

② 2[A]

③ 3[A]

④ 4[A]

03 전류를 흐르게 하는 능력을 무엇이라고 하는가?

① 전하량

② 기전력

③ 저항량

④ 전기력

04 옴의 법칙에서 전류의 크기는 다음 중에서 어느 것에 비례하는가?

① 저항

② 자장의 세기

③ 기자력

④ 전압

05 저항이 20[Ω]인 도체에 5[A]의 전류가 흐르고 있다. 이때 이 도체 양단에 몇 [V]의 전압을 인가한 것인가?

① 100[V]

② 20[V]

③ 5[V]

④ 4[V]

정답 **01** ① **02** ③ **03** ② **04** ④ **05** ①

06 어떤 저항 R에 1분 동안 100[V]의 기전력을 가했을 때 1,200[C]의 전하가 이동되었다고 한다. 이 저항 R의 값은 몇 [Ω]인가? 12년 국회직 9급

① 5   ② 10

③ 12   ④ 15

07 $i(t) = 2.0t + 2.0$[A]의 전류가 시간 $0 \leq t \leq 60$[sec] 동안 도선에 흘렀다면, 이때 도선의 한 단면을 통과한 총 전하량[C]은? 11년 지방직 9급

① 4   ② 122

③ 3,600   ④ 3,720

08 다음 그림과 같이 전지를 접속하였을 때, 단자 3과 5 사이의 전위차 V_{35} [V]는?

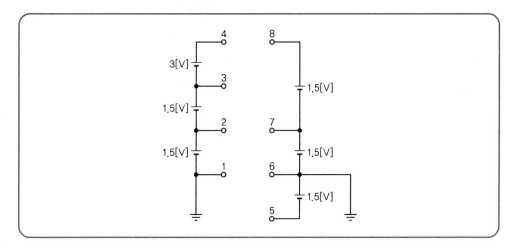

① 0   ② 1.5

③ 3   ④ 4.5

09 도체에서 1초당 도체의 단면을 통과하는 자유전자의 개수를 n[1/sec]이라 했을 때, 도체에 흐르는 전류(I)[A] 값은?(단, e는 도체의 단면을 통과하는 자유전자 1개의 전하량이다.)

① $e \cdot n$[A]   ② $e^2 \cdot n$[A]

③ $\dfrac{e}{n}$[A]   ④ $\dfrac{n}{e}$[A]

10 반지름 2[mm]인 구리도선에 2[A]의 전류가 흐를 때 1.602[sec] 동안 도선의 단면을 통과하는 자유전자의 개수를 구하면?(단, 전자의 전하량은 -1.602×10^{-19}[C]이고 단위체적당 8.5×10^{28}개의 자유전자가 있다.) 12년 국회직 9급

① 5.3×10^9개　　　　　　　　② 8.5×10^9개

③ 2×10^{19}개　　　　　　　　④ 6.7×10^{23}개

⑤ 8.5×10^{47}개

11 그림과 같이 전지가 접속되어 있을 때 단자 a와 단자 e 사이의 전위차 V_{ae}[V]의 값은?

① 1.5　　　　　　　　　　　② 3

③ 4.5　　　　　　　　　　　④ 7.5

저항의 직 · 병렬 연결

■ 저항(Resistor) : R [Ω]

1) 고정저항의 종류

① 탄소피막저항(일반저항) ② 솔리드 저항

③ 권선 저항 ④ 금속피막 저항

2) 저항식별(일반저항)

① 4색띠 저항

정밀도(오차)
배수(승수)
제 2숫자
제 1숫자

＊ 다음 그림을 보고 저항값을 쓰시오.

좁다.   넓다.

갈 검 빨 금

좁다.   넓다.

등 빨 노 금

좁다.   넓다.

빨 빨 갈 금

색띠	1 자릿수	2 자릿수	승수	오차(%)
흑색	0	0	10^0	
갈색	1	1	10^1	
적색	2	2	10^2	
등색	3	3	10^3	
황색	4	4	10^4	
녹색	5	5	10^5	
청색	6	6	10^6	
자색	7	7	10^7	
회색	8	8	10^8	
백색	9	9	10^9	
금색			10^{-1}	5%
은색			10^{-2}	10%
무색				20%

✽ 다음 저항값을 보고 색띠를 순서대로 나열하시오.

　㉠ 27kΩ±(5%)

　㉡ 2Ω±(5%)

　㉢ 10MΩ±(5%)

　㉣ 3.3kΩ±(5%)

② 5색띠 저항

정밀도(오차)
배수(승수)
제 3숫자
제 2숫자
제 1숫자

색띠	1 자릿수	2 자릿수	3 자릿수	승수	오차(%)
흑색	0	0	0	10^0	
갈색	1	1	1	10^1	1%
적색	2	2	2	10^2	2%
등색	3	3	3	10^3	
황색	4	4	4	10^4	
녹색	5	5	5	10^5	5%
청색	6	6	6	10^6	
자색	7	7	7	10^7	
회색	8	8	8	10^8	
백색	9	9	9	10^9	
금색				10^{-1}	
은색				10^{-2}	
무색					

✽ 다음 그림을 보고 저항값을 쓰시오.

좁다. 넓다.

갈 빨 검 갈 갈

좁다. 넓다.

갈 검 빨 빨 갈

좁다. 넓다.

빨 빨 빨 갈 갈

✽ 다음 저항값을 보고 색띠를 순서대로 나열하시오.

　㉠ 10.5kΩ±(1%)

　㉡ 4.00kΩ±(1%)

　㉢ 8.20kΩ±(1%)

　㉣ 12.4kΩ±(1%)

3) 가변저항

가변저항

반고정 저항

● 실전문제 ELECTRIC ELECTRONICS

01 저항기의 색깔에 의한 정격표시(KSC 0802)에서 첫째 띠의 색깔 표시와 숫자의 연결이 옳지 않은 것은?

	색	숫자		색	숫자
①	검은색	0	②	갈색	1
③	노랑색	5	④	파랑색	6

02 그림과 같은 색띠 저항에 10[V]의 직류전원을 연결하면 이 저항에서 5분간 소모되는 에너지 [J]는 얼마인가?(단, 금색이 의미하는 저항값의 오차는 무시한다.)

① 0.5   ② 30   ③ 50   ④ 300

03 그림과 같은 색띠 저항에 10[V]의 직류전원을 연결하면 이 저항에서 10분간 소모되는 열량 [cal]은?(단, 금색이 의미하는 저항값의 오차는 무시한다.)

① 12   ② 36   ③ 72   ④ 144

정답 **01** ③ **02** ② **03** ③

2 직렬회로

(a) 일반적인 물리현상에서의 특성   (b) 실제 전기회로에서의 특성

| 직렬회로의 중요 특징 |

※ 위 그림 ⓐ~ⓔ 중에 단위시간에 흐르는 물의 양이 가장 많은 위치는 어디인가?

3 직렬회로 해석

① 등가회로

등가회로 구성

② 직렬회로 해석

일반적인 특성	옴의 법칙 적용	R_t 구하는 법	V_1, V_2 구하는 법
$I_t = I_1 = I_2$ (전류 일정) $V_t = V_1 + V_2$ (전압 분배)	$V_1 = I_1 R_1,\ I_1 = \dfrac{V_1}{R_1}$ $V_2 = I_2 R_2,\ I_2 = \dfrac{V_2}{R_2}$ $V_t = I_t R_t,\ I_t = \dfrac{V_t}{R_t}$	$V_t = V_1 + V_2$에서 (대입) $I_t R_t = I_1 R_1 + I_2 R_2$ $I_t = I_1 = I_2$ 이므로 I를 제거 $R_t = R_1 + R_2$	$I_t = I_1$에서 (대입) $\dfrac{V_t}{R_t} = \dfrac{V_1}{R_1}$ 가 된다. $V_1 = \dfrac{R_1}{R_t} V_t = \dfrac{R_1}{R_1 + R_2} V_t$ $V_2 = \dfrac{R_2}{R_t} V_t = \dfrac{R_2}{R_1 + R_2} V_t$

④ 병렬회로

(a) 일반적인 물리현상에서의 특성   (b) 실제 전기회로에서의 특성

| 병렬회로의 중요 특징 |

⑤ 병렬회로 해석

일반적인 특성	옴의 법칙 적용	R_t 구하는 법	I_1, I_2 구하는 법
$V_t = V_1 = V_2$ (전압 일정) $I_t = I_1 + I_2$ (전류 분배)	$V_1 = I_1 R_1,\ I_1 = \dfrac{V_1}{R_1}$ $V_2 = I_2 R_2,\ I_2 = \dfrac{V_2}{R_2}$ $V_t = I_t R_t,\ I_t = \dfrac{V_t}{R_t}$	$I_t = I_1 + I_2$ 에서 (대입) $\dfrac{V_t}{R_t} = \dfrac{V_1}{R_1} + \dfrac{V_2}{R_2}$ $V_t = V_1 = V_2$ 이므로 V를 제거 $\dfrac{1}{R_t} = \dfrac{1}{R_1} + \dfrac{1}{R_2}$ $R_t = \dfrac{R_1 R_2}{R_1 + R_2}$	$V_t = V_1$ 에서 (대입) $I_t R_t = I_1 R_1$ 가 된다. $I_1 = \dfrac{I_t R_t}{R_1} = \dfrac{R_2}{R_1 + R_2} I_t$ $I_2 = \dfrac{I_t R_t}{R_2} = \dfrac{R_1}{R_1 + R_2} I_t$

⑥ 직렬회로와 병렬회로의 비교

구분	직렬회로	병렬회로
일정한 값	전류	전압
분배되는 값	전압	전류
저항값에 따른 분배량	$R_1 : R_2 = 1 : 2$일 때 $V_1 : V_2 = 1 : 2$	$R_1 : R_2 = 1 : 2$일 때 $I_1 : I_2 = 2 : 1$

01 입력전압이 10[V]이고, $R_1 = 3$[kΩ], $R_2 = 7$[kΩ]인 경우 출력전압, 합성저항, 회로에 흐르는 전류를 각각 구하시오.

① 출력전압 :

② 합성저항 :

③ 전류 :

02 다음 회로에 흐르는 I_t, I_1, I_2, V_1, V_2 를 각각 구하시오. (단, $V_{IN} = 12$[V], $R_1 = 6$[kΩ], $R_2 = 4$[kΩ]이다.)

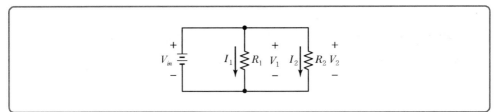

① $I_t =$

② $I_1 =$

③ $I_2 =$

④ $V_1 =$

⑤ $V_2 =$

03 아래 회로에서 각 저항에 흐르는 전류량과 분배되는 전압과 합성저항은 각각 얼마인가?

① R_t

② 2[k]에 걸리는 전압과 전류 :

③ 3[k]에 걸리는 전압과 전류 :

④ 6[k]에 걸리는 전압과 전류 :

04 그림과 같은 회로에서 a, b 사이의 단자 전압 E_{ab}[V]는?

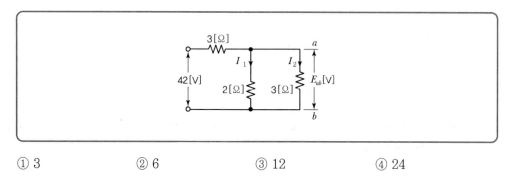

① 3   ② 6   ③ 12   ④ 24

05 서로 다른 저항 R_1과 R_2에 대해 각각 전류 – 전압 특성을 측정하였을 때 다음과 같은 결과를 얻었다. 동일한 전압일 때 각 저항에서 소모되는 전력의 비 $P_1 : P_2$는?

① 2 : 1   ② 3 : 1   ③ 4 : 1   ④ 9 : 1

06 그림의 회로에서 I_1에 흐르는 전류는 1.5[A]이다. 회로의 합성저항[Ω]은? 20년 지방직 9급

① 2

② 3

③ 6

④ 9

07 다음 회로의 합성저항을 구하시오.

① 10.4

② 12.4

③ 14.4

④ 16.4

08 그림의 회로에서 3[Ω]에 흐르는 전류 I[A]는? 20년 지방직 9급

① 0.4

② 0.8

③ 1.2

④ 2

09 다음 회로에서 전압 V가 일정하고, 스위치 SW를 닫은 후 전류 I가 닫기 전 전류의 2배가 되는
저항값 $R[\Omega]$은?

① 1   ② 1.5   ③ 2   ④ 2.5

10 그림과 같은 회로에서 $I[A]$의 값은?

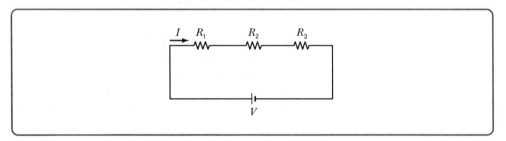

① $\dfrac{V}{R_1 + R_2 + R_3}$

② $\dfrac{V}{\dfrac{1}{R_1} + \dfrac{1}{R_2} + \dfrac{1}{R_3}}$

③ $\left(\dfrac{1}{R_1} + \dfrac{1}{R_2} + \dfrac{1}{R_3}\right) \times \dfrac{1}{V}$

④ $\dfrac{R_1 + R_2 + R_3}{V}$

11 그림과 같은 회로에서 $E = 40[\text{V}]$, $R_1 = 2[\Omega]$, $R_2 = 12[\Omega]$, $R_3 = 4[\Omega]$, $R_4 = 5[\Omega]$일 때 $R_3 = 4[\Omega]$에 흐르는 전류 $I_3[\text{A}]$의 값은?

① 0.5   ② 1   ③ 3   ④ 5

12 4[Ω]과 1[Ω]의 저항을 직렬로 접속한 경우는 병렬로 접속한 경우에 비하여 저항이 몇 배인가?

22년 군무원 9급

① 2   ② $\dfrac{15}{4}$

③ 4   ④ $\dfrac{25}{4}$

1 직렬회로

(a) 일반적인 물리현상에서의 특성   (b) 실제 전기회로에서의 특성

| 직렬회로의 중요 특징 |

2 직렬회로 해석

① 등가회로

② 직렬회로 해석

일반적인 특성	옴의 법칙 적용	C_t 구하는 법	V_1, V_2 구하는 법
$Q_t = Q_1 = Q_2$ (전하량 일정) $V_t = V_1 + V_2$ (전압 분배)	$Q_1 = C_1 V_1,$ $V_1 = \dfrac{Q_1}{C_1}$ $Q_2 = C_2 V_2,$ $V_2 = \dfrac{Q_2}{C_2}$ $Q_t = C_t V_t,$ $V_t = \dfrac{Q_t}{C_t}$	$V_t = V_1 + V_2$에서 (대입) $\dfrac{Q_t}{C_t} = \dfrac{Q_1}{C_1} + \dfrac{Q_2}{C_2}$ $Q_t = Q_1 = Q_2$이므로 Q를 제거 $\dfrac{1}{C_t} = \dfrac{1}{C_1} + \dfrac{1}{C_2},$ $C_t = \dfrac{C_1 C_2}{C_1 + C_2}$	$Q_t = Q_1$에서 (대입) $C_t V_t = C_1 V_1$ 가 된다. $V_1 = \dfrac{C_t}{C_1} V_t$ $\quad = \dfrac{C_2}{C_1 + C_2} V_t$ $V_2 = \dfrac{C_t}{C_2} V_t$ $\quad = \dfrac{C_1}{C_1 + C_2} V_t$

❸ 병렬회로

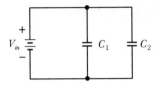

(a) 일반적인 물리현상에서의 특성   (b) 실제 전기회로에서의 특성

| 병렬회로의 중요 특징 |

❹ 병렬회로 해석

일반적인 특성	옴의 법칙 적용	C_t 구하는 법	Q_1, Q_2 구하는 법
$V_t = V_1 = V_2$ (전압 일정) $Q_t = Q_1 + Q_2$ (전하량 분배)	$Q_1 = C_1 V_1,\ V_1 = \dfrac{Q_1}{C_1}$ $Q_2 = C_2 V_2,\ V_2 = \dfrac{Q_2}{C_2}$ $Q_t = C_t V_t,\ V_t = \dfrac{Q_t}{C_t}$	$Q_t = Q_1 + Q_2$에서 (대입) $C_t V_t = C_1 V_1 + C_2 V_2$ $V_t = V_1 = V_2$이므로 V를 제거 $C_t = C_1 + C_2$	$V_t = V_1$에서 (대입) $\dfrac{Q_t}{C_t} = \dfrac{Q_1}{C_1}$ 가 된다. $Q_1 = \dfrac{C_1}{C_t} Q_t = \dfrac{C_1}{C_1 + C_2} Q_t$ $Q_2 = \dfrac{C_2}{C_t} Q_t = \dfrac{C_2}{C_1 + C_2} Q_t$

❺ 직렬회로와 병렬회로의 비교

구분	직렬회로	병렬회로
일정한 값	전하량	전압
분배되는 값	전압	전하량
콘덴서 값에 따른 분배량	$C_1 : C_2 = 1 : 2$일 때 $V_1 : V_2 = 2 : 1$	$C_1 : C_2 = 1 : 2$일 때 $Q_1 : Q_2 = 1 : 2$

01 입력전압이 10[V]이고, $C_1 = 3[\mu F]$, $C_2 = 7[\mu F]$이다. 다음에서 지시하는 값들을 구하시오.

① 합성 정전용량은 얼마인가?

② C_1, C_2 양단전압 V_1, V_2는 각각 얼마인가?

③ C_1, C_2 각각에 충전되는 전하량 Q_1, Q_2는 얼마인가?

02 입력전압이 9[V]이고, $C_1 = 6[\mu F]$, $C_2 = 3[\mu F]$이다. 다음에서 지시하는 값들을 구하시오.

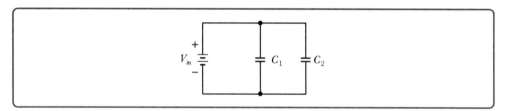

① 합성 정전용량은 얼마인가?

② C_1, C_2 양단전압 V_1, V_2는 각각 얼마인가?

③ C_1, C_2 각각에 충전되는 전하량 Q_1, Q_2는 얼마인가?

03 아래 회로에서 각 콘덴서에 충전되는 전하량과 분배되는 전압은 각각 얼마인가? 그리고, 합성 정전용량은 얼마인가?

① C_t 는 얼마인가?

② 6$[\mu F]$에 걸리는 전하량과 전압 :

③ 4$[\mu F]$에 걸리는 전하량과 전압 :

④ 8$[\mu F]$에 걸리는 전하량과 전압 :

04 그림과 같은 회로의 합성 정전용량은 5$[\mu F]$이다. C_A의 정전용량은 몇 $[\mu F]$인가?

① 1   ② 2

③ 3   ④ 4

05 다음은 정전용량의 특성에 관한 설명이다. 잘못 설명한 것은?

① 전위 1[V]를 올리기 위해 1[C]의 전하가 사용될 때 정전용량은 1[F]이다.

② 유전체의 유전율을 증가시키면 정전용량은 증가한다.

③ 콘덴서 전극의 면적을 증가시키면 정전용량은 증가한다.

④ 콘덴서 전극 사이의 간격을 증가시키면 정전용량은 증가한다.

06 같은 용량의 3개의 콘덴서 C가 직렬로 접속되어 있는 경우의 합성 정전용량이 $1[\mu F]$일 때, 다음 회로와 같이 3개의 콘덴서 C를 직 · 병렬로 연결했을 때의 합성 정전용량$[\mu F]$은?

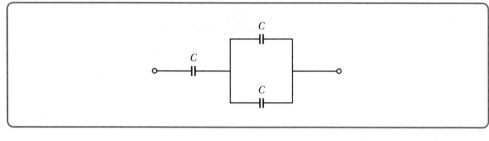

① 2

② 2.5

③ 3

④ 3.5

07 다음 회로에서 전압 $V_3[\text{V}]$는?

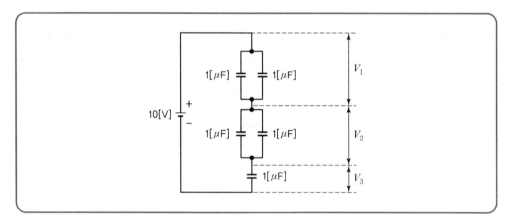

① 5

② 7

③ 9

④ 11

08 다음 총 합성용량이 $5[\mu F]$일 때 $C_X[\mu F]$로 알맞은 값은 얼마인가?

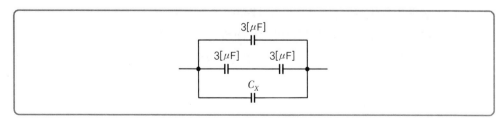

① 0.5

② 1

③ 1.5

④ 2

09 다음 회로에서 단자 b와 c 사이의 합성 정전용량[F]은? 19년 지방직 9급

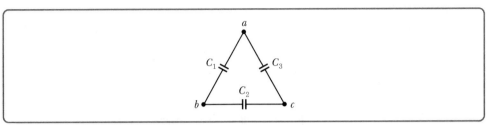

① $C_3 + \cfrac{1}{\cfrac{1}{C_1} + \cfrac{1}{C_2}}$

② $C_2 + \cfrac{1}{\cfrac{1}{C_1} + \cfrac{1}{C_3}}$

③ $C_1 + \cfrac{1}{\cfrac{1}{C_2} + \cfrac{1}{C_3}}$

④ $C_1 + C_2 + C_3$

10 다음 회로에 대한 설명으로 옳은 것만을 〈보기〉에서 모두 고르면?(단, 총 전하량 $Q_T = 400$ $[\mu C]$이고, 정전용량 $C_1 = 3[\mu F]$, $C_2 = 2[\mu F]$, $C_3 = 2[\mu F]$이다.)

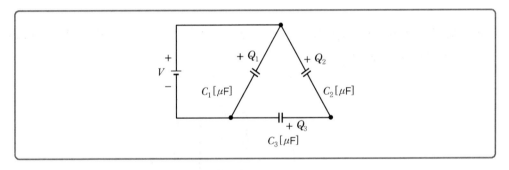

ㄱ. $Q_2[\mu C] = Q_3[\mu C]$
ㄴ. 커패시터의 총 합성 정전용량 $C_t = 4[\mu F]$
ㄷ. 전압 $V = 100[V]$
ㄹ. C_1에 축적되는 전하 $Q_1 = 300[\mu C]$

① ㄱ, ㄴ

② ㄱ, ㄷ, ㄹ

③ ㄴ, ㄷ, ㄹ

④ ㄱ, ㄴ, ㄷ, ㄹ

11 다음 콘덴서 직병렬회로에 직류전압 180[V]를 연결하였다. 이 회로의 합성 정전용량과 C_2 콘덴서에 걸리는 전압은?

13년 국가직 9급

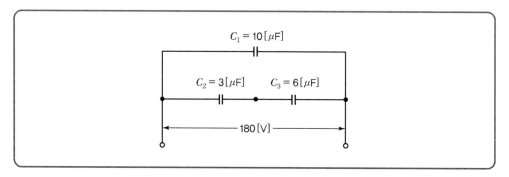

	합성 정전용량[μF]	전압[V]
①	12	60
②	12	120
③	16	60
④	16	120

12 그림의 회로는 동일한 정전용량을 가진 6개의 커패시터로 구성되어 있다. 그림의 회로에 대한 설명으로 옳은 것은?

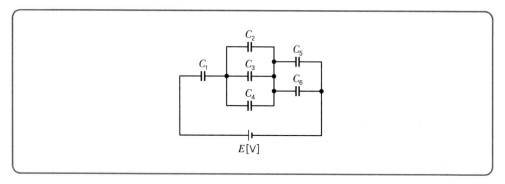

① C_5에 충전되는 전하량은 C_1에 충전되는 전하량과 같다.

② C_6의 양단 전압은 C_1의 양단 전압의 2배이다.

③ C_3에 충전되는 전하량은 C_5에 충전되는 전하량의 2배이다.

④ C_2의 양단 전압은 C_6의 양단 전압의 $\dfrac{2}{3}$ 배이다.

정답 **11** ② **12** ④

기본 회로망 정리

1 전압분배와 전류분배

1) 전압분배(직렬회로)

직렬회로

① 전류 분배 : $I = I_1 = I_2 = I_3$ (일정)

② 합성저항(증가) : $R_t = R_1 + R_2 + R_3 = nR$(저항이 같을 때)

③ 전압분배(저항에 비례) : $V = V_1 + V_2 + V_3$

$$V_1 : V_2 : V_3 = R_1 : R_2 : R_3$$

$$V_1 = \frac{R_1}{R_t} \cdot V, \quad V_2 = \frac{R_2}{R_t} \cdot V, \quad V_3 = \frac{R_3}{R_t} \cdot V$$

2) 전류분배(병렬회로)

병렬회로

① 전압 분배 : $V = V_1 = V_2 = V_3$ (일정)

② 합성저항(감소) : $\dfrac{1}{R} = \dfrac{1}{R_1} + \dfrac{1}{R_2} + \dfrac{1}{R_3} = \dfrac{n}{R}$ (저항이 같을 때)

③ 전류분배(저항에 반비례) : $I = I_1 + I_2 + I_3$

$$I_1 : I_2 : I_3 = \frac{1}{R_1} : \frac{1}{R_2} : \frac{1}{R_3}$$

$$I_1 = \frac{R_t}{R_1} \cdot I, \quad I_2 = \frac{R_t}{R_2} \cdot I, \quad I_3 = \frac{R_t}{R_3} \cdot I$$

2 휘스톤 브리지회로

1) 전위의 평형

전기회로에서 두 점 사이의 전위차가 없는 것(전위차가 0인 경우)

$$V_{21} = V_2 - V_1[\text{V}]$$

2) 휘트스톤 브리지

① 4개의 저항 P, Q, R, X에 검류계를 접속하여 미지의 저항을 측정하기 위한 회로

② 브리지의 평형 조건 : $PR = QX$(마주보는 변의 곱은 서로 같다.)

3 키르히호프의 법칙(Kirchhoff's Law)

① 키르히호프의 제1법칙(KCL : Kirchhoff's Current Law)

전류법칙 : 회로의 한 접속점에서 접속점에 흘러들어 오는 전류의 합과 흘러나가는 전류의 합은 같다.

$$\sum \text{유입전류} = \sum \text{유출전류}$$

| 키르히호프의 제1법칙 |

② 키르히호프의 제2법칙(KVL : Kirchhoff's Voltage Law)

전압법칙 : 회로망 중의 임의의 폐회로 내에서 일주 방향에 따른 전압강하의 합은 기전력의 합과 같다.

$$\sum \text{기전력} = \sum \text{전압강하}$$

| 키르히호프의 제2법칙 |

④ 전압원과 전류원의 특성

구분	전압원	전류원
이상적인 전압원	내부저항이 없다.	내부저항이 무한대이다.
실제적인 전압원	전원과 내부저항이 직렬로 연결	전원과 값이 큰 내부저항이 병렬로 연결
안정 전압원	내부저항이 부하저항보다 1/100 이하인 전압원	내부저항이 부하저항보다 100배 이상 되는 전류원

⑤ 전압계와 전류계의 특성

① 전압계(이상적인 전압계, Voltage Meter) : 내부저항 무한대이다. 회로에 병렬로 연결하여 측정한다. → 측정점 양단을 측정한다.

② 전류계(이상적인 전류계, Current Meter) : 내부저항이 없다. 회로에 직렬로 연결하여 측정한다. → 회로를 끊어서 측정한다.

⑥ 배율기와 분류기의 특성

① 배율기(Multiplier)

전압계의 측정범위를 넓게 하기 위해 전압계와 직렬로 접속하는 저항

$$V_V = r_V I = \frac{r_V V}{r_V + R_m}[\mathrm{V}]$$

$$V = \frac{r_V + R}{r_V} V_V = \left(1 + \frac{R_m}{r_V}\right) V_V = m V_V [\mathrm{V}]$$

배율 : $m = 1 + \dfrac{R_m}{r_V}$

$R_m = r_V (m - 1)[\Omega]$(배율기 저항값)

② 분류기(Shunt)

전류계의 측정범위를 넓게 하기 위해 전류계와 병렬로 접속하는 저항

$$I_a = \frac{R_s}{R_s + r_a} I[\mathrm{A}]$$

$$I = \frac{R_s + r_a}{R_s} I_a = \left(1 + \frac{r_a}{R_a}\right) I_a = n I_a [\mathrm{V}]$$

배율 : $n = 1 + \dfrac{r_a}{R_s}$

$$R_s = \frac{r_a}{n - 1}[\Omega]$$

⑦ 중첩의 정리(Superposition Theorem)

① **중첩의 원리** : 2개 이상의 기전력을 포함한 회로망 중의 어떤 점의 전위 또는 전류는 각 기전력이 각각 단독으로 존재한다고 할 때, 그 점 위의 전위 또는 전류의 합과 같다.

② **전압원과 전류원** : 전원이 작동하지 않도록 할 때, 전압원은 단락회로, 전류원은 개방회로로 대치한다.

③ **중첩의 원리 적용** : R, L, C 등 선형소자에만 적용한다.

⑧ Thevenin과 Norton

① Thevenin 정리

(a) 원 회로   (b) 테브냉의 등가회로

㉠ 테브냉의 정리 : 2개의 독립된 회로망을 접속하였을 때, 전원회로를 하나의 전압원과 직렬저항으로 대치

㉡ R_{Th} : 전압원을 단락하고 출력단에서 구한 합성저항

② Norton 정리

(a) 원 회로   (b) 노턴의 등가회로($R_N = R_{Th}$)

㉠ 노튼의 정리 : 2개의 독립된 회로망을 접속하였을 때, 전원회로를 하나의 전류원과 병렬저항으로 대치

㉡ R_N : 전류원을 개방하고 출력단에서 구한 합성저항

Thevenin과 Norton 값의 비교

과정	Thevenin	Norton	비교
1단계	부하저항 개방	부하저항 단락	
2단계	개방회로 전압 계산 Thevenin 전압(V_{Th})	단락회로 전류 계산 Norton 전류(I_N)	
3단계	전압원 단락과 전류원 개방과 부하저항 개방	전압원 단락, 전류원 개방과 부하저항 개방	
4단계	개방회로 저항 계산 혹은 측정 Thevenin 저항(R_{Th})	개방회로 저항 계산 혹은 측정 Norton 저항(R_N)	$R_{Th} = R_N$

● 실전문제

E L E C T R I C   E L E C T R O N I C S

01 다음과 같은 회로에서 휘스톤 브리지가 평형이 되었다. 이때, R_X 값을 구하시오.
(단, $R_1 = 25[\Omega]$, $R_2 = 50[\Omega]$, $R_3 = 40[\Omega]$, $R_a = 10[\Omega]$)

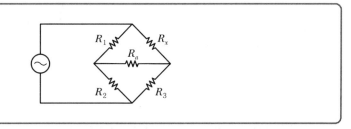

① 5[Ω] ② 10[Ω]
③ 15[Ω] ④ 20[Ω]

02 다음 그림을 키르히호프의 전류법칙을 이용해서 표현하시오.

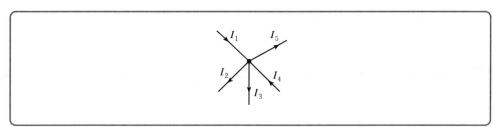

① $I_1 + I_2 = I_3 + I_4 + I_5$

② $I_1 + I_3 = I_2 + I_4 + I_5$

③ $I_1 + I_4 = I_2 + I_3 + I_5$

④ $I_1 + I_5 = I_2 + I_3 + I_4$

03 그림과 같은 회로에서 $I_1 = 5[\text{A}]$, $I_2 = 3[\text{A}]$, $I_3 = -2[\text{A}]$, $I_4 = 4[\text{A}]$일 때, $I_5[\text{A}]$는?

① 1   ② 2   ③ 3   ④ 4

04 어떤 부하에 흐르는 전류와 전압강하를 측정하려고 한다. 전류계와 전압계의 접속방법은?

① 전류계와 전압계를 부하에 모두 직렬로 접속한다.
② 전류계와 전압계를 부하에 모두 병렬로 접속한다.
③ 전류계는 부하에 직렬, 전압계는 부하에 병렬로 접속한다.
④ 전류계는 부하에 병렬, 전압계는 부하에 직렬로 접속한다.
⑤ 부하와 내부저항의 크기에 따라서 접속방법이 달라진다.

05 어떤 전압계의 측정범위를 100배로 하자면 배율기의 저항은 전압계의 내부저항의 몇 배로 하여야 하는가?

① 10   ② 50
③ 99   ④ 100
⑤ 200

06 내부저항이 90[Ω], 최대지시치가 1[mA]의 직류 전류계로 최대치 10[mA]를 측정하기 위한 분류기의 저항치는 얼마인가?

① 9[Ω]   ② 10[Ω]
③ 90[Ω]   ④ 100[Ω]
⑤ 900[Ω]

07 50[V]의 전압계로 150[V]의 전압을 측정하려면 몇[kΩ]의 저항을 외부에 접속해야 하는가?
(단, 전압계의 내부저항은 5[kΩ]이다.)

① 5[kΩ] ② 10[kΩ]

③ 15[kΩ] ④ 20[kΩ]

⑤ 25[kΩ]

08 다음 회로에서 3[Ω]의 저항에 흐르는 전류(I_2)는 얼마인가?

① 2 ② -2

③ 4 ④ -4

09 분류기를 사용하여 전류를 측정하는 경우 전류계의 내부 저항 0.12[Ω], 분류기의 저항이 0.03[Ω]이면 그 배율은 얼마인가?

① 3배 ② 4배

③ 5배 ④ 6배

⑤ 7배

10 다음과 같은 회로에서 테브냉 등가회로를 나타내시오.

11 다음 회로에서 테브냉 등가전압과 등가저항을 구하시오. 08년 경기도 9급

① V_{TH}= 3[V], R_{TH}= 4[kΩ]

② V_{TH}= 4[V], R_{TH}= 12[kΩ]

③ V_{TH}= 6[V], R_{TH}= 12[kΩ]

④ V_{TH}= 12[V], R_{TH}= 4[kΩ]

12 다음 회로에서 4[Ω] 저항 양단의 전압[V]은? 09년 지방직 9급

① 5   ② 6   ③ 8   ④ 12

13 다음 회로에서 6[Ω] 저항을 통해 흐르는 전류 I[A]는?　　　　07년 국가직 9급

① 3　　　　　② 2.5　　　　　③ 2　　　　　④ 1

14 아래 그림과 같은 회로에 $V_1 = 9$[V]의 직류전압을 인가한 후, 내부저항이 80[kΩ]인 전압계로 저항 R_2 양단의 전압을 측정하였다. 측정 전압과 실제 전압[V]의 차이는?(단, $R_1 = 10$[kΩ], $R_2 = 20$[kΩ]임)

① $\dfrac{1}{13}$　　　② $\dfrac{5}{16}$　　　③ 1　　　④ $\dfrac{1}{2}$

⑤ $\dfrac{6}{13}$

15 다음 그림과 같은 회로에 직류 전압 100[V]를 인가할 때 저항 10[Ω]의 양단에 걸리는 전압[V] 및 전류 I_1[A]는?

① 40, 6　　　　② 60, 6　　　　③ 40, 4　　　　④ 60, 4

⑤ 60, 10

정답　13 ③　14 ⑤　15 ②

16 다음 회로에서 단자 a와 b 사이에 흐르는 전류[A]는?

① 0.625   ② 1   ③ 1.3   ④ 2

17 전압계의 측정 범위를 넓히기 위해 내부 저항 R_V인 전압계에 직렬로 저항 R_m을 접속하여 그림의 ab 양단 전압을 측정하였다. 전압계의 지시 전압이 V_0일 때 ab 양단 전압은?

13년 국가직 9급

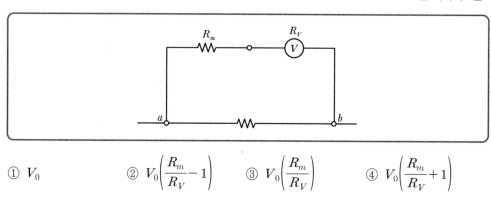

① V_0 ② $V_0\left(\dfrac{R_m}{R_V}-1\right)$ ③ $V_0\left(\dfrac{R_m}{R_V}\right)$ ④ $V_0\left(\dfrac{R_m}{R_V}+1\right)$

18 다음은 10[A]의 최대 눈금을 가진 두 개의 전류계 A_1, A_2에 10[A]의 전류가 흐르는 그림이다. 이때 전류계 A_2에 지시되는 전류[A]는 얼마인가?(단, 최대 눈금에 있어서 전압 강하는 전류계 A_1에서 40[mV], 전류계 A_2에서 60[mV]라 한다.)

22년 군무원 9급

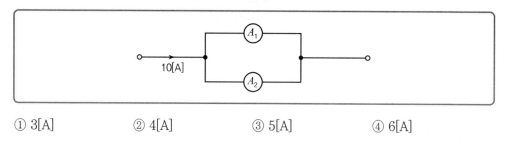

① 3[A]   ② 4[A]   ③ 5[A]   ④ 6[A]

전력과 전력량

1 전력과 전력량

① 전력량(Electrical Energy)

전기가 하는 일의 양[J]

$$W = I^2 \cdot R \cdot t = V \cdot I \cdot t\,[\text{J}]$$

② 전력(Electric Power)

전기에너지에 의해 1초 동안 하는 일의 양[W]

$$P = I \cdot V = I^2 \cdot R = \frac{W}{t}\,[\text{W}]$$

※ $1[\text{HP}] = 1[\text{마력}] = 746[\text{W}] \approx \frac{3}{4}[\text{kW}]$

2 전류의 발열작용

① 줄의 법칙

저항 R에 전압 V를 가하여 I의 전류가 t초 동안 흘렀을 때 발생하는 열량은

$$H = I^2 R t\,[\text{J}] = 0.24\,I^2 R t\,[\text{cal}]$$

② 열량의 단위[cal]

$1[\text{cal}] = 4.18605[\text{J}] \fallingdotseq 4.2[\text{J}]$

$1[\text{J}] \fallingdotseq 0.24[\text{cal}]$

$1[\text{kWh}] \fallingdotseq 860[\text{kcal}]$

❸ 열과 전기

1) 제벡 효과(Seebeck Effect)

2종의 금속 또는 반도체를 접속하고, 접속한 두 점 사이에 온도차를 주면 열전류가 흘러 기전력이 발생하는 현상

① **열기전력** : 제벡 효과로 인해 발생하는 기전력
② **열전류** : 제벡 효과로 인해 발생하는 전류
③ **열전대(열전쌍, Thermocoupler)** : 2종의 금속 또는 반도체를 둥근 모양으로 접합한 것
　　※ 열전 온도계, 열전형 계기

2) 펠티에 효과(Peltier Effect) : 전자 냉동 소자

펠티에 효과(Peltier Effect)란, 1834년 프랑스의 펠티에가 발견한 것으로, 아래 그림과 같이 2종류의 금속 또는 반도체를 폐로가 되도록 접속하고, 회로 내에 전류를 흘리면, 한쪽 접속점에서는 열을 발생하고, 다른 쪽 접속점에서는 열을 흡수하는 것을 말한다. 전류의 방향을 바꾸면 뜨거워지는 부분과 차가워지는 부분이 반대가 되며, 스위치를 전환시키는 것으로 간단하게 냉방과 난방을 전환할 수 있다.

| 펠티에 효과의 원리 |

펠티에 효과의 특징
① 압축기나 응축기 등이 필요 없으므로 소형 · 경량으로 만들 수 있다.
② 액체나 기체를 사용하지 않으므로 가동 부분이 없으며, 소음이나 진동이 없다.
③ 직류 전류를 흘리기만 하면 동작하므로 취급이 간단하다.
④ 전원의 극성을 바꾸어 주는 것만으로 냉방과 난방을 할 수 있다.
⑤ ±0.1[℃]의 높은 정도(精度)의 온도를 조정할 수 있다.
⑥ 프레온가스와 같은 냉매를 사용하지 않으므로 자연에 대한 나쁜 영향이 없다.

(a) 펠티에 모듈   (b) 펠티에 냉장고

| 펠티에 모듈과 펠티에 효과를 이용한 냉장고 |

3) 응용 예

① **업무용** : 호텔이나 병원 등 소음이 없어야 할 곳의 소형 냉장고 등
② **산업용** : 산업 기기의 부분 온도 제어 시스템 반도체, 레이저의 냉각기
③ **가정용** : 침실이나 자동차용 냉장고, 야외 나들이용 보온고 등

● 실전문제　ELECTRIC ELECTRONICS

01　100[V] 25[W]인 PC를 이용하여 1시간 동안 작업하였다. PC에 흐르는 전류는 얼마인가?

① 2,500[A]　　　　　　　　　　② 5[A]

③ 4[A]　　　　　　　　　　　　④ 0.25[A]

02　100[V], 500[W]용 전열기에 90[V]를 가했을 때의 전력은 몇 [W]인가?

① 20[W]　　　　　　　　　　　② 40.5[W]

③ 45.5[W]　　　　　　　　　　④ 405[W]

⑤ 455[W]

03　100[V], 500[W] 니크롬선이 $\frac{1}{3}$ 의 길이에서 끊어졌기 때문에 나머지 $\frac{2}{3}$ 의 길이를 이용하여
사용하였다. 이때의 소비전력은 얼마인가?

① 20[W]　　　　　　　　　　　② 333[W]

③ 500[W]　　　　　　　　　　④ 667[W]

⑤ 750[W]

04　열전효과의 역현상으로 두 종류의 금속으로 된 회로에 전류를 통하면 열의 흡수 및 열의 발생
이 생기는 현상은 무엇인가?

① 펠티에 효과　　　　　　　　② 톰슨 효과

③ 흡열효과　　　　　　　　　　④ 제벡 효과

05　서로 다른 금속선으로 된 폐회로의 두 접합점의 온도를 다르게 하였을 때 열기전력이 발생하는
효과로 가장 옳은 것은?　　　　　　　　　　　　　　　　　　20년 서울시 9급

① 톰슨(Thomson) 효과　　　　② 핀치(Pinch) 효과

③ 제벡(Seebeck) 효과　　　　④ 펠티어(Peltier) 효과

정답　01 ④　02 ④　03 ⑤　04 ①　05 ③

06 1.5[kWh]를 열량으로 환산하면 몇 [kcal]인가?

① 430[kcal]

② 860[kcal]

③ 1,290[kcal]

④ 1,720[kcal]

07 500[W]의 전열기를 사용하여 20[℃]의 물 1.0[kg]을 10분간 가열하면 물의 온도[℃]는? (단, 전열기의 에너지 변환효율은 100%로 가정한다.)

① 62

② 72

③ 82

④ 92

08 $i(t) = 2.0t + 2.0$[A]의 전류가 시간 $0 \leq t \leq 60$[sec] 동안 도선에 흘렀다면, 이때 도선의 한 단면을 통과한 총 전하량[C]은?

① 4

② 122

③ 3,600

④ 3,720

09 다음 회로에서 3[Ω]의 저항에 흐르는 전류[A]와 소모되는 전력[W]은?   09년 지방직 9급

① 1, 3

② 2, 12

③ 4, 12

④ 4, 48

10 그림과 같은 색띠 저항에 10[V]의 직류전원을 연결하면 이 저항에서 5분간 소모되는 에너지 [J]는 얼마인가?(단, 금색이 의미하는 저항값의 오차는 무시한다.)

색상	검정	갈색	빨강	주황	노랑	녹색	파랑	보라	회색	흰색
숫자	0	1	2	3	4	5	6	7	8	9

① 0.5

② 30

③ 50

④ 300

정답 **06** ③ **07** ④ **08** ④ **09** ② **10** ②

11 그림과 같은 색띠 저항에 10[V]의 직류전원을 연결하면 이 저항에서 10분간 소모되는 열량 [cal]은?(단, 색상에 따른 숫자는 다음 표와 같으며, 금색이 의미하는 저항값의 오차는 무시 한다.)

15년 국가직 9급

색상	검정	갈색	빨강	주황	노랑	녹색	파랑	보라	회색	흰색
숫자	0	1	2	3	4	5	6	7	8	9

① 12   ② 36
③ 72   ④ 144

12 다음 그림의 회로에서 열려 있던 스위치(SW)를 닫을 때 저항 1[Ω]에서 일어나는 변화 중 옳은 것은?

① 회로 전체 저항은 1[Ω] 증가한다.
② 1[Ω]을 흐르는 전류는 1.5[A] 증가한다.
③ 1[Ω]에서 소비되는 전력은 7[W] 증가한다.
④ 1[Ω] 양단의 전압은 3[V] 증가한다.

저항과 정전용량

1 전기저항

① 고유저항 $\rho[\Omega \cdot m]\left[\dfrac{\Omega \cdot mm^2}{m}\right]$

$$\rho = \frac{RA}{l}$$

㉠ 전기저항 : $R = \rho\dfrac{l}{A}[\Omega]$

㉡ R을 크게 할 수 있는 방법은?

길이 동일·단면적 감소　　단면적 동일·길이 증가

| 전기저항 |

② 전도율(도전율)

고유저항의 역수 → 전류를 통하기 쉬운 정도

$$\sigma :: \left[\frac{1}{\Omega \cdot m}\right] = \left[\frac{1}{\Omega} \cdot \frac{1}{m}\right] = [\mho/m] = [S/m]$$

③ 저항의 온도계수(Temperature Coefficient)

㉠ 저항의 온도가 1℃ 올라갈 때 본래의 저항값에 대한 저항의 비율

$$R_t = R_0(1 + \alpha_0 t)$$

㉡ 구리의 t_0 ℃에서의 저항 온도계수 : $\alpha_{t_0} = \dfrac{1}{234.5 + t_0}$

저항−온도 특성

서미스터의 저항−온도 특성

| 반도체의 온도계수 |

2 정전용량과 유전율

① 어느 정도의 전장의 세기일 때, 어느 정도의 전속이 생기는가를 비율로 나타낸 것

$$\varepsilon = \frac{D}{E}, \quad C = \varepsilon \frac{A}{L}, \quad \rightarrow \varepsilon = \frac{C \cdot l}{A}$$

$$\varepsilon_0 = 8.8554 \times 10^{-12} [\text{F/m}] : \text{진공에서의 유전율}$$

정전용량

② 비유전율

절연 재료의 유전율 ε와 진공의 유전율 ε_0와의 비율

$$\varepsilon_S = \frac{\varepsilon}{\varepsilon_0}$$

③ 정전용량을 증가시키는 방법

단면적/유전율을 크게, 극판 간격을 작게 하면 정전용량이 증가한다.

3 전류의 화학작용과 전지

① 패러데이의 법칙(Faraday's Law)

㉠ 전기분해에 의해 전극에 석출되는 물질의 양은 전해액 속을 통과한 총 전기량(전하)에 비례한다.($W = klt[\text{g}]$)

㉡ 총 전기량이 같으면 물질의 석출량은 그 물질의 화학당량(k)에 비례한다.

② 납축전지

㉠ 납, 이산화납을 묽은 황산에 넣은 것으로 기전력은 약 2[V]이다.

㉡ 충전하여 재사용할 수 있으므로 2차 전지라 한다.

㉢ 납축전지의 가역변화

양극   전해액   음극   양극   전해액   음극
$$\text{PbO}_2 \quad + \quad 2\text{H}_2\text{SO}_4 \quad + \quad \text{Pb} \quad \rightarrow \quad \text{PbSO}_4 \quad + \quad 2\text{H}_2\text{O} \quad + \quad \text{PbSO}_4$$
(충전)

③ 납축전지의 용량은 방전 정지 전압으로 되기까지 전지로부터 얻어낼 수 있는 전기량(방전전류×방전시간)으로서 나타내며 [Ah] 단위를 쓴다.

4 전지의 접속

직렬접속	병렬접속	직 · 병렬접속
$I = \dfrac{nE}{nr+R} = \dfrac{E}{r + \dfrac{R}{n}}[\text{A}]$	$\dfrac{r}{m}I + RI = E$에서 $I = \dfrac{E}{\dfrac{r}{m} + R}$	$I = \dfrac{nE}{nr + R} = \dfrac{E}{\dfrac{r}{m} + \dfrac{R}{n}}$

●실전문제 ELECTRIC ELECTRONICS

01 굵기가 일정한 어떤 도체가 있다. 체적은 변하지 않고 지름이 $\frac{1}{2}$로 되게 잡아 늘였다면 저항은 몇 배가 되는가?

① 1/4배   ② 2배

③ 4배   ④ 8배

⑤ 16배

02 저항의 크기가 20[Ω]인 아래와 같은 원기둥 모양의 저항이 있다. 이 저항의 끝을 잡고 길이를 2배로 늘이면 저항값[Ω]은?(단, 저항을 늘이더라도 부피는 일정하게 유지되며, 늘어난 후에도 원기둥 모양이 되고, 재질의 성질은 변하지 않는다고 가정한다.)   08년 국가직 9급

① 80   ② 40   ③ 20   ④ 10

03 단면적은 A, 길이는 L인 어떤 도선의 저항의 크기가 10[Ω]이다. 이 도선의 저항을 원래 저항의 1/2로 줄일 수 있는 방법으로 가장 옳지 않은 것은?   19년 서울시 9급

① 도선의 길이만 기존의 1/2로 줄인다.

② 도선의 단면적만 기존의 2배로 증가시킨다.

③ 도선의 도전율만 기존의 2배로 증가시킨다.

④ 도선의 저항률만 기존의 2배로 증가시킨다.

04 평행판 간격 l, 면적 A, 유전율 ε인 콘덴서의 정전용량은?

① $\frac{l}{\varepsilon A}$[F]   ② $\frac{A}{\varepsilon l}$[F]   ③ $\frac{\varepsilon A}{l}$[F]   ④ $\frac{\varepsilon l}{A}$[F]

정답 01 ⑤   02 ①   03 ④   04 ③

05 기전력이 E[V]이고, 내부저항이 r[Ω]인 전지에 부하저항이 R[Ω]을 접속했을 때 흐르는 전류 I는 몇 [A]인가?

① $I = \dfrac{E}{R+r}$

② $I = \dfrac{rE}{R+r}$

③ $I = \dfrac{RE}{R+r}$

④ $I = \dfrac{E}{R-r}$

⑤ $I = \dfrac{rE}{R-r}$

06 기전력이 E, 내부저항이 r인 건전지가 n개 직렬로 연결되었을 때 내부 저항과 기전력은 얼마인가?

① nE, r/n

② E/n, r/n

③ E, r/n

④ nE, nr

⑤ E/n, nr

07 어떤 전지에 10[Ω]의 저항을 연결하면 5[A]의 전류가 흐르고 15[Ω]의 저항을 연결하면 4[A]의 전류가 흐른다. 이 전지의 내부 저항[Ω] 및 기전력[V]은?

① 5, 100

② 10, 100

③ 5, 200

④ 10, 200

⑤ 550

08 도체의 전기저항 R[Ω]과 고유저항 ρ[Ω · m], 단면적 A[m²], 길이 l[m]의 관계에 대한 설명으로 옳은 것만을 모두 고르면?

> ㄱ. 전기저항 R은 고유저항 ρ에 비례한다.
> ㄴ. 전기저항 R은 단면적 A에 비례한다.
> ㄷ. 전기저항 R은 길이 l에 비례한다.
> ㄹ. 도체의 길이를 n배 늘리고 단면적을 $1/n$배만큼 감소시키는 경우, 전기저항 R은 n^2배로 증가한다.

① ㄱ, ㄴ

② ㄱ, ㄷ

③ ㄷ, ㄹ

④ ㄱ, ㄷ, ㄹ

정답 **05** ① **06** ④ **07** ② **08** ④

09 어떤 직류회로 양단에 10[Ω]의 부하저항을 연결하니 100[mA]의 전류가 흘렀고, 10[Ω]의 부하저항 대신 25[Ω]의 부하저항을 연결하니 50[mA]로 전류가 감소하였다. 이 회로의 테브 냉 등가전압과 등가저항은? 13년 국가직 9급

	등가전압[V]	등가저항[Ω]		등가전압[V]	등가저항[Ω]
①	1	2	②	1	5
③	1.5	2	④	1.5	5

10 다음 중 고유 저항의 단위로 옳은 것은? 14년 서울시 9급

① $[\Omega]$
② $[\Omega/m]$
③ $[\Omega \cdot mm^2/m]$
④ $[\Omega \cdot m^2]$
⑤ $[\Omega \cdot m/mm^2]$

11 굵기가 일정한 원통형의 도체를 체적은 고정시킨 채 길게 늘여 지름이 절반이 되도록하였다. 이 경우 길게 늘인 도체의 저항값은? 09년 국가직 9급

① 원래 도체의 저항값의 2배가 된다.
② 원래 도체의 저항값의 4배가 된다.
③ 원래 도체의 저항값의 8배가 된다.
④ 원래 도체의 저항값의 16배가 된다.

12 아래 표는 단면의 모양이 같고 밀도가 균일한 두 도선 A와 B에 관한 것이다. 도선 A와 B의 비저항을 각각 ρ_A와 ρ_B라 할 때, $\dfrac{\rho_B}{\rho_A}$는?

	길이[m]	단면적[mm²]	저항[Ω]
도선 A	3	2	3
도선 B	5	1	4

① $\dfrac{2}{5}$
② $\dfrac{5}{8}$
③ $\dfrac{9}{10}$
④ $\dfrac{40}{9}$

13 전력이 1.5[V]인 동일한 건전지 4개를 직렬로 연결하고, 여기에 10[Ω]의 부하저항을 연결하면 0.5[A]의 전류가 흐른다. 건전지 1개의 내부저항[Ω]은?

① 0.5
② 2
③ 6
④ 12

정답 **09** ④ **10** ③ **11** ④ **12** ① **13** ①

14 기전력 1.5[V], 내부저항 0.2[Ω]인 전지가 100개 있다. 이것들을 모두 직렬과 병렬을 조합하여 0.8[Ω]의 부하저항을 연결할 경우의 부하에 최대전력을 전달하기위한 건전지 연결방법은?

① 100개 모두 직렬로 연결　　　　　② 50개씩 직렬로 2개 병렬

③ 25개씩 직렬로 4개 병렬　　　　　④ 20개씩 직렬로 5개 병렬

15 12[V] 배터리 용량이 48[Ah]라고 한다. 만약 배터리가 완전 충전되어 있을 때 90[W], 12[V]의 전구를 연결한다면 이론적으로 전구를 켤 수 있는 최대 시간은?

① 36분　　　　　　　　　　　　　② 60시간

③ 1시간 40분　　　　　　　　　　④ 6시간 24분

16 충전전압이 4[V]이고, 축전지 용량이 9,000[mAh]인 축전지에서 4[W]의 출력을 발생하는 꼬마전구를 사용 중이다. 이 전구의 사용시간은 얼마인가?

① 2.25시간　　　② 4.5시간　　　③ 9시간　　　④ 18시간

17 다음의 회로에서 $R_1 = 30[Ω]$, $R_2 = 10[Ω]$, $R_3 = 15[Ω]$, $R_4 = 5[Ω]$일 때 최대전력을 소모하는 저항은?(단, G는 검류계이다.)

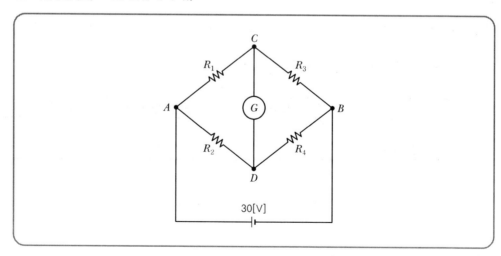

① R_1　　　　　② R_2　　　　　③ R_3　　　　　④ R_4

정답　**14** ④　**15** ④　**16** ③　**17** ②

CHAPTER 08

ELECTRIC ELECTRONICS

보조단위와 그리스문자

1 SI 접두어

인자	명칭	기호	인자	명칭	기호
10^1	데카	da	10^{-1}	데시	d
10^2	헥토	h	10^{-2}	센티	c
10^3	킬로	k	10^{-3}	밀리	m
10^6	메가	M	10^{-6}	마이크로	μ
10^9	기가	G	10^{-9}	나노	n
10^{12}	테라	T	10^{-12}	피코	p
10^{15}	페타	P	10^{-15}	펨토	f
10^{18}	엑사	E	10^{-18}	아토	a
10^{21}	제타	Z	10^{-21}	젭토	z
10^{24}	요타	Y	10^{-24}	욕토	y

2 그리스 대·소문자와 그 명칭

소문자	대문자	명칭	소문자	대문자	명칭
α	A	alpha	ν	N	nu
β	B	beta	ξ	Ξ	xi
γ	Γ	gamma	o	O	omicron
δ	Δ	delta	π	Π	pi
ε	E	epsilon	ρ	P	rho
ζ	Z	zeta	σ	Σ	sigma
η	H	eta	τ	T	tau
θ	Θ	theta	υ	Υ	upsilon
ι	I	iota	φ	Φ	phi
κ	K	kappa	χ	X	chi
λ	Λ	lambda	ψ	Ψ	psi
μ	M	mu	ω	Ω	omega

국제 단위계

1 국제 단위계

1) 국제 단위계의 연혁

SI 단위의 시초는 프랑스 혁명 시기인 1790년 무렵 프랑스에서 발명된 '십진미터법'으로, 이 미터법으로부터 하부 단위가 나타나는데, 그 한 예가 1874년 과학 분야에서 도입된 CGS 계이며, 이는 센티미터 · 그램 · 초에 바탕을 두고 있다. 1875년 세계 17개국이 '미터협약 (Meter Convention, 또는 Meter Treaty라고도 함)'에 조인함으로써 이 미터법이 국제적인 단위 체계로 발전하는 기반이 되었다.

1900년경에는 보다 실용적인 MKS(미터 · 킬로그램 · 초)계가 도입되었다. 1901년에 Giovanni Giorgi가 전기 기본 단위 하나를 새로 도입하면 역학 및 전기 단위들이 통합된 일관성 있는 체계를 형성할 수 있다고 제의하였다. 1939년 국제도량형위원회(CIPM : Comite International des Poids et Mesures) 산하 전기자문위원회가 암페어를 선정하여 MKSA 계의 채택을 제안하였고, 1946년 국제도량형위원회(CIPM)에서 승인되었다.

1954년 제10차 국제도량형총회에서 MKSA계의 4개 기본 단위[길이(m) · 무게(kg) · 시간 (s) · 전류(A)와 온도 단위 '켈빈도($^\circ$K)', 그리고 광도 단위 '칸델라(cd)']의 모두 6개 단위에 바탕을 둔 일관된 단위계를 채택하였다. 1960년 제11차 국제도량형총회(CGPM)에서 실용 단위계의 공식 명칭을 '국제 단위계(Le System International d'Unites)'로 하고 그 약칭을 'SI'로 정하였으며, 유도 단위 및 보충 단위와 그 밖의 다른 사항들에 대한 규칙을 정하여 측정 단위에 대한 전반적인 세부 사항을 마련하였다.

1967년에는 온도의 단위가 '켈빈도($^\circ$K)'에서 '켈빈(K)'으로 바뀌고, 1971년에 7번째 기본 단위인 '몰(mol)'이 추가되어 현재의 SI 단위가 완성되었다. 2006년에는 국제 단위계(SI)에 대한「제8개정판」이 출간되었으며 2014년에 최신 내용으로 수정된 수정판이 발간되었다.

2) SI 기본 단위

모든 SI 기본 단위의 정의는 과학이 발전함에 따라 때때로 수정된다. 각 기본 단위의 정의는 가장 정확하고 재현성 있는 측정이 이루어질 수 있도록 되어 있으며, 단위에 대한 확고하고도 이론적인 기반이 된다. 그리고 단위의 정의와 구현을 구분하는 것은 매우 중요하다. SI 기본 단위의 각 단위별 정의는 다음 표와 같다. 우리나라에서는「국가표준기본법」및「계량에 관한 법률」에서 SI 기본 단위를 포함하여 관련 유도단위, 특수단위 등을 국가 법정단위로 지정 운영하고 있다.

SI 기본 단위의 정의와 표현(예전 표현)

기본량 명칭 (단위 기호, 명칭)	기본량 기호	정의
길이 (m, 미터)	l, x, r	빛이 진공에서 1/299,792,458초 동안 진행한 경로의 길이 (한국은 옥소 안정화 헬륨-네온 레이저 사용)
질량 (kg, 킬로그램)	m	국제 킬로그램 원기의 질량으로 원기는 백금(90%)과 이리듐(10%) 합금의 원통형 분동(지름 높이 각 39mm)
시간 (s, 초)	t	세슘 133 원자의 바닥 상태에 있는 두 초미세 준위 사이의 전이에 대응하는 복사선의 9,192,631,770 주기의 지속시간
전류 (A, 암페어)	I, i	무한히 길고 무시할 수 있을 만큼 작은 원형 단면적을 가진 두 개의 평행한 직선 도체가 진공 중에서 1미터의 간격으로 유지될 때, 두 도체 사이에 매 미터당 2×10^{-7} 뉴턴(N)의 힘을 생기게 하는 일정한 전류
열역학적 온도 (K, 켈빈)	T	물-삼중점에 해당하는 열역학적 온도의 1/273.16
물질량 (mol, 몰)	n	탄소 12의 0.012kg에 있는 원자의 개수와 같은 수의 구성 요소를 포함한 어떤 계의 물질량, 몰(mol)을 사용할 때에는 구성 요소를 반드시 명시해야 한다.
광도 (cd, 칸델라)	lv	진동수 $540 \times 1,012$Hz 인 단색광을 방출하는 광원의 복사도가 어떤 주어진 방향으로 매 스테라디안당 1/638 와트일 때 이 방향에 대한 광도

길이, 질량, 시간, 전류, 열역학적 온도, 물질량, 광도 등의 일곱 개 기본량이 관례상 서로 독립적인 것으로 취급되지만, 그들 각각의 기본 단위인 미터, 킬로그램, 초, 암페어, 켈빈, 몰, 칸델라 등은 많은 경우 서로 종속적임을 인식해야 한다. 그래서 미터의 정의에 초가, 암페어의 정의에는 미터, 킬로그램과 초가, 몰의 정의에는 킬로그램이, 그리고 칸델라의 정의에는 미터, 킬로그램과 초가 포함되어 있다.

3) SI 기본 단위(2019년 변경된 표준)

국제 단위계(SI)는 7가지 기본 측정 단위를 정의하고 있으며, 이로부터 다른 모든 SI 유도 단위를 이끌어낸다. 이들 SI 기본 단위와 그 물리량은 다음과 같다.

- 길이의 단위 : 미터
- 질량의 단위 : 킬로그램
- 시간의 단위 : 초

- 전류의 단위 : 암페어
- 온도의 단위 : 켈빈
- 광도의 단위 : 칸델라
- 물질량의 단위 : 몰

기본량	이름	기호	정의
길이	미터	m	1미터는 빛이 진공에서 1/299,792,458초 동안 진행한 경로의 길이이다.
질량	킬로그램	kg	1킬로그램은 질량의 단위이며 플랑크 상수 h가 정확히 $6.62607015 \times 10^{-34}[\text{J} \cdot \text{s}](\text{J} = \text{kg} \cdot \text{m}^2 \cdot \text{s}^{-2})$이 되도록 하는 값이다.
시간	초	s	1초는 온도가 0K인 세슘−133 원자의 바닥 상태에 있는 두 초미세 준위 사이의 전이에 대응하는 복사선의 9,192,631,770 주기의 지속 시간이다.
전류	암페어	A	암페어는 전류의 SI 단위이다. 암페어는 기본전하 e를 C(쿨롬)단위로 나타낼 때 $1.602176634 \times 10^{-19}$이 되도록 하는 전류로 정의된다. 여기에서 C는 A×s와 같은 유도 단위이다.
온도	켈빈	K	켈빈은 열역학적 온도의 SI 단위이다. 켈빈은 볼츠만 상수 k를 $\text{J} \cdot \text{K}^{-1}(\text{J} = \text{kg} \cdot \text{m}^2 \cdot \text{s}^{-2})$ 단위로 나타낼 때 1.380649×10^{-23}이 되도록 정의된다.
물질량	몰	mol	1몰은 아보가드로수가 $6.02214129(27) \times 10^{23} \text{mol}^{-1}$이 되도록 정의된다. 몰을 사용할 때에는 구성요소를 반드시 명시해야 하며 이 구성 요소는 원자, 분자, 이온, 전자, 기타 입자 또는 이 입자들의 특정한 집합체가 될 수 있다.
광도	칸델라	cd	1칸델라는 진동수 540×10^{12}헤르츠인 단색광을 방출하는 광원의 복사도가 어떤 주어진 방향으로 스테라디안당 1/683와트일 때 이 방향에 대한 광도이다.

4) SI 유도 단위

SI 유도 단위는 기본 단위들의 곱으로 이루어진다. 또한 특별한 명칭과 기호를 포함하는 단위로 평면각의 라디안, 입체각의 스테라디안, 주파수의 헤르츠, 힘의 뉴턴, 압력의 파스칼 등을 들 수 있다.

5) SI 접두어

국제 단위계에서는 SI 단위의 십진 배수 및 십진 분수를 만드는 데 사용하는 일련의 접두어를 채택하였고, CGPM의 권고에 따라 이 접두어의 집합을 SI 접두어라고 명명하고 있는데 이는 다음 표와 같다.

SI 접두어

인자	명칭	기호	인자	명칭	기호
10^1	데카	da	10^{-1}	데시	d
10^2	헥토	h	10^{-2}	센티	c
10^3	킬로	k	10^{-3}	밀리	m
10^6	메가	M	10^{-6}	마이크로	μ
10^9	기가	G	10^{-9}	나노	n
10^{12}	테라	T	10^{-12}	피코	p
10^{15}	페타	P	10^{-15}	펨토	f
10^{18}	엑사	E	10^{-18}	아토	a
10^{21}	제타	Z	10^{-21}	젭토	z
10^{24}	요타	Y	10^{-24}	욕토	y

❷ SI 단위 사용법

1) 단위의 표시

1. 기호는 대문자로 쓰지 않는다. 그러나 기호의 첫 글자를 대문자로 쓸 수도 있는데, 아래와 같은 경우에 한한다.
   ① 단위의 명칭이 사람의 이름에서 따온 것일 경우, 혹은
   ② 기호가 문장의 첫머리일 경우
      예 : 켈빈 단위는 기호 K로 표기한다.
2. 기호는 복수일 경우라도 표기 방식을 바꾸지 않으며 's'를 붙이지 않는다.
3. 기호는 문장의 끝일 경우 외에는 마침표를 쓰지 않는다.
4. 몇 개의 단위를 곱하여 조합된 단위는 중간점을 넣거나 한 칸 띄운다.
   예 : N · m 혹은 N m
5. 한 단위를 다른 단위로 나누어 조합된 단위는 사선이나 음의 지수로 표기한다.
   예 : m/s 혹은 m · s^{-1}

6. 조합하여 얻어진 단위에는 한 개의 사선만이 허용된다. 복잡한 조합에 대해 괄호나 혹은 음의 지수를 사용하는 것은 허용된다.

예 : m/s^2 혹은 $m \cdot s^{-2}$는 되지만, $m/s/s$는 안 된다.

예 : $m \cdot kg/(s^3 \cdot A)$ 혹은 $m \cdot kg \cdot s^{-3} \cdot A^{-1}$은 되지만,

$m \cdot kg/s^3/A$나 $m \cdot kg/s^3 \cdot A$는 안 된다.

7. 기호와 숫자 사이는 한 칸 띄운다.

예 : 5 kg은 되지만, 5kg은 안 된다.

8. 단위 기호와 단위 명칭을 혼용하여서는 안 된다.

2) 숫자의 표시

1. 소수점은 마침표 또는 쉼표를 사용하며, 소수점을 기준으로 하여 좌우 양쪽으로 3숫자마다 한 칸씩 뗀다(예 : 15 739.012 53). 네 자리 숫자의 경우, 빈칸을 넣지 않아도 된다. 쉼표를 천 단위 구분 표기로 사용해서는 안 된다.(우리는 일반적으로 천 단위마다 쉼표를 쓰고 있는데, 이는 국제 표기 방법에는 어긋나는 것이다.)

2. 숫자가 어느 단위에 속하는 것인지, 그리고 수학 연산이 어느 양의 값에 적용되는 것인지 분명해야 한다.

예 : $35cm \times 48cm$ 또는 $(35 \times 48)cm$로 표기하여야 하며, $35 \times 48cm$는 안 된다.

출처 : KSA한국표준협회(2004). 스마트 시대와 표준(구 미래 사회와 표준)

PART
02

회로해석
방법(1)

전압/전류/전력의 정의

1 전하(Electric Charge : Q)

전하의 개념은 모든 전기 현상을 설명하는 기초가 됨

① 전하는 양극성이며, 이것은 전기적인 효과들이 양전하 및 음전하들에 의해 기술된다는 것을 의미함

② 전하는 별개의 양들로 존재하며, 이는 전자의 전하량 $e = -1.6022 \times 10^{-19}[\text{C}]$의 정수배임

③ 전기 효과는 전하의 분리와 운동 중인 전하에 의해 생김
→ 회로이론에서는 전하가 분리되면 전기적인 힘(전압)이 생기고, 전하가 이동하면 전기적 흐름(전류)이 만들어진다.

2 전압(Voltage : V)

1) 정의

전기장 속의 두 점 a, b가 있을 때 전하량(q)의 전하를 점 a에서 b로 이동시키는 데 필요한 에너지(W)의 전하량 q에 따른 변화율. 단위는 [V]를 사용
→ 전하가 분리되면서 생기는 단위전하당 에너지

$$V = \frac{dW}{dq}$$

2) 표현방법

전압 상승 : $- \rightarrow +$
전압 강하 : $+ \rightarrow -$

소자의 a단자가 b단자보다 전압 $V[\text{V}]$가 높은 경우 표현방법에는 다음 두 가지가 있다.
① 단자 a가 b보다 V만큼 전압이 높다.
② 단자 b가 a보다 $-V$만큼 전압이 높다.

❸ 전류(Current : I)

1) 정의

전하량 q의 시간 t에 따른 변화율로 정의하며 단위는 암페어[A]를 사용한다.

$$i = \frac{dq}{dt}$$

2) 표현방법

소자의 a단자에서 b단자로 전류 i[A]가 흐르는 경우 표현방법에는 다음 두 가지가 있다.

① a에서 b로 전류 i가 흐른다.

② b에서 a로 전류 $-i$가 흐른다.

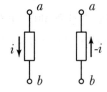

3) 관습적인 전류(Conventional Current)

① 전자가 발견되기 전 전류에 대한 생각(관습적인 전류)＝양극에서 음극으로 양의 전하가 흐르는 것으로 생각함

② 전자가 발견된 후 전류에 대한 생각＝음극에서 양극으로 음의 전하가 흐르는 것으로 판명됨

③ 실제로 전자의 흐름은 음극에서 양극으로 전자(음의 전하)가 흐르지만, 양극에서 음극으로 양의 전하가 흐른다고 생각하는 것이 편리하므로 회로이론에서는 후자로 사용함

❹ 전력(Power = 일률)

$$p = \frac{dw}{dt} = \frac{dw}{dq} \times \frac{dq}{dt} = v \times i = vi\,[\text{W}]$$

●실전문제 ELECTRIC ELECTRONICS

01 다음은 각각 무엇의 단위인가?

㉠ [C/s]	㉡ [J/s]	㉢ [C/V]	㉣ [J/C]

	㉠	㉡	㉢	㉣
①	커패시턴스	전류	전압	전력
②	전압	전력	커패시턴스	전류
③	전류	커패시턴스	전력	전압
④	전류	전력	커패시턴스	전압
⑤	커패시턴스	전압	전류	전력

CHAPTER 02

수동부호규정

수동부호규정(Passive Sign Convention)

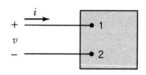

수동부호 규약 : 소자에 흐르는 전류에 대한 기준 방향이 그 소자 양단에서의 기준 전압 강하의 방향과 같을 때는, 전압과 전류가 관계되는 어떤 식에서라도 양의 부호(+)를 사용한다. 만약 그렇지 않으면, 음의 부호(−)를 사용한다.

1 소자의 전압극성, 전류방향

① 소자에 전압, 전류를 잡는 방법으로는 아래의 4가지가 있다.

(a)   (b)   (c)   (d)

② 위 그림에서 (a)와 (d)는 전류가 소자의 +극으로 흘러들어가 −극으로 흘러나온다. 즉 전류의 방향이 소자의 전압강하 방향과 같다.

③ (a)와 (d)의 경우 소자의 전압, 전류는 소동부호규정을 만족하고, (b)와 (c)는 만족하지 않는다.

　* 소자가 전력의 흡수/공급 여부를 결정

② 소자의 전력과 수동부호규정

① 전력은 $p = vi$의 계산과 함께 그것이 소자의 흡수전력인지 공급전력인지 밝혀야 한다.

② 수동부호규정을 만족하는 경우 $p = vi$는 그 소자가 흡수하는 전력이다.
　수동부호규정을 만족하게 했을 때
　$p = vi$: + 값 → 소자가 흡수하는 전력
　$p = vi$: − 값 → 소자가 공급하는 전력

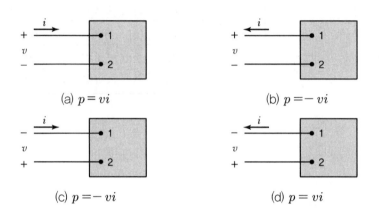

(a) $p = vi$　　　　　　　(b) $p = -vi$

(c) $p = -vi$　　　　　　　(d) $p = vi$

③ RLC 소자의 전압, 전류 관계식과 수동부호규정

① 아래의 RLC 소자 전압, 전류 관계식은 수동부호규정 하에서 성립

$$v = Ri, \quad v = L\frac{di}{dt}, \quad i = C\frac{dv}{dt}$$

② 소자에 걸리는 전압, 흐르는 전류는 임의로 잡을 수 있으나 그 전압, 전류 관계식을 쓸 때는 반드시 수동부호규정을 만족하도록 전압 극성 또는 전류방향을 보정해준다.

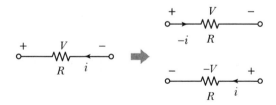

>> 예제 ❶

문제 다음 회로에 관한 물음에 답하시오.

① 네 개의 소자 중에서 전압, 전류가 수동부호규정에 따라 표시된 것은?
② 회로에서 실제 발생하는 총 전력은?

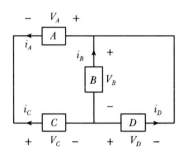

구분	v[V]	i[A]
A	5[V]	−4[A]
B	3[V]	1[A]
C	−2[V]	4[A]
D	−3[V]	−5[A]

풀이

① A, D
② 23[W]

>> 예제 ❷

문제 아래 그림에서 소자에 걸리는 전압이 다음과 같다.

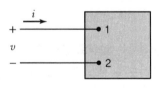

이상적인 기본 회로 소자

이때 소자에 흐르는 전류 전압이 다음과 같다. 물음에 답하시오.

$i = 0,$	$t < 0$	$v = 0$	$t < 0;$
$i = 20e^{-5000t}\,[\text{A}]$	$t \geq 0$	$v = 10e^{-5000t}\,[\text{kV}]$	$t \geq 0$

① 1[ms]의 소자에 공급되는 전력을 계산하라.
② 이 회로 소자에 공급되는 총 에너지를 줄 단위로 계산하라.

풀이

① 전류가 소자에 대해 정의된 전압 강하되는 +단자로 들어가고 있으므로, 전력 계산식에서 '+'부호를 붙여야 한다.

$$p = vi = (10{,}000e^{-5000t})(20e^{-5000t}) = 200{,}000e^{-10{,}000t}\,[\mathrm{W}]$$

$$p(0.001) = 200{,}000e^{-10{,}000t(0.001)} = 200{,}000e^{-10}$$

$$= 200{,}000(45.4 \times 10^{-6}) = 0.908[\mathrm{W}]$$

② 총 에너지는

$$w(t) = \int_0^t p(x)dx$$

전달된 총 에너지를 구하기 위해 전력식을 0에서 무한대까지 적분하라.

$$w_{total} = \int_0^\infty 200{,}000e^{-10{,}000x}dx = \left. \frac{200{,}000e^{-10{,}000x}}{-10{,}000} \right|_0^\infty$$

$$= -20e^{-\infty} - (-20e^{-0}) = 0 + 20 = 20[\mathrm{J}]$$

따라서 회로 소자에 공급된 총 에너지는 20[J]이다.

전원, 능동소자, 수동소자

1 이상적인 전원(Ideal Source)

이상적인 전원은 종속전원과 대비하여 독립전원(Independent Source)라 부르기도 하고, 단순히 전압원, 전류원이라 칭하기도 한다.

① **이상적인 전압원**(Ideal Voltage Source) : 전압원에 흐르는 전류가 전압원의 크기와 무관하다. 즉, 전압원에 흐르는 전류는 아무 값이나 가질 수 있다. 독립 전압원과 종속 전압원이 있다. 부하가 있든 없든 관계없이 단자전압의 시간적 변화가 주어진 시간함수 $v(t)$와 같은 전원을 이상적인 전압원이라 한다.

② **이상적인 전류원**(Ideal Current Source) : 전류원에 걸리는 전압이 전류원의 크기와 무관하다. 즉, 전류원에 걸리는 전압은 아무 값이나 가질 수 있다. 독립전류원과 종속전류원이 있다. 부하가 있든 없든 관계없이 출력전류의 시간적 변화가 주어진 시간함수 $i(t)$와 같은 전원을 이상적인 전류원이라 한다.

③ 이상적인 전원에 대한 기호

(a) 일반적 전압원

(b) AC 전압원

(c) DC 전압원

(d) 일반적 전류원

② 독립전원(Independent Source)

① 전원의 크기가 회로의 영향을 받지 않고 독립적으로 결정되는 전원

② 종류

| 독립 전압원 |　　　　　　　　　　　　　| 독립 전류원 |

③ 종속전원(Dependent Source)

① 전원의 크기가 회로 내의 다른 소자의 전압, 전류 값에 의해 결정되는 전원

② 종류

(a) 전압 제어　　　(b) 전류 제어　　　　　(c) 전압 제어　　　(d) 전류 제어

| 종속 전압원 |　　　　　　　　　　　　| 종속 전류원 |

④ 수동소자 및 능동소자

① 수동소자(Passive Element) : 자신이 외부에서 흡수한 양을 초과하는 에너지를 외부로 전달할 수 없는 소자. 즉 외부의 도움 없이 스스로 에너지(전력)를 만들어 낼 수 없는 소자이다.

② 능동소자(Active Element) : 자신이 외부에서 흡수한 것보다 더 많은 에너지를 외부로 전달할 수 있는 소자. 즉 외부의 도움 없이도 스스로 에너지(전력)를 만들어 낼 수 있는 소자이다.

③ 수동소자의 수학적 정의

전력 기준	에너지 기준
$p(t) = v(t)\,i(t) \geq 0$	$E(t) = \displaystyle\int_{-\infty}^{t} v(x)\,i(x)\,dx \geq 0$

회로 기본용어 정리

1 마디(절점 : Node)

① 둘 이상의 회로소자가 결합하는 점이다.

② 아래의 그림 1 회로의 점선 부분 a, b를 하나의 마디로 보아 그림 2 회로의 a', b'마디와 동일하게 취급할 수 있다.

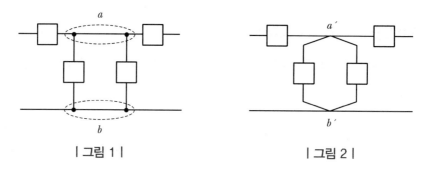

| 그림 1 |　　　　　　　　| 그림 2 |

2 폐회로(Closed Path/Loop), 망로(Mesh)

① 폐회로의 정의 : 동일 마디를 두 번 이상 통과하지 않으면서 출발절점과 도착절점만이 동일한 회로 내의 이동 경로가 되는 것

② 망로의 정의 : 내부에 다른 폐회로를 포함하지 않는 폐회로

③ 즉, 망로는 폐회로이나 모든 폐회로가 망로는 아니다. 아래 그림에서 경로 P, Q 모두 폐회로이지만 망로는 P만 될 수 있다.

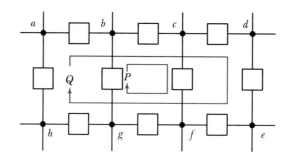

3 가지(지로 : Branch)

두 마디를 연결하는 경로

회로 설명을 위한 용어

명칭	정의	아래 예제 1의 회로 예
마디	둘 또는 그 이상의 회로 소자가 결합하는 점	a
필수 마디	셋 또는 그 이상의 회로 소자가 결합하는 점	b
경로	한 번 이상 포함되는 소자를 갖지 않는 인접한 기본 소자의 추적	$v_1 - R_1 - R_5 - R_6$
가지	두 마디를 연결하는 경로	R_1
필수 가지	1개의 필수 마디도 통과하지 않고, 2개의 필수 마디들을 연결하는 경로	$v_1 - R_1$
폐회로	마지막 마디가 출발 마디와 같은 경로	$v_1 - R_1 - R_5 - R_6 - R_4 - v_2$
망	어떤 다른 폐회로를 에워싸지 않는 폐회로	$v_1 - R_1 - R_5 - R_3 - R_2$
평면회로	교차하는 가지 없이 평면 상에 그려질 수 있는 회로	예제 1의 그림 (a),(b)는 평면 회로이다.
		예제 1의 그림 (c)는 비평면 회로이다.

≫ 예제 ①

문제 회로에 있는 마디, 가지, 망 및 폐회로 그림에서 다음을 확인하라.

① 모든 마디
② 모든 필수 마디
③ 모든 가지
④ 모든 필수 가지
⑤ 모든 망
⑥ 폐회로 또는 필수 가지가 아닌 2개의 경로
⑦ 망이 아닌 폐회로 2개

풀이

① 마디는 a, b, c, d, e, f, g이다.

② 필수 마디는 b, c, e, g이다.

③ 가지는 v_1, v_2, R_1, R_2, R_3, R_4, R_5, R_6, R_7, I 이다.

④ 필수 가지는 $v_1 - R_1$, $R_2 - R_3$, $v_2 - R_4$, R_5, R_6, R_7, I 이다.

⑤ 망은 $v_1 - R_1 - R_5 - R_3 - R_2$, $v_2 - R_2 - R_3 - R_6 - R_4$, $R_5 - R_7 - R_6$, $R_7 - I$ 이다.

⑥ $R_1 - R_5 - R_6$은 경로이다. 그러나 폐회로는 아니고(같은 시작과 끝나는 마디를 갖고 있지 않기 때문에), 필수 가지도 아니다(2개의 필수 마디를 연결하지 않기 때문에). 또한 $v_2 - R_2$는 경로이지만 같은 이유로 폐회로나 필수 가지는 아니다.

⑦ $v_1 - R_1 - R_5 - R_6 - R_4 - v_2$는 폐회로이지만 그 안에 2개의 폐회로가 있기 때문에 망은 아니다. $I - R_5 - R_6$ 또한 폐회로이지만 망은 아니다.

(a) 평면회로

(b) 평면회로 등가

(a) 회로가 평면이라는 것을 증명하기 위해서 다시 그린 같은 회로는 아래 그림 (c)와 같다.

(c)

| 비평면 회로 |

05 키르히호프의 법칙

■1 KCL(키르히호프 전류법칙)

1) 내용

① 임의의 절점(마디)으로 유입하는 전류의 합과 그 절점에서 유출하는 전류의 합은 같다.

② 임의의 절점(마디)으로 유입하는 총 전류의 대수합은 0이다.

③ 임의의 절점(마디)에서 유출하는 총 전류의 대수합은 0이다.

2) 적용(②, ③번이 자주 사용됨)

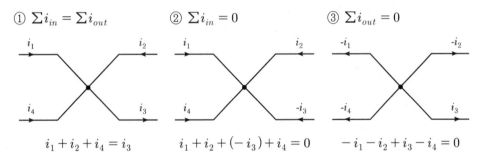

① $\sum i_{in} = \sum i_{out}$

$i_1 + i_2 + i_4 = i_3$

② $\sum i_{in} = 0$

$i_1 + i_2 + (-i_3) + i_4 = 0$

③ $\sum i_{out} = 0$

$-i_1 - i_2 + i_3 - i_4 = 0$

>> 예제 ❶

문제 키르히호프 전류법칙 이용

아래 회로 각 node에서 node 방정식을 세워보시오.(KCL 이용)

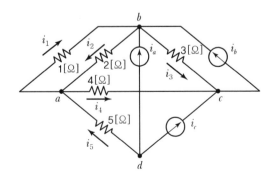

식을 쓸 때 마디를 떠나는 전류에 대해 양의 부호를 사용한다. 4개의 방정식은 다음과 같다.

마디 a) $i_1 + i_4 - i_2 - i_5 = 0$

마디 b) $i_2 + i_3 - i_1 - i_b - i_a = 0$

마디 c) $i_b - i_3 - i_4 - i_c = 0$

마디 d) $i_5 + i_a + i_c = 0$

2 KVL(키르히호프 전압법칙)

1) 내용

① 임의의 폐회로를 따라 취한 전압 강하의 합과 전압 상승의 합은 같다.

② 임의의 폐회로를 따라 취한 전압 강하의 합은 0이다.

③ 임의의 폐회로를 따라 취한 전압 상승의 합은 0이다.

2) 적용(②를 가장 많이 사용)

① $\sum v_{down} = \sum v_{up}$　　② $\sum v_{down} = 0$　　③ $\sum v_{up} = 0$

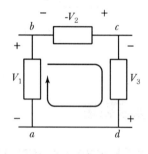

$v_2 = v_1 + v_3$　　　　$-v_1 + v_2 - v_3 = 0$　　　　$v_1 - v_2 + v_3 = 0$

>> 예제 ❷

문제 키르히호프의 전압법칙 사용

아래 회로의 각 루프(Loop)에서 전압 방정식을 세우시오.(KUL 이용)

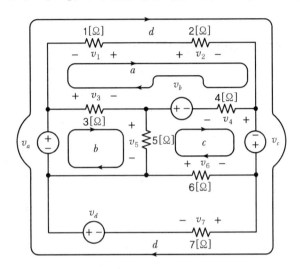

풀이

식을 쓸 때 전압 강하에 대하여 양의 부호를 사용한다. 4개의 방정식은 다음과 같다.

경로 a) $-v_1 + v_2 + v_4 - v_b - v_3 = 0$

경로 b) $-v_a + v_3 + v_5 = 0$

경로 c) $v_b - v_4 - v_c - v_6 - v_5 = 0$

경로 d) $-v_a - v_1 + v_2 - v_c + v_7 - v_d = 0$

>> 예제 ❸

문제 다음 회로에서 전류 i_1, i_2 및 전압 v_3를 구하시오.

풀이

$i_1 = 5A, \ i_2 = -2A, \ v_3 = 12[\text{V}]$

●실전문제   E L E C T R I C   E L E C T R O N I C S

01 다음 회로에서 저항에 걸리는 전압 V_1과 V_2의 값 [V]은?

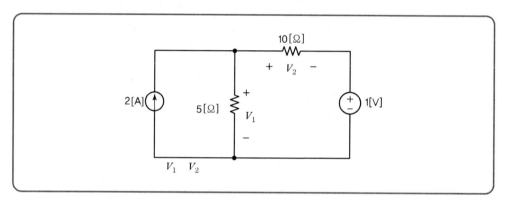

	V_1	V_2
①	7	6
③	8	6

	V_1	V_2
②	7	10
④	8	10

02 다음 회로에서 V_{xy}의 값은 얼마인가?

① 6[V]   ② 10[V]   ③ 14[V]   ④ 16[V]

⑤ 20[V]

06 저항과 그 연결법

1 전압, 전류 관계식 및 전력

1) 옴의 법칙

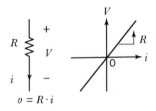

$$v = R \cdot i$$

2) 전력($R > 0$일 때)

$$P = iv = i^2 R = \frac{v^2}{R} \geq 0 \quad \text{즉, 저항은 항상 전력을 흡수(소비)한다.}$$

➡ 저항은 전력을 소비해서 없앤다.

2 컨덕턴스(Conductance, 전도도)

① $G = \dfrac{1}{R}(i = Gv)$

② 단위는 처음에 ℧[mho]를 사용하였으나 요즘은 S[simens, 지멘스]를 사용한다.

3 단락 및 개방상태(단락, 개방회로)

1) 단락상태(Short)

① $v = iR$에서 $R = 0$이면 $i \neq 0$이어도 $v = 0[\text{V}]$이다.

② 즉, 전류에 관계없이 전압이 항상 0[V]인 것을 단락상태라 하며 아래와 같이 표시한다.

R　　$R = 0$　　$+$
　　　　　　　　　0[V]
　　　　i　　　$-$

2) 개방상태(Open)

① $i = \dfrac{v}{R}$ 에서 $R = \infty$ 이면 $v \neq 0$ 이어도 $i = 0$ 이다.

② 즉, 전압에 관계없이 전류는 항상 0[A]인데 이를 개방상태라 하며 아래와 같이 표시한다.

4 직렬연결회로와 전압분배법칙

1) 등가저항

$$R_{eq} = R_1 + R_2 + \cdots + R_n = \sum_{i=1}^{n} R_j$$

2) 전압분배법칙

① $v_1 = R_1 i, \quad v_2 = R_2 i, \quad \cdots \quad , v_n = R_n i$

② KVL에 의해

$$V = v_1 + v_2 + \cdots + v_n = (R_1 + R_2 + \cdots R_n) i$$

$$\therefore \ i = \frac{V}{R_1 + R_2 + \cdots + R_n}$$

③ j번째 저항에 분배받는 전압

$$v_j = R_j i = \frac{R_j}{R_1 + R_2 + \cdots + R_n} \ V$$

5 병렬연결회로와 전류분배법칙

1) 등가저항

$$R_{eq} = \cfrac{1}{\cfrac{1}{R_1} + \cfrac{1}{R_2} + \cdots + \cfrac{1}{R_n}} = \cfrac{1}{\displaystyle\sum_{j=1}^{n} \cfrac{1}{R_j}} = R_1 \parallel R_2 \parallel \cdots \parallel R_n$$

2) 전류분배법칙

① $i_1 = \dfrac{v}{R_1} = G_1 v, \ i_2 = \dfrac{v}{R_2} = G_2 v, \cdots \ i_n = \dfrac{v}{R_n} = G_n v$

② KCL에 의해

$$I = i_1 + i_2 + \cdots + i_n = (G_1 + G_2 + \cdots \ G_n)v$$

$$\therefore v = \frac{I}{G_1 + G_2 + \cdots + G_n}$$

③ j번째 저항에 분배받는 전류

$$i_j = G_j v = \frac{G_j}{G_1 + G_2 + \cdots + G_n} I$$

휘스톤 브리지

1 브리지 회로의 평형조건

① $R_1 R_4 = R_2 R_3$이면 저항 R_5에 전류가 흐르지 않는다.

② 이때 브리지 회로는 평형상태에 있다고 한다.

2 저항 구하는 법

가변 저항 R_3를 변화시키면서 검류계 R_5의 눈금이 0이 될 때(브리지 회로의 평형조건)의 R_3값을 찾는다. 이 R_3 값에 대하여 $R_1 R_x = R_2 R_3$이므로 미지의 저항 $R_x = \dfrac{R_2 R_3}{R_1}$이다.

3 브리지 회로의 다른 형태

4 브리지 회로가 평형일 때 등가저항 구하는 법

R_5에는 전류가 흐르지 않으므로 R_5를 개방 또는 단락 처리한 다음 등가저항을 구한다. 개방, 단락 어느 방법에 의하여도 결과는 동일하다.

$\Delta - Y$ 변환($\Pi - T$ 변환)

$\Delta - Y$ 변환($\Pi - T$ 변환)

| π형태로 본 Δ형태 |

| T 구조로 본 Y 구조 |

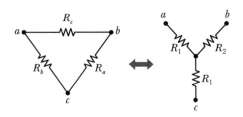

| $\Delta - Y$ 변환 |

다음 두 회로가 서로 등가일 때 저항 R_a, R_b, R_c와 R_{ab}, R_{bc}, R_{ca}의 관계를 특정단자를 개방하고 반대쪽에서 바라본 등가저항이 동일함을 이용하면 구할 수 있다.

1 a단자 개방($b-c$ 단자에서 바라본 등가저항 동일)

$$R_b + R_c = R_{bc} \parallel (R_{ab} + R_{ca})$$

$$= \frac{R_{ab}R_{bc} + R_{bc}R_{ca}}{R_{ab} + R_{bc} + R_{ca}} \quad \cdots\cdots\cdots\cdots\cdots\cdots\cdots\cdots\cdots\cdots\cdots\cdots\cdots\cdots\cdots ㉠$$

2 b단자 개방($a-c$ 단자에서 바라본 등가저항 동일)

$$R_a + R_c = R_{ca} \parallel (R_{ab} + R_{bc})$$

$$= \frac{R_{ab}R_{ca} + R_{bc}R_{ca}}{R_{ab} + R_{bc} + R_{ca}} \quad \cdots\cdots\cdots\cdots\cdots\cdots\cdots\cdots\cdots\cdots\cdots\cdots\cdots ㉡$$

3 c단자 개방($a-b$ 단자에서 바라본 등가저항 동일)

$$R_a + R_b = R_{ab} \parallel (R_{bc} + R_{ca})$$

$$= \frac{R_{ab}R_{bc} + R_{ab}R_{ca}}{R_{ab} + R_{bc} + R_{ca}} \quad \cdots\cdots\cdots\cdots\cdots\cdots\cdots\cdots\cdots\cdots\cdots\cdots\cdots ㉢$$

4 상기 ㉠, ㉡, ㉢ 식을 정리하면,

$$(㉠ + ㉡ + ㉢) / 2 ⇒ R_a + R_b + R_c = \frac{R_{ab}R_{bc} + R_{bc}R_{ca} + R_{ca}R_{ab}}{R_{ab} + R_{bc} + R_{ca}} \quad \cdots\cdots\cdots\cdots\cdots ㉣$$

① ㉣－㉠를 하면, $R_a = \dfrac{R_{ab}R_{ca}}{R_{ab} + R_{bc} + R_{ca}}$

② ㉣－㉡를 하면, $R_b = \dfrac{R_{ab}R_{bc}}{R_{ab} + R_{bc} + R_{ca}}$

③ ㉣－㉢를 하면, $R_c = \dfrac{R_{bc}R_{ca}}{R_{ab} + R_{bc} + R_{ca}}$

≫ 예제 ❶

문제 다음 회로에서 R_a에 흐르는 전류가 0이다. 이때 R_X를 구하시오.(단, $R_1 = 25[\Omega]$, $R_2 = 50[\Omega]$, $R_3 = 40[\Omega]$, $R_a = 10[\Omega]$)

① 5[Ω] ② 10[Ω] ③ 15[Ω] ④ 20[Ω]

풀이

④

≫ 예제 ❷

문제 아래 회로에서 40[V] 전원에 의해 공급된 전류와 전력을 구하시오.

풀이

0.5[A], 20[W]

≫ 예제 ③

문제 다음 회로에서 단자 a와 b 사이에 흐르는 전류[A]는?

14년 국가직 9급

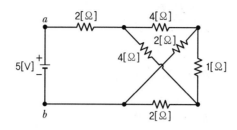

① 0.625

② 1

③ 1.3

④ 2

풀이

②

● 실전문제

ELECTRIC ELECTRONICS

01 다음 회로에 3[A]의 전류가 흐를 때, 단자 a – b 사이의 전압 V_{ab}[V]는?

① 6   ② 12

③ 18   ④ 24

02 다음 회로에서 저항 10[Ω]에 흐르는 전류 I_1이 0 [A]일 때, 저항 R에 흐르는 전류 i[A]는?

① 0.5   ② 1

③ 1.5   ④ 2

정답 **01** ②   **02** ①

03 다음 회로에서 조정된 가변저항값이 100[Ω]일 때 A와 B 사이의 저항 100[Ω] 양단 전압을
측정하니 0[V]일 경우, R_x[Ω]은?

① 400   ② 300

③ 200   ④ 100

04 다음 회로에서 소모되는 전력이 12[W]일 때, 직류전원의 전압[V]은?

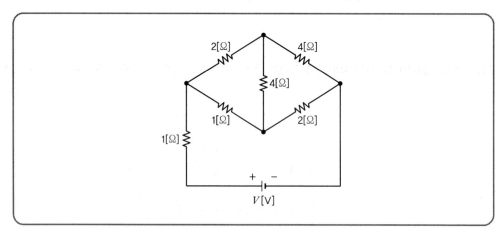

① 3   ② 6

③ 10   ④ 12

05 그림의 회로에서 전류 I[A]는?

① 0.25

② 0.5

③ 0.75

④ 1

06 그림의 회로에서 전원의 전압이 140[V]일 때, 단자 A, B 간의 전위차 V_{AB}[V]는?

① $\dfrac{10}{3}$[V]

② $\dfrac{20}{3}$[V]

③ $\dfrac{30}{3}$[V]

④ $\dfrac{40}{3}$[V]

전압계와 전류계

1 다르송발 미터기

눈금

지침

이동코일

영구자석

복원 스프링

자기 철심

① 공학자 다르송발이 만든 것으로 미터기의 바늘이 흐르는 전류에 비례하여 움직인다.

② 다르송발 미터기의 저항을 적절히 연결하여 전압계 또는 전류계를 만들 수 있다.

③ 미터기는 아주 작은 전류에도 민감하게 반응하는데 미터기가 감당할 수 있는 최대 전류 I_D 및 최대 전압 V_D가 정해져 있다. 전압계, 전류계, 설계 시 미터기를 $r = \dfrac{V_D}{I_D}$ 인 저항으로 취급하면 편리하다.

2 전류계 설계방법

① 미터기에 흐를 수 있는 전류에 제한이 있으므로 미터기에 저항 R_A를 병렬로 연결하여 전류계에 흘러 들어오는 전류를 나누어 흐르게 한다.

② 측정 가능한 최대 전류 $I_{\max}$ 가 전류계에 흘러올 때 미터기에도 최대 전류 I_D가 흐르므로 전류분배법칙에 의해 필요한 저항 R_A를 구할 수 있다.

③ $I_D = \dfrac{R_A}{r + R_A} \times I_{\max}$

$\therefore R_A = \dfrac{I_D}{I_{\max} - I_D} r = \dfrac{r}{n-1} [\Omega] \left(n = \dfrac{I_{\max}}{I_D} \right)$

3 전압계 설계방법

① 미터기에 걸릴 수 있는 전압에 제한이 있으므로 미터기에 저항 R_V를 직렬로 연결하여 전압계에 걸리는 전압이 나누어 걸리도록 한다.

② 측정 가능한 최대 전압 $V_{\max}$가 전압계에 걸릴 때 미터기에도 최대전압 V_D가 걸리므로 전압분배의 법칙에 의해 필요한 저항 R_V를 구할 수 있다.

③ $V_D = \dfrac{r}{r + R_V} \times V_{\max}$

$$\therefore R_V = \left(\dfrac{V_{\max}}{V_D} - 1 \right) = (n-1)r[\Omega] \quad \left(n = \dfrac{V_{\max}}{V_D} \right)$$

| 다르송발 미터기 | | 전류계 설계 | | 전압계 설계 |

4 부하효과 및 이상적인 전압계, 전류계의 조건

① 전압, 전류 측정시 전압계, 전류계의 자체저항으로 인해 원래 회로의 구조가 달라지게 되므로 실제값(전압계, 전류계 연결 전 전압, 전류 값)과 측정값 사이에 필연적으로 오차가 발생한다. 부하효과(어느 단자에 부하를 연결하면 연결 전후의 전압, 전류가 서로 달라지는 현상)에 의한 대표적인 현상이다.

② 이상적인 전압계는 그 자신으로는 전류가 흐르지 않으면서 전압만 측정해야 하므로 전압계의 내부저항이 무한대(개방상태)이어야 한다. 즉, $r + R_V = \infty [\Omega]$

③ 이상적인 전류계는 그 자신은 전압이 걸리지 않으면서 전류만을 측정해야 하므로 전류계의 내부저항이 0(단락상태)이어야 한다. 즉, $r \parallel R_A = 0[\Omega]$

5 전압계와 전류계 연결방법

① 전류계(Ammeter)는 전류를 측정하기 위해서 설계된 계측기로, 전류가 측정되고 있는 회로소자와 직렬로 배열된다.

② 전압계(Voltmeter)는 전압을 측정하기 위해서 설계된 계측기로 전압이 측정되고 있는 소자와 병렬로 배치된다.

③ 이상적인 전류계 : $0[\Omega]$(Short)의 등가저항을 갖고 전류가 측정되고 있는 소자와 직렬인 단락 회로로서 기능한다.

④ **이상적인 전압계** : ∞ [Ω](Open)의 등가저항을 갖고 전압이 측정되고 있는 소자와 병렬인 개방 회로로서 기능한다.

R_1에 흐르는 전류를 측정하기 위해 연결된 전류계와 R_2에 걸린 전압을 측정하기 위해 연결된 전압계

이상적인 전류계를 위한 단락회로모델과 이상적인 전압계를 위한 개방회로모델

㉠ R_1에 흐르는 전류를 측정하기 위해 연결된 전류계와 R_2에 걸린 전압을 측정하기 위해 연결된 전압계

㉡ 이상적인 전류계를 위한 단락회로 모델과 이상적인 전압계를 위한 개방회로 모델

➡ **아날로그 계측기와 디지털 계측기의 특성비교**

연속적인 전압과 전류를 측정하기 위해서 두 가지 종류의 계측기, 즉 디지털 계측기와 아날로그 계측기가 사용된다. 디지털 계측기(Digital Meter)는 표본화 시간이라고 불리는 시간의 이산점에서 연속적인 전압 또는 전류 신호를 측정한다. 따라서 그 신호는 시간에 연속적인 아날로그 신호로부터 시간의 이산 순간에만 존재하는 디지털 신호로 변환된다. 디지털 계측기의 동작에 대한 자세한 설명은 이 책의 범위를 벗어난다. 그러나 아날로그 계측기에 비해 여러 가지 이점이 있기 때문이 실험실에서 디지털 계측기를 보고 사용하게 될 것이다. 이들은 연결되는 회로로 보다 적은 저항을 삽입하고, 보다 연결하기 쉬우며, 정보 판독 장치의 특성에 기인하여 측정의 정밀도가 높다.

아날로그 계측기(Analog Meter)는 눈금 판독 구조를 구현한 다르송발(D'Arsonval) 계측기 동작에 기초를 두고 있다. 다르송발 계측기 동작기는 영구자석의 자계에 위치된 이동 코일로 구성되어 있다. 전류가 코일에 흐를 때, 코일에 회전력(Torque)이 생성되고, 이로 인해 회전이 유발되어 지침(Pointer)은 조정된 눈금을 가로질러 움직인다. 설계에 따라서, 바늘의 편향은 이동 코일에 흐르는 전류에 직접적으로 비례한다. 코일은 정격전압과 정격전류 모두에 의해 특징지어진다. 예를 들어 상업적으로 유용한 어떤 계측기 동작이 50[mV]와 1[mA]로 정격이 되어 있다. 이는 코일이 1[mA]를 운반할 때 코일에 걸린 전압 강하는 50[mV]이고 지침은 최대 눈금 위치로 편향된다는 것을 의미한다.

전압원과 전류원

- 저항은 전기적 에너지를 소비하지만 전기적 에너지를 발생시키는 장치를 전원(Electric Source)이라고 한다. 축전지, 발전기, 태양전지, 발진기 등은 그 예이다. 한편 전원에 연결되는 장치를 부하(Load)라고 하는데, 여기서 두 가지 이상적인 전원을 생각한다.
- 회로도에는 반드시 전원의 극성을 표시해야 한다.
- 이상적인 전원은 종속전원과 대비하여 독립전원(Independent Source)이라 부르기도 하고, 단순히 전압원, 전류원이라 칭하기도 한다.

① 이상적인 전압원(Ideal Voltage Source)

부하가 있든 없든 관계없이 단자전압의 시간적 변화가 주어진 시간함수 $v(t)$와 같은 전원을 이상적인 전압원이라 한다.

② 이상적인 전류원(Ideal Current Source)

부하가 있든 없든 관계없이 출력전류의 시간적 변화가 주어진 시간함수 $i(t)$와 같은 전원을 이상적인 전류원이라 한다.

| 이상적인 전압원 | | 이상적인 전류원 |

③ 이상적인 전원에 대한 기호

(a) 일반적 전압원   (b) AC 전압원   (c) DC 전압원   (d) 일반적 전류원

4 대표적인 전압, 전류의 파형

(a) DC

(b) AC(사인파)

(c) 계단파

(d) 구형파

5 전원에서의 전력

(a)

(b)

① 전압원에서 전압상승 v의 방향으로 흐르는 전류 i라 하면 전원이 외부회로에 공급하는 전력은 $P = vi$가 된다.

② 회로의 한부분에서 전압상승의 방향으로 전류가 흐를 때에는 그 부분에서 전력이 발생되어 여타 부분에 공급된다.

③ 반대로 전압강하의 방향으로 전류가 흐를 때에는 그 부분에서 전력이 소비(흡수)된다.

≫ 예제 ❶

문제 아래 회로에서 각 부품이 공급 또는 흡수되는 전력을 구하시오.

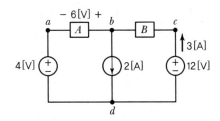

풀이

KVL에 의하여

$v_{bd} = 4[\text{V}] + 6[\text{V}] = 10[\text{V}]$,

$v_{cb} + 12[\text{V}] - v_{bd} = 2[\text{V}]$

KCL에 의하여

$i_{ba} = i_{ad} = 3[\text{A}] - 2[\text{A}] = 1[\text{A}]$

그러므로 회로의 전류, 전압 분포는 풀이의 그림과 같다. 이것으로부터 12[V] 전원에서는 전압상승의 방향으로 3[A]의 전류가 흐르므로 12[V]×3[A]＝36[W]의 전력공급(발생)이 있지만 기타의 모든 부품에서는 전압강하의 방향으로 전류가 흐르므로 전력의 흡수(소비)가 있다.

즉, 4[V] 전원에서는 4[V]×1[A]＝4[W], 2[A] 전원에서는 10[V]×2[A]＝20[W], A에서는 6[V] ×1[A]＝6[W], B에서는 2[V]×3[A]＝6[W]의 전력 흡수가 있다.(체크 : 36[W]＝4[W]＋20[W]＋ 6[W]＋6[W])

⑥ 실제적인 전원의 등가회로

(a)

(b)

(c)

$$v = V_0 - R_0 i \ (y = b - ax \ \text{형식})$$

여기서, V_0 : y축 절편값＝단자의 개방전압

R_0 : 직선부분 기울기의 절대치＝보통 전원의 내부저항

⑦ 전원의 직렬 및 병렬

| 전압원의 직렬 |

| 전류원의 병렬 |

● 실전문제 ELECTRIC ELECTRONICS

01 전압계와 전류계를 이용하여 소자의 전압과 전류를 측정하고자 할 때 측정 방법으로 옳은 것은? 14년 국가직 9급

① 전압계는 소자와 병렬, 전류계는 소자와 직렬로 연결한다.
② 전압계는 소자와 직렬, 전류계는 소자와 병렬로 연결한다.
③ 전압계와 전류계 모두 소자와 병렬로 연결한다.
④ 전압계와 전류계 모두 소자와 직렬로 연결한다.

02 전기회로의 측정에 대한 설명으로 옳지 않은 것은? 12년 지방직 9급

① 멀티미터의 선택 스위치를 AC에 두고 정현파 신호를 측정하면, 그 값은 실횻값을 나타낸다.
② 전압계는 측정하고자 하는 회로소자에 병렬로, 전류계는 직렬로 연결해야 한다.
③ 전압계의 내부저항은 매우 커야 하고, 전류계의 내부저항은 매우 작아야 한다.
④ 오실로스코프는 측정하고자 하는 신호가 일정한 주파수를 가질 때 사용하는 전압계/전류계이다.

03 다음은 전류증폭기, 전압계, 분류기, 전압원의 특성을 설명한 것이다. 올바른 것은 무엇인가?

① 전압계는 회로에 직렬로 연결하고 그 내부저항은 무한대이다.
② 이상적인 전압원의 내부저항은 무한대이다.
③ 전류계의 측정 범위를 증가시키기 위해 전류계와 직렬로 연결하는 저항을 분류기라고 한다.
④ 이상적인 전류 증폭기의 출력임피던스는 무한대이다.

04 그림 (a)와 그림 (b)를 이용하여 그림 (c)의 전류값 I[A]를 구하면?(단, N은 전원을 포함한 임의의 저항회로이다.)

(a)　　　　　　　(b)　　　　　　　(c)

① 0.25

② 0.5

③ 1

④ 2

05 전류의 측정 범위를 확대하기 위하여 전류계와 (가)로 연결하는 저항을 분류기 저항이라 하고, 전압의 측정 범위를 확대하기 위하여 전압계와 (나)로 연결하는 저항을 배율기 저항이라 한다. (가)와 (나)에 들어갈 내용으로 옳게 짝지은 것은?

① 직렬 직렬

② 직렬 병렬

③ 병렬 직렬

④ 병렬 병렬

06 다음 회로에서 부하저항($R_L = 30$[kΩ]) 양단에 전압계를 이용하여 전압을 측정하였더니 5[V]로 측정되었다. 이 전압계 내부저항[kΩ]은 얼마인가?(단, $V_{th} = 10$[V], $R_{th} = 12$[kΩ] 이다.)

18년 지방직 9급

① 10

② 15

③ 20

④ 30

PART
03

회로해석
방법(2)

마디전압과 단자전압의 구별

회로 설명을 위한 용어

명칭	정의	아래 예제 1의 회로 예
마디	둘 또는 그 이상의 회로 소자가 결합하는 점	a
필수 마디	셋 또는 그 이상의 회로 소자가 결합하는 점	b
경로	한 번 이상 포함되는 소자를 갖지 않는 인접한 기본 소자의 추적	$v_1 - R_1 - R_5 - R_6$
가지	두 마디를 연결하는 경로	R_1
필수 가지	1개의 필수 마디도 통과하지 않고, 2개의 필수 마디들을 연결하는 경로	$v_1 - R_1$
폐회로	마지막 마디가 출발 마디와 같은 경로	$v_1 - R_1 - R_5 - R_6 - R_4 - v_2$
망	어떤 다른 폐회로를 에워싸지 않는 폐회로	$v_1 - R_1 - R_5 - R_3 - R_2$
평면회로	교차하는 가지 없이 평면 상에 그려질 수 있는 회로	예제 1의 그림 (a), (b)는 평면 회로이다.
		예제 1의 그림 (c)는 비평면 회로이다.

≫ 예제 ❶

문제 회로에 있는 마디, 가지, 망 및 폐회로 그림의 회로에서 다음을 확인하라.

① 모든 마디   ② 모든 필수 마디

③ 모든 가지   ④ 모든 필수 가지

⑤ 모든 망   ⑥ 폐회로 또는 필수 가지가 아닌 2개의 경로

⑦ 망이 아닌 폐회로 2개

풀이

① 마디는 a, b, c, d, e, f, g이다.

② 필수 마디는 b, c, e, g이다.

③ 가지는 v_1, v_2, R_1, R_2, R_3, R_4, R_5, R_6, R_7, I 이다.

④ 필수 가지는 $v_1 - R_1$, $R_2 - R_3$, $v_2 - R_4$, R_5, R_6, R_7, I 이다.

⑤ 망은 $v_1 - R_1 - R_5 - R_3 - R_2$, $v_2 - R_2 - R_3 - R_6 - R_4$, $R_5 - R_7 - R_6$, $R_7 - I$ 이다.

⑥ $R_1 - R_5 - R_6$은 경로이다. 그러나 폐회로는 아니고(같은 시작과 끝나는 마디를 갖고 있지 않기 때문에), 필수 가지도 아니다(2개의 필수 마디를 연결하지 않기 때문에). 또한 $v_2 - R_2$는 경로이지만 같은 이유로 폐회로나 필수 가지는 아니다.

⑦ $v_1 - R_1 - R_5 - R_6 - R_4 - v_2$는 폐회로이지만 그 안에 2개의 폐회로가 있기 때문에 망은 아니다. $I - R_5 - R_6$ 또한 폐회로이지만 망은 아니다.

(a) 평면회로

(b) 평면회로 등가

(a) 회로가 평면이라는 것을 증명하기 위해서 다시 그린 같은 회로는 다음과 같다.

(c)

| 비평면 회로 |

1 기준마디(기준절점, Reference Node)

마디 전압 부여 시 회로의 여러 마디 중에서 하나의 마디를 미리 기준마디(전압이 0[V]인 마디)로 잡는다. 기준마디는 접지 표시 등으로 미리 주어져 있는 경우도 있으나 이러한 기준 마디표시가 없을 때는 임의로 아무 마디나 회로해석에 편리한 마디를 기준마디로 두면 된다.

2 마디전압(Node Voltage)

① 회로의 기준마디(전압이 0[V])로부터 특정 마디까지의 전압
② 마디전압은 기준 마디를 −극으로 두었을 때 기준 마디(−극)에서 해당 마디(+극)까지의 전압을 의미하므로 반드시 단자전압과 개념을 구분해야 한다. 마디전압을 표시할 때는 + − 극 표시를 하지 않는다. 이미 기준마디가 나머지 모든 마디전압에 대해 − 극임을 전제하고 있기 때문이다.

3 마디전압을 사용하는 이유

회로 내의 각 소자에 걸리는 전압(단자전압)을 미지수로 하면 많은 수의 미지수가 필요하다. 그러나 단자전압 대신 마디전압을 이용하면 미지수의 수를 현저하게 줄일 수 있다.

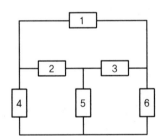

마디 전압법

1 마디 전압법(Node-Voltage Method)

회로 내의 각 마디전압을 KCL을 이용하여 구하는 방법

2 각 저항을 흐르는 전류표시

① 각 저항을 흐르는 전류를 단자전압이 아니라 마디전압으로 표시해야 한다.

② 단자전류의 표현방법

③ 소자값이 저항 대신 컨덕턴스로 주어진 경우

3 마디전압법 적용순서

① 회로의 마디를 표시한다.

② 기준마디를 임의로 잡고 반드시 접지표시를 한다.(문제에 접지표시가 있으면 접지표시가 된 마디를 기준마디로 놓는다.)

③ 마디전압 중 전압을 모르는 마디전압을 미지수로 놓는다.

④ 회로 내에 종속전원이 있으면 종속전원의 제어변수도 미지수로 놓는다.

⑤ 미지수의 개수만큼 필요한 연립방정식을 세운다.(특별한 경우가 아니면 전압 값을 이미 알고 있는 마디에서는 방정식을 세울 필요가 없다.)

⑥ ⑤에서 세운 연립방정식을 정리하고 푼다.

>> 예제 ❶

문제 다음 회로의 각각의 마디전압을 구하시오.

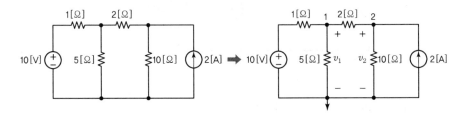

풀이

$$\frac{v_1 - 10}{1} + \frac{v_1}{5} + \frac{v_1 - v_2}{2} = 0$$

$$\frac{v_1 - 10}{2} + \frac{v_2}{10} - 2 = 0$$

$$v_1 = \frac{100}{11} = 9.09[\text{V}]$$

$$v_2 = \frac{120}{11} = 10.91[\text{V}]$$

>> 예제 ❷

문제 아래 회로를 보고 마디 전압법을 이용하여 각 물음에 답하시오.

① i_a , i_b , i_c 각각의 전류를 구하시오.

② 각 전원과 연관된 전력을 구하고 전원이 전력을 전달하는지 흡수하는지를 말하시오.

풀이

$$v_1 - 550 + \frac{v_1}{10} + \frac{v_1}{40} - 3 = 0$$

v_1에 대해서 풀면

$$v_1 = 40[\text{V}]$$

$$i_a = \frac{50 - 40}{5} = 2[\text{A}]$$

$$i_b = \frac{40}{10} = 4[\text{A}]$$

$$i_c = \frac{40}{40} = 1[\text{A}]$$

$50[\text{V}]$ 전원과 관련된 전력은 다음과 같다.

$$p_{50V} = -50i_a = -100[\text{W}] (전달)$$

$3[\text{A}]$ 전원과 관련된 전력은 다음과 같다.

$$p_{3A} = -3v_1 = -3(40) = -120[\text{W}] (전달)$$

전달된 전체 전력이 $220[\text{W}]$라는 것을 주목함으로써 이들 계산을 확인한다. 세 저항에 의해 흡수된 전체 전력은 계산한 바와 같이, 그리고 그렇게 되어야만 하는 것과 같이 $4(5) + 16(10) + 1(40)$, 즉 $220[\text{W}]$이고 반드시 그렇게 되어야만 한다.

망로전류/단자전류

◼ 망로전류(Mesh Current)

회로에서 어느 망로를 따라 흐르는 전류, 소자를 흐르는 전류(단자전류)와 구별해야 한다.

◻ 망로전류를 통한 단자전류의 이해

상기 회로에서 좌우측 망로가 겹치는 부분의 전류(6[Ω] 저항 전류)를 망로전류를 이용해 아래와 같이 이해할 수 있다.

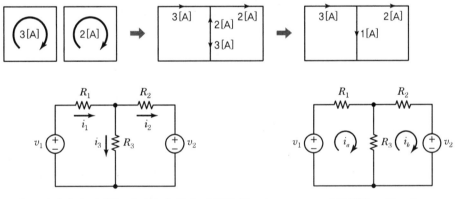

| 망 전류 회로 해석법의 전개를 예시하기 위해 사용된 회로 | | 망전류 i_a와 i_b |

◻ 망로전류를 사용하는 이유

회로 내의 각 소자를 흐르는 전류(단자전류)를 미지수로 하면 많은 수의 변수가 필요하다. 그러나 단자전류 대신 망로전류를 이용하면 미지수의 수를 현저하게 줄일 수 있다.

>> 예제 **①**

문제 다음 회로에서 망로전류 i_1, i_2 및 단자전류 i_3, i_4를 구하시오.

풀이

$i_1 = 10[\mathrm{A}]$, $i_2 = 3[\mathrm{A}]$, $i_3 = 8[\mathrm{A}]$, $i_4 = 1[\mathrm{A}]$

>> 예제 **②**

문제 그림의 회로에 대한 설명으로 옳지 않은 것은?

① 회로의 마디(node)는 4개다.

② 회로의 루프(loop)는 3개다.

③ 키르히호프의 전압법칙(KVL)에 의해 $V_1 - V_{R1} - V_{R3} - V_2 = 0$이다.

④ 키르히호프의 전류법칙(KCL)에 의해 $I_{R1} + I_{R2} + I_{R3} = 0$이다.

풀이

④

망로전류법

❶ 망로전류법(Mesh – Current Method)

회로 내의 각 망로전류를 KVL을 이용하여 구하는 방법

❷ 각 저항에 걸리는 전압표시

① 각 저항에 걸리는 전압을 단자전류가 아닌 망로전류로 표시해야 한다.

② 단자전압의 표현방법

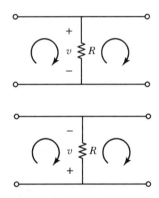

❸ 망로전류법 순서

① 회로의 망로를 표시한다.

② 구하고자 하는 망로전류를 미지수로 놓는다.

   (망로 전류값을 이미 알고 있는 망로의 미지수를 잡을 필요가 없다.)

③ 회로 내의 종속전원이 있으면 종속전원의 제어변수도 미지수로 놓는다.

④ 미지수의 개수만큼 필요한 연립방정식을 세운다.

   (특별한 경우가 아니면 전류 값을 이미 알고 있는 망로에는 방정식을 세울 필요가 없다.)

⑤ ④에서 세운 연립방정식을 정리하고 푼다.

>> 예제 ①

문제 망전류법을 사용하여 아래 물음에 답하시오.

① 각각의 망로전류 i_a, i_b, i_c를 구하시오.

② 두 개의 전압원과 관련된 전력을 구하시오.

③ 8[Ω] 저항에 걸리는 전압 v_0를 구하시오.

풀이

$$-40 + 2i_a + 8(i_a - i_b) = 0$$

$$8(i_b - i_a) + 6i_b + 6(i_b - i_c) = 0 \quad \Rightarrow$$

$$6(i_c - i_b) + 4i_c + 20 = 0$$

$$10i_a - 8i_b + 0i_c = 40$$

$$-8i_a + 20i_b - 6i_c = 0$$

$$0i_a - 6i_b + 10i_c = -20$$

>> 예제 ②

문제 그림의 회로에서 전류 I_1과 I_2에 대한 방정식이 다음과 같을 때, $a_1 + a_2$ 의 값은?

$$a_1 I_1 - 20 I_2 = 15$$
$$-20 I_1 + a_2 I_2 = 5$$

① 40   ② 50

③ 60   ④ 70

풀이

④

05 1포트 회로의 특성식

1 1포트 회로의 특성(단자법칙)

임의의 1포트 회로(2단자회로)의 단자전압 v, 단자전류 i의 상호관계를 $v = f(i)$, $i = g(v)$와 같은 함수형태로 나타낸 것으로 주어진 소자가 외부 회로에 대하여 어떤 기능을 수행하는지 살펴볼 수 있다.

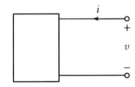

2 등가회로

등가회로 주어진 두 회로의 내부 구조가 서로 동일(Same)하지는 않지만 두 회로의 특성식(단자법칙)이 서로 같으면 이 두 회로는 내부구조가 상이함에도 불구하고 외부회로에 대하여 동일한 기능을 수행하게 된다. 이러한 두 회로를 서로 등가(Equivalent)라고 한다.

3 전원변환(Source Transform)

다음 두 회로가 서로 등가이기 위한 조건을 구한다. 우선 각 회로의 특성식(단자법칙)을 찾는다.

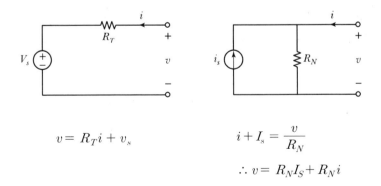

$$v = R_T i + v_s$$

$$i + I_s = \frac{v}{R_N}$$

$$\therefore v = R_N I_S + R_N i$$

$$i = \frac{v_0}{R_0 + R_L}$$

$$i = \frac{R_0}{R_0 + R_L} i_0$$

여기서, v_0 : 단자 $a-b$를 개방했을 때의 전압 여기서, i_0 : 단자 $a-b$를 단락했을 때의 전류

위 두 전류가 같을 조건은 R_L과 상관없이 $v_0 = R_0 i_0$만 만족하면 성립된다.

≫ 예제 ①

문제 아래 회로에서 전원 변환을 통해 v_L을 구하시오.

풀이

따라서, $v_L = 1.8 i_g + 0.09 v_g$

전원 합성

1 개요

구분	전압원	전류원
직렬연결	○	× (예외 있음)
병렬연결	× (예외 있음)	○

2 예외

① 전압원을 병렬연결할 수 있을 때 : 각 전압원의 크기가 동일할 때(KVL)

② 전류원을 직렬연결할 수 있을 때 : 각 전류원의 크기가 동일할 때(KCL)

3 합성방법

① 전압원은 + − 부호가 교대로 반복되도록 바꾼 다음 더해준다.

② 전류원은 전류 방향 화살표를 동일하게 맞추어 준 다음 더해준다.

4 예

① 전압원 합성

② 전류원 합성

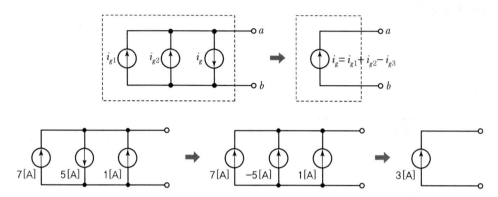

5 **특이한 전원 연결**

① 전압원과 임의의 소자가 병렬로
연결된 회로는 그 회로의 외부에
서 보면 전압원만 있는 회로와 등
가이다.

② 전류원과 임의의 소자가 직렬로
연결된 회로는 그 회로의 외부에
서 보면 전류원만 있는 회로와 등
가이다.

≫ 예제 ❶

[문제] 전원변환법을 이용하여 아래 물음에 답하시오.

① 회로에서 6[V] 전원과 연관된 전력을 구하시오.

② 6[V] 전원이 ①에서 계산된 전력을 흡수하는지 아니면 전달하는지를 진술하시오.

풀이

(a) 첫 번째 단계

(b) 두 번째 단계

(c) 세 번째 단계

(d) 네 번째 단계

- 그림 (d)는 이 마지막 변환의 결과를 나타내고 있다. 6[V] 전원에 걸린 전압 강하의 방향에서 전류는 $(19.2-6)/16$, 즉 0.825[A]이다. 따라서 6[V] 전원과 연관된 전력은 다음 식과 같다.

$$p_{6A} = (0.825)(6) = 4.95[\text{W}]$$

- 전압원은 전력을 흡수한다.

》 예제 ❷

문제 특별한 전원변환기법을 사용하여 아래 물음에 답하시오.

① 다음 회로에서 전압 v_0를 구하시오.

풀이

① 20[V]

선형회로의 성질(선형성)

1 비례성

① 개념

2 중첩성(중첩의 원리)

1) 개념

여러 개의 전원이 있는 회로응답은 각 전원이 단독으로 존재할 때(다른 전원은 제거) 응답을 모두 합한 것이다.

① 개별 입력에 대한 응답

② 모든 입력이 동시에 인가된 경우의 응답

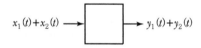

2) 전원의 제거

① 제거대상 : 독립전원(전압원 전류원)만 제거한다.

② 제거방법

| 전압원의 제거(단락) | | 전류원의 제거(개방) |

＊ 중첩의 원리는 전압, 전류 계산에만 적용할 수 있다.(전력 계산은 불가능)

❸ 선형성의 일반적 표현

① 개별 입력에 대한 응답

② 모든 입력이 동시에 인가된 경우의 응답

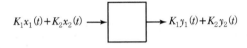

CHAPTER 08

테브냉/노턴 등가회로

1 테브냉(Thevenin) 등가회로

임의의 선형회로(전원을 포함한 임의의 저항회로)는 (내부구조를 아는지의 여부와 관계없이)
독립전압원 v_{Th}와 저항 R_{Th}가 직렬 연결된 회로로 바꾸어 그릴 수 있다.

| 원회로 | | 테브냉의 등가회로 |

2 노턴(Norton) 등가회로

임의의 선형회로(전원을 포함한 임의의 저항회로)는 (내부구조를 아는지의 여부와 관계없이)
독립전류원 I_N과 저항 R_N이 병렬 연결된 회로로 바꾸어 그릴 수 있다.

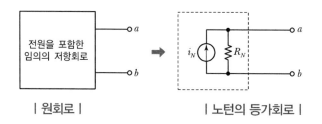

| 원회로 | | 노턴의 등가회로 |

3 v_{Th}, R_{Th}의 물리적 의미

① $v = -R_{Th}i + v_{Th}$의 그래프

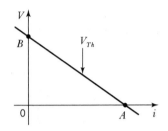

② x절편 A는 단자전압 $v = 0[\text{V}]$와 그 때의 단자전류, 즉 단자단락(Short-Circuit) 시 전류 i를 나타내므로 점 A의 좌표 $A(i, v) = (i_{sc}, \; 0)$

③ y절편 B는 단자전류 $i = 0[\text{A}]$와 그때의 단자전압, 즉 단자개방(Open-Circuit) 시 전압 v를 나타내므로 점 B의 좌표 $B(i, v) = (0, \; v_{oc})$

④ 테브냉 등가전압 v_{Th}는 단자개방 시 전압 v_{oc}와 같다.

　　즉, $v_{Th} = v_{oc}$

⑤ 직선의 기울기 $-R_{Th} = \dfrac{0 - v_{oc}}{i_{sc} - 0}$ 이므로, $R_{Th} = \dfrac{v_{oc}}{i_{sc}}$

　　즉, $R_{Th} = \dfrac{\text{단자의　개방전압}}{\text{단자의　단락전류}}$ 이다.

≫ 예제 ①

문제 다음 회로를 테브냉 등가회로로 나타낼 때 등가전압(V_{Th})으로 옳은 것은?

	$V_{Th}[\text{V}]$	$R_{Th}[\text{k}\Omega]$		$V_{Th}[\text{V}]$	$R_{Th}[\text{k}\Omega]$
①	1	1	②	1	2/3
③	2	1	④	2	2/3
⑤	2	1/3			

풀이

②

》 예제 ❷

문제 다음 회로를 테브냉/노턴 등가회로로 표현하시오.

풀이

$V_{Th} = 32[V], \ R_{Th} = 8[\Omega]$

》 예제 ❸

문제 다음 회로를 테브냉/노턴 등가회로로 표현하시오.

풀이

테브냉 등가회로

$v_L = 12[\text{V}]$

≫ 예제 ❹

문제 다음 회로에서 v_{cd}를 구하시오.

풀이

$\Longrightarrow$ $i = 1[\text{A}]$, $v_{cd} = 12 + 3 = 15[\text{V}]$

≫ 예제 ⑤

문제 다음 회로를 테브냉 및 노튼 등가회로로 나타내시오. (v_{oc}, i_{sc}를 이용)

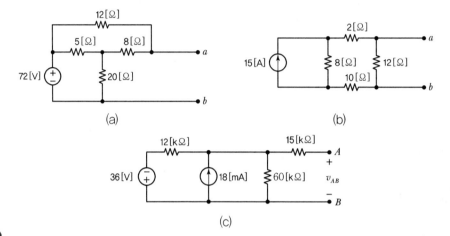

(a)

(b)

(c)

풀이

(a) $V_{oc} = 64.8[\text{V}]$, $I_{sc} = 10.8[\text{A}]$, $R_{Th} = 6[\Omega]$

(b) $V_{oc} = 45[\text{V}]$, $I_{sc} = 6[\text{A}]$, $R_{Th} = \dfrac{15}{2}[\Omega]$

(c) $V_{oc} = 150[\text{V}]$, $I_{sc} = 6[\text{mA}]$, $R_{Th} = 25[\text{k}\Omega]$

≫ 예제 ⑥

문제 다음 그림과 같은 회로에서 저항 0.66[Ω]에 흐르는 전류는 몇 [A]인가?

① 0.2[A]   ② 0.5[A]

③ 0.66[A]   ④ 1.0[A]

⑤ 1.2[A]

풀이

②

④ 테브냉 등가회로 구하는 법

① 네 가지 방법

	v_{Th} 계산	R_{Th} 계산
개방전압 – 단락전류법		
	$v_{Th} = v_{oc}$	$R_{Th} = \dfrac{v_{oc}}{i_{sc}}$
개방전압 – test 전원법		
	$v_{Th} = v_{oc}$	$R_{Th} = \dfrac{v_T}{i_T}$
test 전원법		$v_T,\ i_T$의 관계식 $v_T = \alpha i_T + \beta$
	$v_{Th} = \beta[\text{A}]$	$R_{Th} = \alpha[\text{A}]$
전원변환법	Source Transform을 반복 적용. 종속전원이 없는 경우에만 가능	

② 각 방법의 특징

ㄱ 개방전압, 단락전류법

실험적으로 테브냉 등가회로를 구할 때 유용하며, 전압계와 전류계만으로 구할 수 있다.

ㄴ 개방전압, test 전원법(내부 독립전원 제거)

$R_{Th} = \dfrac{v_T}{i_T}$ 에서 $i_T = 1[\text{A}]$를 이용하기도 한다.

ㄷ test 전원법

회로의 내부구조를 알고 있는 경우에 유용하다(하나의 회로만 그리면 되므로 간단하다).

≫ 예제 ❼

문제 다음 회로를 위의 방법을 이용하여 테브냉 등가회로로 표현하시오.

(a) 개방전압　　　　　　　　　　　(b) 단락전류

풀이

(a) 개방전압

(1) $\dfrac{v_{oc}-25}{5}+\dfrac{v_{oc}}{20}-3+0=0$

$4v_{oc}-100+v_{oc}-60=0$

$\therefore\ v_{oc}=\dfrac{160}{5}=32[\text{V}]$

(2) $v_{Th}=v_{oc}=32[\text{V}]$

(b) 단락전류

(1) $\dfrac{v-25}{5}+\dfrac{v}{20}-3+\dfrac{v_0}{4}-0$

$4v-100+v-60+5v=0$

$\therefore\ v=\dfrac{160}{10}=16[\text{V}]$

(2) $i_{sc}=\dfrac{v-0}{4}=4[\text{A}]$

$R_{Th}=\dfrac{v_{oc}}{i_{sc}}=\dfrac{32}{4}=8[\Omega]$

≫ 예제 ❽

문제 다음 회로로 테브냉 등가회로를 구하시오.

풀이

$V_{Th} = v_{ab} = -5 \, [\mathrm{V}]$

$i_{sc} = -50 \, [\mathrm{mA}]$

$R_{Th} = 100 \, [\Omega]$

≫ 예제 ❾

문제 다음 회로에서 출력전압 $V_0 \, [\mathrm{V}]$는?

① 4

② 5

③ 6

④ 7

풀이

③

● 실전문제 ELECTRIC ELECTRONICS

01 다음 회로에서 2[kΩ]에 흐르는 전류 I_o 값으로 옳은 것은?

15년 국회직 9급

① 4[mA]　　　　　② 5[mA]

③ 6[mA]　　　　　④ 7[mA]

⑤ 8[mA]

02 다음 회로에서 전압 V_o[V]는?

① $\dfrac{6}{13}$　　　　　② $\dfrac{24}{13}$

③ $\dfrac{30}{13}$　　　　　④ $\dfrac{36}{13}$

03 다음 회로에서 종속전류원 양단에 걸리는 전압 V[V]는?

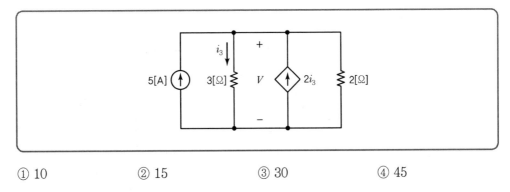

① 10 　　　　② 15 　　　　③ 30 　　　　④ 45

04 다음 회로에서 저항 6[Ω]의 양단 전압이 5[V]일 때, 전압 V_g[V]는?

① 7 　　　　② -7 　　　　③ 5 　　　　④ 3
⑤ -3

05 다음 회로에서 테브냉 등가회로로 구성할 때 V_{th}를 구하면 얼마인가?

① 15[V] 　　　　② 17[V] 　　　　③ 19[V] 　　　　④ 21[V]

06 다음 회로에서 3[Ω]에 흐르는 전류 i_o[A]는?

① -3 ② 3   ③ -4 ④ 4

07 그림은 직류 전압원과 전류원이 포함된 회로이다. 5[kΩ] 저항 양단에 걸리는 전압 V_o[V]의 값으로 옳은 것은?

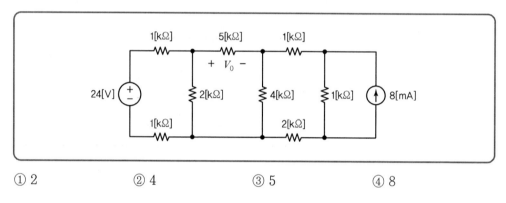

① 2   ② 4   ③ 5   ④ 8

08 다음 회로에 대한 등가회로는?

09 독립전원과 종속전압원이 포함된 다음의 회로에서 저항 20[Ω]의 전압 V_a[V]는?

19년 국가직 9급

① -40 ② -20
③ 20 ④ 40

10 다음 직류회로에서 4[Ω] 저항의 소비전력[W]은?

19년 국가직 9급

① 4 ② 8
③ 12 ④ 16

11 그림의 회로에서 단자 A와 B에서 바라본 등가저항이 12[Ω]이 되도록 하는 상수 β는?

19년 지방직 9급

① 2 ② 4
③ 5 ④ 7

12 다음 그림과 같은 회로에서 전류 i[A]는?

18년 국회직 9급

① 1
② 2
③ 4
④ 6
⑤ 8

최대전력 전달조건

1 기본전제

① 다음과 같이 테브냉 등가회로가 주어지고 부하에 가변저항 R_L이 연결된 경우 부하 R_L에 최대전력이 전달될 R_L의 조건을 찾는다.

② R_{Th}, v_{Th}는 고정된 상수 값이며 오직 R_L만이 변수이다.

③ ②의 경우 외에는 최대전력 전달 조건을 상황에 맞춰 따로 구해야 한다.

2 부하에 전달되는 전력

① 전류

$$i = \frac{v_{Th}}{R_{Th} + R_L}$$

② 전력

$$P = R_L i^2 = \frac{R_L}{(R_{Th} + R_L)^2} v_{Th}^2$$

③ 최대전력 전달조건

1) $\dfrac{dP}{dR_L} = \dfrac{(R_{Th} + R_L)^2 - 2R_L(R_{Th} + R_L)}{(R_{Th} + R_L)^4} v_{Th}^2 = \dfrac{R_{Th} + R_L - 2R_L}{(R_{Th} + R_L)^3} v_{Th}^2$

   $\qquad = \dfrac{R_{Th} - R_L}{(R_{Th} + R_L)^3} v_{Th}^2$

2) $\dfrac{dP}{dR_L} = 0$에서 $R_L = R_{Th}$

   ① $R_L < R_{Th}$ 이면, $\dfrac{dP}{dR_L} > 0$

   ② $R_L > R_{Th}$ 이면, $\dfrac{dP}{dR_L} < 0$

   ③ 따라서, $R_L = R_{Th}$일 때 P가 최대가 된다.(최대전력 전달조건)

3) 전력 P의 증감표

R_L	0	$\cdots$	R_{Th}	$\cdots$	∞
P'	+	+	0	−	−
P	0	↗	최대	↘	0

④ 부하에 전달되는 최대전력

$$P_{\max} = P(R_{Th}) = \dfrac{R_{Th}}{4R_{Th}^2} v_{Th}^2 = \dfrac{v_{Th}^2}{4R_{Th}} [\mathrm{W}]$$

⑤ 등가 내부저항 R_0를 갖는 전원에 부하저항 R_L을 연결할 때의 부하전력과 효율

≫ 예제 ①

문제 다음 회로에 관한 물음에 답하시오.

① R_L로 전달되는 전력이 최대가 되도록 하는 R_L의 값을 구하시오.

② R_L로 전달될 수 있는 최대 전력을 계산하시오.

풀이

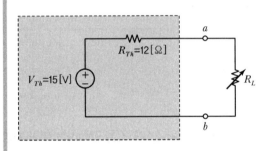

① 단자 a–b 좌측을 테브냉의 등가회로로 대치하면 왼쪽 그림과 같다.

따라서 $R_L = R_{Th} = 12[\Omega]$일 때 최대전력이 R_L에 공급된다.

② 이때의 전력, 즉 최대전력은

$$P_{L(\max)} = \frac{V_{Th}^{\ 2}}{4R_{Th}} = \frac{18}{4 \times 12} = 6.75[\text{W}]$$

≫ 예제 ②

문제 다음 회로에 관한 물음에 답하시오.

① R_L로 전달되는 전력이 최대가 되도록 하는 R_L의 값을 구하시오.

② R_L로 전달될 수 있는 최대 전력을 계산하시오.

풀이

① 25[Ω], ② 900[W]

●실전문제 ELECTRIC ELECTRONICS

01 다음 회로에서 부하저항 R_L이 최대전력 전달조건을 만족하는 저항값을 가질 때 부하저항 R_L
에서 소비되는 최대전력[W]은?

① 8.25

② 9.25

③ 10.25

④ 11.25

02 다음 회로에서 부하로 전달되는 전력이 최대가 되는 최대 전력 전달조건을 만족하는 부하 저항
R_L[Ω]은?

① 25

② 30

③ 50

④ 150

⑤ 180

03 다음 회로에서 최대전력을 R_L에 전달하기 위한 R_L의 값과 그 때 R_L에 전달되는 최대전력 P_L의 값으로 옳은 것은? 15년 서울시 9급

① $R_L = 4[\mathrm{k}\Omega]$일 때, $P_L = 4[\mathrm{mW}]$

② $R_L = 4[\mathrm{k}\Omega]$일 때, $P_L = 5[\mathrm{mW}]$

③ $R_L = 5[\mathrm{k}\Omega]$일 때, $P_L = 4[\mathrm{mW}]$

④ $R_L = 5[\mathrm{k}\Omega]$일 때, $P_L = 5[\mathrm{mW}]$

04 다음 회로에서 최대 전력전송을 위한 부하 저항값 $R_L[\Omega]$ 및 이때 부하 저항에서 소모되는 최대 전력 $P_{\max}[\mathrm{W}]$는? 18년 국회직 9급

	$R_L[\Omega]$	$P_{\max}[\mathrm{W}]$			$R_L[\Omega]$	$P_{\max}[\mathrm{W}]$
①	10	20		②	10	40
③	15	20		④	20	20
⑤	20	40				

05 그림의 회로에서 저항 R_L에 4[W]의 최대전력이 전달될 때, 전압 E[V]는? 20년 국가직 9급

① 32   ② 48

③ 64   ④ 128

06 그림의 회로에서 저항 R에 최대전력이 전달되기 위한 저항 R[Ω]의 값은? 21년 국회직 9급

① 3   ② 6

③ 12   ④ 15

⑤ 27

중첩의 정리

- 선형시스템은 중첩(Superposition)의 원리를 따른다.
- 선형시스템이 하나 이상의 에너지 독립 전원에 의해 여기되거나 구동될 때마다 전체 응답은 개별 응답의 합이 된다.

1 중첩의 정리

$v_L = k_1 i_g + k_2 v_g$

여기서, v_L은 $v_g = 0$일 때의 전압(1항)

                 $i_g = 0$일 때의 전압(2항)

의 합과 같다. v_L뿐만 아니라 다른 응답도 개개의 전원이 개별적으로 작용할 때의 응답을 합한 것과 같다. 이것이 선형회로에서 일반적으로 성립되는 중첩의 원리(Superposition Principle)이다.

》예제 1

문제 아래 회로를 보고 다음 물음에 답하시오.

     ① 전류원만을 전원 변환하여 회로 (a)에서 전류 i를 구하시오.

     ② 중첩의 법칙으로 회로에서 전류 i를 구하시오.

회로 (a)

회로 (b)

회로 (c)

풀이

총 전류 i는 $i = i' + i''$ 이다.

회로 (a)에서 $i' = \dfrac{5}{3+2} = 1[\text{A}]$

회로 (b)에서 $i'' = -\dfrac{2}{3+2} \times 10 = -4[\text{A}]$

총 전류 : $i = i' + i'' = 1 - 4 = -3[\text{A}]$

●실전문제 ELECTRIC ELECTRONICS

* 문제 01~04의 회로들을 중첩의 법칙을 이용하여 풀이하시오.

01 다음 회로에서 3[Ω]의 저항에 흐르는 전류(I_2)는 얼마인가?

① 2　　　　　② −2　　　　　③ 4　　　　　④ −4

02 다음 회로에서 6[Ω] 저항을 통해 흐르는 전류 I[A]는?　　　　07년 국가직 9급

① 3　　　　　② 2.5　　　　　③ 2　　　　　④ 1

03 다음 회로에서 4[Ω] 저항 양단의 전압[V]은?　　　　09년 지방직 9급

① 5　　　　　② 6　　　　　③ 8　　　　　④ 12

04 다음 회로의 60[Ω]에 흐르는 전류 I[A]는?

① 0.3

② 0.2

③ 1.5

④ 0.25

05 다음 회로의 합성저항을 구하시오.

①

②

③

④

⑤

⑥

⑦

⑧

⑨

⑩

06 다음 회로에서 지시하는 값을 구하시오.

①

②

③

④

⑤

⑥

⑦

⑧

⑨

⑩

⑪

⑫

⑬

⑭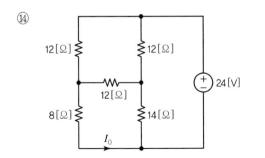

PART
04

전기장과 자기장

전기장의 발생

1 정전기의 발생

① 성질이 다른 두 물체를 마찰하면 전기를 띤다.

② 정전유도 : 대전하지 않은 물체에 대전체를 가까이 하면 대전체에 가까운 끝에 대전체와는 다른 종류의 전하가 모이고, 먼 끝에는 같은 종류의 전하가 나타나는 현상

2 쿨롱의 법칙

두 대전체 사이에 작용하는 힘을 정전력이라 하며, 그 힘은 전기량의 곱에 비례하고 거리의 제곱에 반비례한다.

$R_1[\text{C}]$ $R_2[\text{C}]$

$F[\text{N}]$

$r[\text{m}]$

| 쿨롱의 법칙 |

$$F = k\frac{Q_1 Q_2}{r^2} = 9 \times 10^9 \frac{Q_1 Q_2}{r^2}[\text{N}]$$

$$k = \frac{1}{4\pi\varepsilon_0} = 9 \times 10^9$$

$$\varepsilon_0 = 8.8554 \times 10^{-12} = \frac{1}{36\pi} \times 10^{-9}[\text{F/m}]$$

3 전기장

① 전장의 세기 : 단위 양전하가 받는 힘의 세기

$$E = \frac{F}{q} = K\frac{Q}{r^2} = \frac{1}{4\pi\varepsilon_0}\frac{Q}{r^2} \ [\text{V/m}]$$

② 전기장의 방향 : $\oplus \rightarrow \ominus$

③ 전기장의 단위 : [V/m], [N/C]

4 전기력선의 성질

① 전기력선은 양전하의 표면에서 나와서 음전하의 표면에서 끝난다.

② 전기력선은 당기고 있는 고무줄과 같은 성질이 있어서 수축하려고 하며, 같은 전기력선은 반발한다.

③ 전기력선의 접선 방향은 그 접점에서의 전장의 방향을 가리킨다.

④ 전기력선의 밀도는 세기를 나타낸다.(1[V/m]의 전장의 세기는 1[J/m^2]의 전기력선으로 나타낸다.)

⑤ 전기력선은 도체의 표면에 수직으로 출입한다.

⑥ 전기력선은 서로 교차하지 않는다.

5 전기장과 자기장의 비교

전기(Electric)		자기(Magnetic)	
적용소자		적용소자	
사용전원		사용전원	
전하		자하	
유전율		투자율	
쿨롱의 법칙(F)		쿨롱의 법칙(F)	
전기장의 세기(E)		자기장의 세기(H)	
F와 E의 관계		F와 H의 관계	
전속밀도(D)		자속밀도(B)	
E와 D의 관계		H와 B의 관계	
전위(V)			
E와 V의 관계			

● 실전문제 ELECTRIC ELECTRONICS

01 두 전하의 거리를 3배로 하고 각각의 전하를 2배로 할 때 이 두 전하 사이의 힘은?

① 2/3

② 4/3

③ 2/9

④ 4/9

02 전기력선의 기본 성질에 관한 설명으로 옳지 않은 것은?

① 전기력선의 방향은 그 점의 전계의 방향과 일치한다.

② 전기력선은 전위가 높은 점에서 낮은 점으로 향한다.

③ 전기력선은 그 자신만으로 폐곡선이 된다.

④ 전계가 0이 아닌 곳에서 전기력선은 도체 표면에 수직으로 만난다.

03 $q' = 2q$일 때, 다음 그림과 같은 조건에서 $E : E'$의 비율은 얼마인가?   08년 서울시 9급

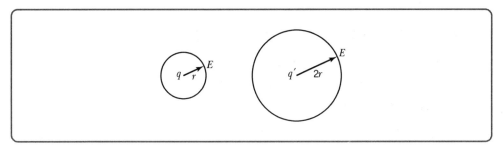

① 1 : 2

② 1 : 4

③ 2 : 1

④ 4 : 1

⑤ $\sqrt{2}$: 1

04 자유공간에 $Q_1 = 5[\mu C]$, $Q_2 = 20[\mu C]$ 인 두 점전하가 거리 5[m] 간격으로 떨어져 있다. 이 두 점전하 사이에 작용하는 힘의 세기는 얼마인가?

① $4 \times 10^{-12}[N]$ ② $36 \times 10^{-12}[N]$

③ $4 \times 10^{-3}[N]$ ④ $36 \times 10^{-3}[N]$

05 유전체의 비유전율이 3인 유전체 내에 $2[\mu C]$의 전하가 놓여 있다. 이 점에서 1[m] 떨어진 점의 전기장의 세기는 몇 [V/m]인가?

① $6 \times 10^3[V/m]$ ② $1.5 \times 10^3[V/m]$

③ $6 \times 10^{-3}[V/m]$ ④ $1.5 \times 10^{-3}[V/m]$

06 전기력선의 성질에 대한 설명으로 옳은 것은?   10년 국가직 9급

① 전하가 없는 곳에서 전기력선은 발생, 소멸이 가능하다.

② 전기력선은 그 자신만으로 폐곡선을 이룬다.

③ 전기력선은 도체 내부에 존재한다.

④ 진기력신은 등전위면과 수직이다.

07 전기력선의 성질에 대한 설명으로 옳지 않은 것은?   12년 국가직 9급

① 전기력선은 도체 내부에 존재한다.

② 전속밀도는 전하와의 거리 제곱에 반비례한다.

③ 전기력선은 등전위면과 수직이다.

④ 전하가 없는 곳에서 전기력선 발생은 없다.

08 정전계 내의 도체에 대한 설명으로 옳지 않은 것은?

① 도체표면은 등전위면이다.

② 도체 내부의 정전계 세기는 영이다.

③ 등전위면의 간격이 좁을수록 정전계 세기가 크게 된다.

④ 도체표면상에서 정전계 세기는 모든 점에서 표면의 접선방향으로 향한다.

09 정전계에 관한 설명 중 옳지 않은 것은?

① 정전계는 비보존계이다.

② 정전계는 정지해 있는 전하에 의해 나타나는 현상이다.

③ 전계의 세기를 그 주위 임의의 폐경로를 따라 스칼라 선적분한 값은 0이다.

④ 쿨롱(Coulomb)의 법칙은 두 점전하 사이의 힘이 전하의 곱에 비례하고 떨어진 거리의 제곱에 반비례함을 의미한다.

10 진공 중의 한점에 음전하 5[nC]가 존재하고 있다. 이 점에서 5[m] 떨어진 곳의 전기장의 세기 [V/m]는?(단, $\dfrac{1}{4\pi\varepsilon_0} = 9 \times 10^9$이고, ε_0는 진공의 유전율이다.)

① 1.8

② −1.8

③ 3.8

④ −3.8

11 세 개의 양(+)전하와 하나의 음(−)전하가 그림과 같이 정사각형의 꼭짓점 A, B, C, D에 놓여 있다. 정사각형의 중심 O에서 전기장의 방향은?

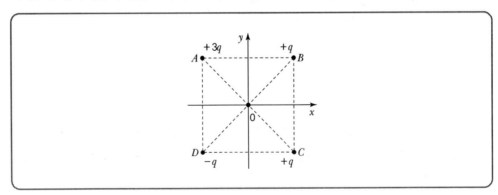

① +x방향

② −x방향

③ +y방향

④ −y방향

12 그림과 같이 전하량이 각각 −4[C]과 1[C]인 두 전하가 서로 1[m] 떨어져 있다. 두 전하에 의한 전기장의 합이 0이 되는 지점은?

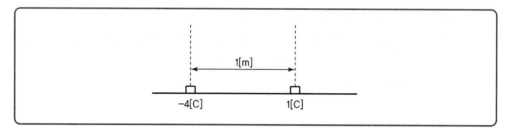

① 1[C] 전하의 왼쪽 2/3[m]
② 1[C] 전하의 왼쪽 1/3[m]
③ 1[C] 전하의 오른쪽 1[m]
④ 1[C] 전하의 오른쪽 1/3[m]

13 그림과 같이 2개의 점전하 +1[μC]과 +4[μC]이 1[m] 떨어져 있을 때, 두 전하가 발생시키는 전계의 세기가 같아지는 지점은?   20년 서울시 9급

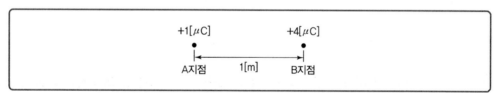

① A지점에서 오른쪽으로 0.33[m] 지점
② A지점에서 오른쪽으로 0.5[m] 지점
③ A지점에서 왼쪽으로 0.5[m] 지점
④ A지점에서 왼쪽으로 1[m] 지점

14 동일한 두 도체구 A와 B가 각각 전하량 +3Q와 −Q로 대전되어 그림과 같이 r만큼 떨어져 있을 때, A와 B 사이에 작용하는 전기력의 크기는 F이다. A와 B를 접촉시켰다가 다시 r만큼 분리했을 때, A와 B 사이에 작용하는 전기력의 크기는 F의 몇 배인가?

① $\dfrac{1}{3}$ ② $\dfrac{1}{2}$ ③ 2   ④ 3

정답 **12** ③ **13** ① **14** ①

전속밀도와 전위

1 전속과 전속밀도

| 전속과 전속밀도(Dielectric Flux, Density) |

① 전속은 양전하에서 나와서 음전하에서 끝난다.

② 전속이 나오는 곳 또는 끝나는 곳에는 전속과 같은 전하가 있다.

③ +Q[C]의 전하로부터는 Q개의 전속이 나오며, 전속의 단위는 개수 대신에 [C]을 사용한다.

④ 전속은 금속판에 출입하는 경우 그 표면에 수직이 된다.

　　㉠ 전속밀도 : D[C/m^2] → 1[m^2]당 몇 [C]의 전속이 나오는가를 나타내는 양[C/m^2]

　　㉡ 전속밀도와 전기장의 세기의 관계 : $D = \varepsilon E$

2 전위

① 전위 : 단위 양전하(+1[C])를 옮기는 데 필요한 일

$$V = \frac{W}{q} = k \frac{Q}{r}$$

② 1[V] : 1[C]의 전하를 옮기는 데 1[J]의 일이 필요

③ 균일장과 전위 : 평행한 도체판 사이의 전장은 전기력선의 밀도가 균일하므로 균일장을 이룬다.

$$E = \frac{V}{d} [\text{V/m}]$$

④ 균일장에서 전하가 받는 힘

$$F = qE = q\,\frac{V}{d}\,[\text{N}]$$

⑤ 전장이 전하에 하는 일

$$W = qV = \frac{1}{2}\,mv^2\,[\text{J}]$$

③ 등전위면(Equipotential Surface)

전장 내에서 전위가 같은 점을 연결한 면(전기력선에 수직, 도체 표면은 등전위면)

✴ 전위의 기울기가 0인 점으로 된 것(도체표면)

④ 전속밀도와 전계의 관계

$$D = \frac{Q}{4\pi r^2}\,[\text{C}/\text{m}^2]$$

$$E = \frac{1}{4\pi\varepsilon}\frac{Q}{r^2}\,[\text{V}/\text{m}]$$

$$D = \varepsilon E, \quad E = \frac{D}{\varepsilon}$$

(a) 점전하 　(b) 선전하밀도 　　(c) 면전하밀도 　　(d) 체적전하밀도

| 다양한 형태의 전하분포 |

상태별 전기장의 세기 산정식

구분	선전하	면전하	체적전하	점(구)전하
면적(S)	$S = 2\pi r L$	S	$S = 4\pi r^2$	$S = 4\pi r^2$
전하량(Q)	$Q = \lambda L$	$Q = \sigma S$	$Q = \rho V$	Q
전속밀도(D) $D = \dfrac{Q}{S}$	$D = \dfrac{\lambda L}{2\pi r L} = \dfrac{\lambda}{2\pi r}$	$D = \dfrac{\sigma S}{S} = \sigma$	$D = \dfrac{Q}{4\pi r^2}$	$D = \dfrac{Q}{4\pi r^2}$
전기장의 세기 $E = \dfrac{N}{S} = \dfrac{Q}{\varepsilon_0 S}$	$E = \dfrac{\lambda L}{\varepsilon_0 2\pi r L}$ $= \dfrac{\lambda}{2\pi \epsilon_0 r}$	$E = \dfrac{\sigma S}{\varepsilon_0 S} = \dfrac{\sigma}{\varepsilon_0}$	$E = \dfrac{Q}{4\pi \varepsilon_0 r^2}$	$E = \dfrac{Q}{\varepsilon_0 4\pi r^2} = \dfrac{Q}{4\pi \varepsilon_0 r^2}$
전위 $V = -\displaystyle\int_{inti}^{final} E\, dL$	$V_{ab} = \dfrac{\rho_L}{2\pi \varepsilon_0} \ln \dfrac{b}{a}$ (b의 원통을 접지시켜 0전위로 잡고 해석)	$V = Ed = \dfrac{\sigma}{\varepsilon_0} d$ (반대쪽 면을 0전위로 잡고 해석)	$V_{AB} = \dfrac{Q}{4\pi \varepsilon_0}\left(\dfrac{1}{r_A} - \dfrac{1}{r_B}\right)$ (r_B를 무한원점으로 잡고 0전위로 해석)	

●실전문제 ELECTRIC ELECTRONICS

01 E [V/m]의 전계의 세기에 Q[C]의 전하를 놓았을 때 이에 작용하는 정전력의 크기 F [N]는?

① $Q = E/F$　　　② $Q = FE$　　　③ $F = E/Q$　　　④ $F = QE$

02 정전계 내에 있는 도체 표면에서의 전계의 방향은 어떻게 되는가?

① 임의 방향　　　② 표면과 접선 방향　　　③ 표면과 45도 방향　　　④ 표면과 수직 방향

03 1[V]는 다음 중 어느 값과 같은 값인가?

① 1[Wb/m]　　　② 1[Ω/m]　　　③ 1[C/Wb]　　　④ 1[J/C]
⑤ 1[V/m]

04 거리 r에 반비례하는 전계의 세기를 주는 대전체는 어떤 것인가?

① 점전하　　　② 구전하　　　③ 선전하　　　④ 면전하

05 무한장 직선 전하에 의한 전계의 세기는 거리와 어떤 관계를 가지는가?

① 거리에 비례한다.　　　　　　② 거리에 반비례한다.
③ 거리의 제곱에 비례한다.　　　④ 거리의 제곱에 반비례한다.

06 전기력선에 관한 다음 설명 중 틀린 것은?

① 전기력선은 도체 표면에 수직으로 출입한다.
② 도체 내부에는 전기력선이 다수 존재한다.
③ 단위 전하에서는 진공 중에서 $\frac{1}{\varepsilon_0}$ 개의 전기력선이 출입한다.
④ 전기력선은 전계가 0이 아닌 곳에서 등전위면과 직교한다.

정답 01 ④　02 ④　03 ④　04 ③　05 ②　06 ②

07 그림은 자유 공간상의 한 점 $P(4, 6, 0)$[m]를 지나고 z축과 평행한 무한 선전하를 나타낸다. 점 $A(6, 8, 0)$[m], $B(6, 8, 5)$[m], $C(8, 10, 8)$[m]에서 전계의 세기를 각각 E_1[V/m], E_2[V/m], E_3[V/m]라고 할 때, $\dfrac{E_1}{E_2}$과 $\dfrac{E_3}{E_2}$의 값으로 옳은 것은?(단, 선전하 밀도 ρ_L [C/m]은 상수이다.)

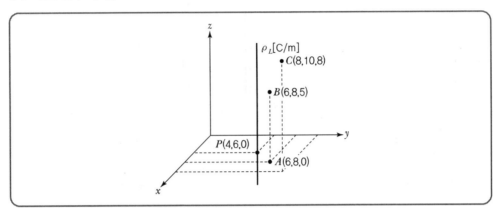

	$\dfrac{E_1}{E_2}$	$\dfrac{E_3}{E_2}$			$\dfrac{E_1}{E_2}$	$\dfrac{E_3}{E_2}$
①	1	0.5		②	1	2.0
③	2	0.5		④	2	1.0

08 무한하고 균일한 평판전하에 의한 전계의 세기에 대한 설명으로 옳은 것은?

① 전계의 세기는 평판으로부터의 거리에 무관하다.
② 전계의 세기는 평판으로부터의 거리에 반비례한다.
③ 전계의 세기는 평판으로부터의 거리의 제곱에 비례한다.
④ 전계의 세기는 평판으로부터의 거리에 비례한다.

09 그림과 같이, 두 개의 무한히 큰 절연체 판이 단위면적당 전하밀도가 σ로 균일하게 대전되어 있다. 두 판 사이(영역 II)에서 전기장의 크기와 방향은?

① $\dfrac{\sigma}{2\varepsilon_0}$, 왼쪽(←)

② $\dfrac{\sigma}{2\varepsilon_0}$, 오른쪽(→)

③ $\dfrac{\sigma}{\varepsilon_0}$, 왼쪽(←)

④ $\dfrac{\sigma}{\varepsilon_0}$, 오른쪽(→)

10 그림과 같이 4개의 전하가 정사각형의 형태로 배치되어 있다. 꼭짓점 C에서의 전계강도가 0[V/m]일 때, 전하량 Q[C]는?　　　　22년 국가직 9급

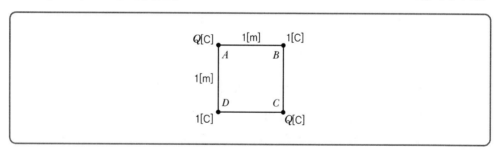

① $-2\sqrt{2}$

② -2

③ 2

④ $2\sqrt{2}$

11 임의의 닫힌 공간에서 외부로 나가는 전기선속과 공간 내부의 총전하량의 관계를 나타내는 것은?　　　　23년 국가직 9급

① 옴의 법칙

② 쿨롱의 법칙

③ 가우스 법칙

④ 패러데이 법칙

콘덴서의 이해

1 콘덴서 접속과 정전용량

① 콘덴서 : 전하를 축적하는 전기장치(평행판 콘덴서)

② 정전용량(Capacitance) : 한 도체가 주어진 전위 V 에서 전하를 축적하는 능력을 정전용량 (Electrostatic Capacity) 또는 커패시턴스(Capacitance, 기호 [F])(Farad)라고 한다.

* 정전용량의 단위 [F]의 역수 [1/F]은 Daraf 또는 엘라스턴스(Elastance)라 함)
* 정전용량(Capacitance) : 어떤 구조가 얼마나 큰 정전 에너지를 보유할 수 있는가를 나타내는 물리량

$$Q = CV[\text{C}]$$

$$C = \frac{Q}{V}[\text{F} = \text{C/V}]$$

$$V = \frac{Q}{C}[\text{V} = \text{C/F}]$$

$$C = \frac{Q}{V} = \frac{\oint_s \varepsilon E \cdot dS}{-\int_{M_1}^{M_2} E \cdot dl}$$

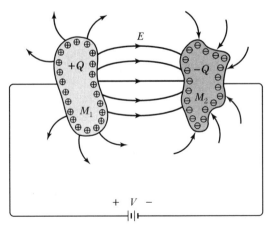

| 임의의 두 도체로 구성된 콘덴서 |

2 콘덴서의 직 · 병렬 연결

1) 직렬 연결

직렬 연결 시 전압이 분배되고 전하량이 일정하다.

전하량 일정 $Q = Q_1 = Q_2[\mathrm{C}]$

$$V_1 = \frac{Q}{C_1}[\mathrm{V}], \quad V_2 = \frac{Q}{C_2}[\mathrm{V}]$$

$$V = V_1 + V_2 = \left(\frac{1}{C_1} + \frac{1}{C_2}\right)Q[\mathrm{V}]$$

① 합성 정전용량 : $C_t = \dfrac{Q}{V} = \dfrac{1}{\dfrac{1}{C_1} + \dfrac{1}{C_2}} = \dfrac{C_1 C_2}{C_1 + C_2}[\mathrm{F}]$

② 전하량 : $Q = C_t V = \dfrac{C_1 C_2}{C_1 + C_2} V$

③ 분배된 전압

$$V_1 = \frac{Q}{C_1} = \frac{1}{C_1} \times \frac{C_1 C_2}{C_1 + C_2} V = \frac{C_2}{C_1 + C_2} V[\mathrm{V}]$$

$$V_2 = \frac{Q}{C_2} = \frac{1}{C_2} \times \frac{C_1 C_2}{C_1 + C_2} V = \frac{C_1}{C_1 + C_2} V[\mathrm{V}]$$

그러므로 전압은 정전용량에 반비례 분배된다.

2) 병렬 연결

병렬 연결 시 전압은 일정하고 전하량이 분배된다.

$$Q = Q_1 + Q_2 = C_1 V + C_2 V = (C_1 + C_2)V[\mathrm{C}]$$

① 합성 정전용량 : $C_t = \dfrac{Q}{V} = C_1 + C_2[\mathrm{F}]$

② 전체 전압 : $V = \dfrac{Q}{C_t} = \dfrac{Q}{C_1 + C_2}[\mathrm{V}]$

③ 분배된 전하량

$$Q_1 = C_1 V = C_1 \times \frac{Q}{C_1 + C_2} = \frac{C_1}{C_1 + C_2} Q[\mathrm{C}]$$

$$Q_2 = C_2 V = C_2 \times \frac{Q}{C_1 + C_2} = \frac{C_2}{C_1 + C_2} Q[\mathrm{C}]$$

그러므로 전기량은 정전용량에 비례 분배된다.

≫ 예제 ①

문제 정전용량 C[F]인 콘덴서 10개를 병렬로 접속한 값은 10개를 직렬로 접속한 값의 몇 배인가?

풀이

$C_병 = 10\,C$ [F]이고 $C_직 = \dfrac{C}{10}$ [F]이므로 병렬은 직렬의 10^2배이고 직렬은 병렬의 $\dfrac{1}{10^2}$배이다.

≫ 예제 ②

문제 내압이 모두 100[V]이고, 용량이 각각 2[F], 3[F], 5[F]인 콘덴서 3개를 직렬 연결하였다. 이때 사용 가능한 직류 입력 전압의 최고값은 얼마인가?

풀이

콘덴서가 직렬일 때 일정한 값은 전하량이다. 따라서 세 콘덴서에 동시에 인가 가능한 최대 전하량을 구하면,

내압이 100[V]로 모두 걸렸다고 가정했을 때

$\quad Q_1 = 100 \times 2 = 200$[C]

$\quad Q_2 = 100 \times 3 = 300$[C]

$\quad Q_3 = 100 \times 5 = 500$[C]

이때, 각 전하량이 500[C]이 되면, C_1, C_2 콘덴서의 파괴가 일어난다.

그리고, 각 전하량이 300[C]이 되면, C_3는 $300 = V_3 \times 5$, $V = 60$[V]가 되어 사용 가능한 상태가 된다. 그렇지만, C_1은 파괴된다.

그래서 실제로 직렬연결했을 때, 충전되는 최대 전하량 값은 가장 작은 용량에 충전되는 전하량에 의해 결정된다.

$\quad 200 = V_1 \times 2, \quad V_1 = 100$[V]

$\quad 200 = V_2 \times 3, \quad V_2 = 66.7$[V]

$\quad 200 = V_3 \times 5, \quad V_3 = 40$[V]

이렇게 각 콘덴서에 분배되는 전압이 결정된다.

따라서 사용 가능한 최고 전압은 전하량 200[C]이 충전될 때이며, 이때의 전압은 206.7[V]이다.

● 실전문제 ELECTRIC ELECTRONICS

01 그림에서 합성 용량 C_t를 구하면?

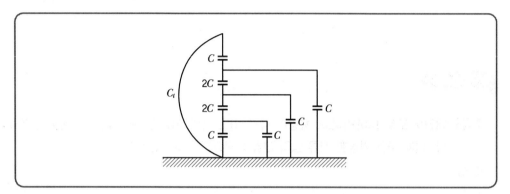

① $\dfrac{3}{2}C$

② $\dfrac{2}{3}C$

③ $\dfrac{5}{2}C$

④ $\dfrac{5}{6}C$

02 정전용량이 1[μF]인 공기 콘덴서가 있다. 이 콘덴서 판 간의 1/2인 두께를 갖고 비유전율이 2인 유전체를 그 콘덴서의 한 전극면에 접촉하여 넣었을 때 전계의 정전용량은 몇 [μF]이 되는가?

① 2

② 1/2

③ 4/3

④ 5/3

03 마일러 콘덴서의 표면에 "223J"라고 적혀있다. 이 콘덴서의 용량은 얼마인가?

① 0.22[μF]

② 0.022[μF]

③ 0.0022[μF]

④ 0.00022[μF]

04 다음 그림의 저항값과 코일값이 같다. 용량이 높은 순으로 바르게 나열한 것은?(단, 면적은 A=B, B>C, 도체판의 간격은 A<B, B=C이다.)

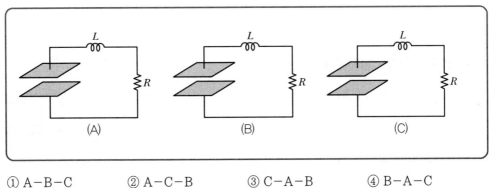

① A−B−C   ② A−C−B   ③ C−A−B   ④ B−A−C
⑤ C−B−A

05 다음 회로에서 콘덴서 C_1 양단의 전압[V]은?   12년 국가직 9급

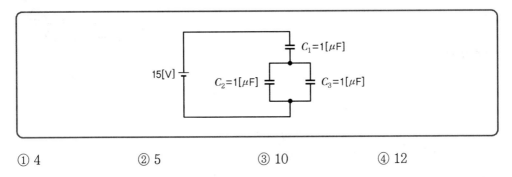

① 4   ② 5   ③ 10   ④ 12

06 그림에서 2[μF]의 콘덴서에 축적되는 에너지[J]는?   12년 국회직 9급

① 6×10^3 ② 6×10^{-3} ③ 2.8×10^{-3} ④ 3.6×10^{-3}
⑤ 4.2×10^{-3}

정답 **04** ①   **05** ③   **06** ④

정전용량의 물리적 해석

1 평형판 도체의 정전용량

① 절연물 내 전장의 세기

$$E = \frac{V}{L}[\text{V/m}]$$

② 절연물 내의 전속 밀도

$$D = \frac{Q}{A}[\text{C/m}^2]$$

③ 콘덴서의 정전용량

$$C = \frac{Q}{V} = \frac{DA}{El} = \frac{D}{E} \cdot \frac{A}{l}$$

정전용량

2 유전율

① 어느 정도의 전장의 세기일 때, 어느 정도의 전속
이 생기는가를 비율로 나타낸 것

$$\varepsilon = \frac{D}{E}, \quad C = \varepsilon \frac{A}{L} \Rightarrow \varepsilon = \frac{C \cdot l}{A}$$

★ $\varepsilon_0 = 8.8554 \times 10^{-12}[\text{F/m}]$: 진공에서의 유전율

② 비유전율 : 절연 재료의 유전율 ε와 진공의 유전율 ε_0와의 비율

$$\varepsilon_S = \frac{\varepsilon}{\varepsilon_0}$$

각종 절연재료의 비유전율

물 질	ε_s	물 질	ε_s
종 이	2.0 ~ 2.1	유 리	5.4 ~ 9.9
파 라 핀	2.1 ~ 2.5	자 기	5.7 ~ 6.8
운 모	2.5 ~ 6.6	셀 렌	6.1 ~ 7.4
에보나이트	2.8	물	81
셀 락	2.9 ~ 3.7	산화 티탄	83 ~ 183

③ 유전체 내의 에너지

$$W = \frac{1}{2} QV = \frac{1}{2} C V^2 = \frac{1}{2} \frac{Q^2}{C} [\mathrm{J}]$$

* 단위 체적당 축적된 에너지 $W = \frac{1}{2} ED = \frac{1}{2} \varepsilon E^2 = \frac{D^2}{2\varepsilon} [\mathrm{J/m^3}]$

④ 정전흡입력 : V^2에 비례 ➡ 정전 전압계나 집진장치에 이용

$$F = \frac{ED}{2} \cdot A [N]$$

⑤ 유전체에 의한 콘덴서의 정전용량

① 직렬 접속

극판 간격이 나뉘면 직렬 접속으로 본다.

유전체를 채워 넣기 전에는 공기 콘덴서이므로 정전용량은

$$C_o = \frac{\varepsilon_o}{d} S[\mathrm{F}]이다.$$

유전체를 평행판 콘덴서의 판에 평행하게 반을 채워 넣으면

$$C_1 = \frac{\varepsilon_1 S}{d_1} [\mathrm{F}]$$

$$C_2 = \frac{\varepsilon_2 S}{d_2} [\mathrm{F}]$$

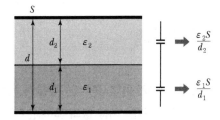

그러므로 합성 정전용량은

$$C = \frac{C_1 C_2}{C_1 + C_2} = \frac{\dfrac{\varepsilon_1 S}{d_1} \times \dfrac{\varepsilon_2 S}{d_2}}{\dfrac{\varepsilon_1 S}{d_1} + \dfrac{\varepsilon_2 S}{d_2}} = \frac{\dfrac{\varepsilon_1 \varepsilon_2 S^2}{d_1 d_2}}{\dfrac{\varepsilon_1 d_2 S + \varepsilon_2 d_1 S}{d_1 d_2}} = \frac{\varepsilon_1 \varepsilon_2 S}{\varepsilon_1 d_2 + \varepsilon_2 d_1} [\mathrm{F}]$$

》 예제 ①

[문제] $\varepsilon_s = 4$인 유전체를 공기 콘덴서에 극판 간격이 반이 되도록 채워 넣었다. 이 때 정전용량은 처음 값의 몇 배인가?

[풀이]

$$C = \frac{2\varepsilon_s C_o}{1 + \varepsilon_s} = \frac{2 \times 4 C_o}{1 + 4} = \frac{8}{5} C_o = 1.6 C_o [\mathrm{F}]이므로 1.6배 증가한다.$$

② 병렬접속

극판 면적이 나뉘면 병렬접속으로 본다.

유전체를 채워 넣기 전에는 공기 콘덴서이므로 정전용량은

$$C_o = \frac{\varepsilon_o}{d} S[\mathrm{F}] \text{이다.}$$

유전체를 평행판 콘덴서의 판에 수직으로 채워 넣으면

$$C_1 = \frac{\varepsilon_1 S_1}{d} \,[\mathrm{F}]$$

$$C_2 = \frac{\varepsilon_2 S_2}{d} \,[\mathrm{F}]$$

그러므로 합성 정전용량은

$$C = C_1 + C_2 = \frac{\varepsilon_1 S_1}{d} + \frac{\varepsilon_2 S_2}{d} = \frac{\varepsilon_1 S_1 + \varepsilon_2 S_2}{d}$$

>> 예제 ❷

[문제] 공기 콘덴서에 비유전율이 3인 에보나이트를 극판 면적의 $\frac{2}{3}$ 만큼 채웠다면 이때 정전 용량은 처음 값의 몇 배인가?

[풀이]

$$C_1 = \frac{\varepsilon_o}{d} \times \frac{1}{3} S = \frac{\varepsilon_o S}{3d}[\mathrm{F}]$$

$$C_2 = \frac{\varepsilon_o \varepsilon_s}{d} \times \frac{2}{3} S = \frac{2\varepsilon_o \varepsilon_s S}{3d}[\mathrm{F}]$$

그러므로 합성 정전용량은

$$C = C_1 + C_2 = \frac{\varepsilon_o S(1 + 2 \times 3)}{3d} = \frac{\varepsilon_o S \times 7}{3d} = \frac{7}{3}\frac{\varepsilon_o S}{d}[\mathrm{F}]$$

그러므로 처음 값의 $\frac{7}{3}$ 배로 증가한다.

● 실전문제   E L E C T R I C   E L E C T R O N I C S

01 다음은 정전용량의 특성에 관한 설명이다. 틀린 것은?

① 전위 1[V]를 올리기 위해 1[C]의 전하가 사용될 때 정전용량은 1[F]이다.

② 유전체의 유전율을 증가시키면 정전용량은 증가한다.

③ 콘덴서 전극의 면적을 증가시키면 정전용량은 증가한다.

④ 콘덴서 전극 사이의 간격을 증가시키면 정전용량은 증가한다.

02 유전율의 단위는 무엇인가?

① [F/m]   ② [H]

③ [F]   ④ [H/m]

03 콘덴서의 정전용량이 일정할 때 여기에 축적된 에너지를 2배로 하려면 몇 배의 전압으로 충전해야 되는가?

① 2배   ② 4배

③ $\sqrt{2}$ 배   ④ 1배

⑤ $\dfrac{1}{4}$

04 비유전률 ε_s에 대한 설명이다. 틀린 것은?

① 진공의 비유전율은 0이다.

② 공기의 비유전율은 약 1 정도 된다.

③ ε_s는 항상 1 이상의 값을 가진다.

④ ε_s는 절연물의 종류에 따라 다른 값을 갖는다.

정답   **01** ④   **02** ①   **03** ③   **04** ①

05 아래 평판 커패시터의 극판 사이에 서로 다른 유전체를 평판과 평행하게 각각 d_1, d_2의 두께로 채웠다. 각각의 정전용량을 C_1과 C_2라 할 때, C_1/C_2의 값은?(단, $V_1 = V_2$이고, $d_1 = 2d_2$이다.)

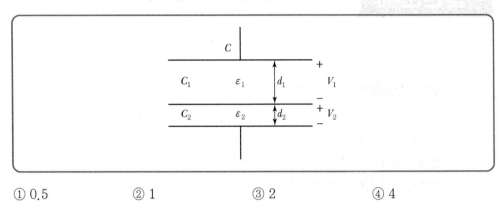

① 0.5   ② 1   ③ 2   ④ 4

06 정전용량이 $6[\mu F]$인 평행판 공기 콘덴서가 있다. 그림에서와 같이 판 면적의 2/3에 해당하는 부분을 비유전율 3인 에보나이트 판으로 채우면 이 콘덴서의 정전용량[F]은?

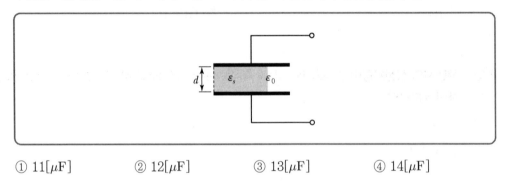

① $11[\mu F]$ ② $12[\mu F]$ ③ $13[\mu F]$ ④ $14[\mu F]$

07 정전용량이 $6[\mu F]$인 평행판 공기 콘덴서가 있다. 그림에서와 같이 판 면적의 1/2에 해당하는 부분을 비유전율 3인 에보나이트 판으로 채우면 이 콘덴서의 정전용량[F]은?

① $9[\mu F]$ ② $12[\mu F]$ ③ $15[\mu F]$ ④ $18[\mu F]$

정답 05 ② 06 ④ 07 ②

08 정전용량이 C_0[F]인 평행판 공기 콘덴서가 있다. 이 극판에 평행으로 판 간격 d[m]의 2/3 두께 되는 비유전율 ε_s인 에보나이트 판으로 채우면 이때의 정전용량[F]은?

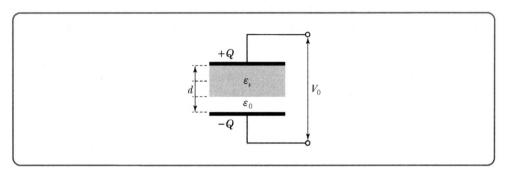

① $\dfrac{3\varepsilon_s}{2 + \varepsilon_s} C_0$

② $\dfrac{3\varepsilon_s}{1 + 2\varepsilon_s} C_0$

③ $\dfrac{(1 + 2\varepsilon_s)}{3} C_0$

④ $\dfrac{(1 + \varepsilon_s)}{3} C_0$

09 2[μF]의 평행판 공기콘덴서가 있다. 다음 그림과 같이 전극 사이에 그 간격의 절반 두께의 유리판을 넣을 때 콘덴서의 정전용량[μF]은?(단, 유리판의 유전율은 공기의 유전율의 9배라 가정한다.)

11년 국가직 9급

유리판 공기

① 1.0

② 3.6

③ 4.0

④ 5.4

10 다음 (a)는 반지름 $2r$을 갖는 두 원형 극판 사이에 한 가지 종류의 유전체가 채워져 있는 콘덴서이다. (b)는 (a)와 동일한 크기의 원형 극판 사이에 중심으로부터 반지름 r인 영역 부분을 (a)의 경우보다 유전율이 2배인 유전체로 채우고 나머지 부분에는 (a)와 동일한 유전체로 채워놓은 콘덴서이다. (b)의 정전용량은 (a)와 비교하여 어떠한가?(단, (a)와 (b)의 극판 간격 d는 동일하다.)

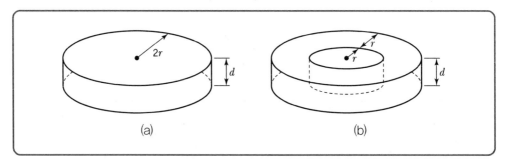

① 15.7[%] 증가한다.　　　　　　② 25[%] 증가한다.

③ 31.4[%] 증가한다.　　　　　　④ 50[%] 증가한다.

11 평행판 축전기의 두 판 사이가 진공일 때 200[V]의 전위차를 주어 충전시킨 후, 외부 회로와 절연시키고 두 극판 사이를 어떤 유전체로 채웠더니 전위차가 1/5로 감소하였다. 다음 중 옳은 것은?

① 전기용량이 1/5로 감소하였다.

② 극판에 축전된 전하가 5배로 증가하였다.

③ 축전기에 저장된 에너지의 양에는 변화가 없다.

④ 유전체를 채울 때 축전기가 외부에 일을 해주었다.

정답 **10** ② **11** ④

12 공기 중에서 거리가 d만큼 떨어진 면적이 A인 두 도체 판으로 된 축전기의 전기용량은 $C_0 = \varepsilon_0 A/d$이다. 여기에서 ε_0는 공기의 유전율이다. 만일 이 축전기에 그림과 같이 유전 상수 (Dielectric Constant)가 $k = 2$이고 두께가 $d/3$인 유전체를 삽입하였다면 이 축전기의 전기 용량은 C_0의 몇 배인가?(단, 유전체의 유전율은 $\varepsilon = k\varepsilon_0$이다.)

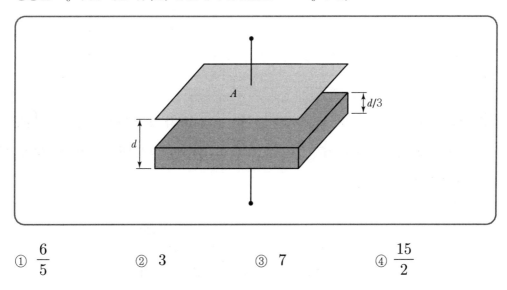

① $\dfrac{6}{5}$ ② 3 ③ 7 ④ $\dfrac{15}{2}$

13 그림 (가)는 극판 사이의 간격이 d, 극판 사이 물질의 유전율이 ε, 그리고 극판의 면적이 A일 때 전기용량이 C인 평행판 축전기를 나타낸 그림이다. 그림 (가)의 축전기에서 $\dfrac{d}{2}$ 의 간격에는 유전율 2ε의 유전물질로 채우고 나머지 $\dfrac{d}{2}$ 의 간격에는 미지의 유전물질을 그림 (나)와 같이 채웠더니 이 축전기의 전기용량이 $\dfrac{8}{3}$C가 되었다. 미지의 유전물질의 유전율은?(단, 축전 기의 평행판과 유전체 모두에서 경계영역 효과는 무시한다.)

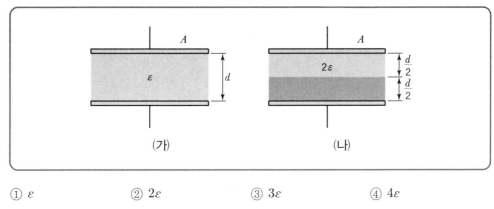

① ε ② 2ε ③ 3ε ④ 4ε

정답 **12** ①   **13** ④

14 동일한 두 개의 축전기 A, B가 있다. A에는 10[V], B에는 20[V]를 가하여 축전시켰다. 두 축전기에 저장된 전하량의 비(Q_A / Q_B)와 전기에너지의 비(W_A / W_B)는?

	Q_A / Q_B	W_A / W_B			Q_A / Q_B	W_A / W_B
①	$\dfrac{1}{2}$	$\dfrac{1}{2}$	②		$\dfrac{1}{2}$	$\dfrac{1}{4}$
③	2	2	④		2	4

15 평판 도체 사이의 거리가 d인 평행평판 공기 커패시터가 있다. 다음 그림과 같이 평판 도체 사이에 비유전율이 3, 두께가 $\dfrac{d}{2}$인 유전체를 삽입할 때 합성 정전용량의 변화는?(단, 가장자리 효과는 무시한다.)

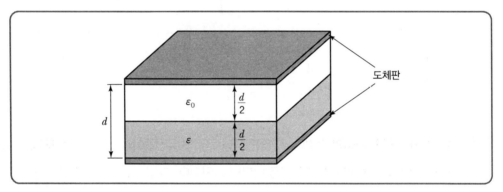

① 변함없다.

② 유전체 삽입 전에 비해 $\dfrac{1}{2}$배가 된다.

③ 유전체 삽입 전에 비해 $\dfrac{3}{2}$배가 된다.

④ 유전체 삽입 전에 비해 2배가 된다.

16 정전용량이 $C_0[\mu F]$인 평행판 공기 콘덴서가 있다. 그림과 같이 판면적의 $\frac{2}{3}$에 해당하는 내부를 비유전율 ε_s인 에보나이트 판으로 채울 경우, 이 콘덴서의 정전용량$[\mu F]$은?

① $\dfrac{3}{1+\varepsilon_s}C_0$

② $\dfrac{(1+2\varepsilon_s)}{3}C_0$

③ $\dfrac{(1+\varepsilon_s)}{3}C_0$

④ $\dfrac{2\varepsilon_s}{3}C_0$

17 공기로 채워진 평판 커패시터에 건전지가 연결되어 있다. 건전지를 제거한 후 유전체 판($\varepsilon_r \neq 1$)을 두 도체판 간격을 유지하면서 조심스럽게 삽입하였을 때 커패시터에서 그 크기가 변하지 않은 양을 모두 고르면?

> ㄱ. 전하량 (Q)
> ㄴ. 전계 ($\vec{E}$)
> ㄷ. 전속밀도 ($\vec{D}$)
> ㄹ. 전위차 (V)
> ㅁ. 저장된 에너지 (W_E)

① ㄱ, ㄴ

② ㄱ, ㄷ

③ ㄴ, ㄷ, ㄹ

④ ㄷ, ㄹ, ㅁ

자기장의 개념

1 자기현상

자철광(Fe_2O_3)은 철편을 끄는 성질이 있으며 중심을 수평으로 매달면 남쪽과 북쪽을 가리키는데 이러한 성질을 자기(磁氣, Magnetism)라 하며 이러한 성질을 가지고 있는 물체를 자석이라 하며 이 자석의 맨 끝(자기의 성질이 가장 강한 부분)을 자극이라 한다.

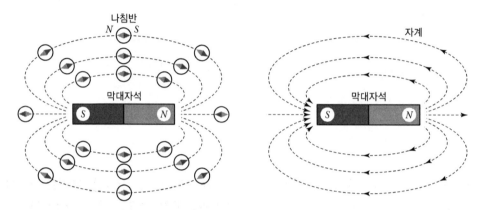

✱ 자계의 방향 : 자석의 N극에서 나와서 S극으로 들어감

1) 자화의 근원

전자의 자전(Spin 운동)에 의한 자기모멘트의 정렬에 의하여 일정 영역에서 모멘트가 뭉쳐지면 자성이 강하다고 하며 이러한 영역을 자구(Magnetic Domain)라 한다. 이 자구는 강자성체에서만 나타나며 자기 쌍극자로서 작용을 한다. 자성체에 자계를 가하면 모든 자구는 자계방향의 가장 가까운 결정축에 평행이 되도록 회전하는 특성이 있다.

① 자계의 원천

전자스핀＝원형 루프를 따라 흐르는 직류전류＝막대자석

＊ 자석의 특성을 갖기 위한 조건

• (+)스핀만 있는 불완전한 궤도의 존재

• 원자 내에 있는 (+)스핀들이 같은 방향으로 정렬

• 인접한 원자 내에 있는 (+)스핀들도 모두 동일한 방향으로 정렬

② 원형 도선을 흐르는 전류와 막대자석 간의 등가

(a) 원형 도선을 따라 흐르는 직류전류에 의한 자계   (b) 막대자석에 의한 자계

| 직류전류와 막대자석의 등가성 |

③ 전류와 자기력

| 직류전류가 흐르는 두 원형 도선 간의 자기력 | | 인접한 두 자석 간의 자기력 |

② 쿨롱의 법칙

두 자극 사이의 자력은 거리의 제곱에 반비례하고, 두 자기량의 곱에 비례

$$F = k\frac{m_1 m_2}{r^2} = 6.33 \times 10^4 \frac{m_1 m_2}{r^2} [\text{N}]$$

$$k = \frac{1}{4\pi\mu_0} = 6.33 \times 10^4$$

| 자기력 |

$$\mu_0 = 4\pi \times 10^{-7} [\text{Wb}^2/\text{N} \cdot \text{m}^2] = [\text{Wb}/\text{A} \cdot \text{m}] = [\text{H}/\text{m}] : 진공의 투자율(\text{Permeability})$$

③ 자기장(Magnetic Field)

| 자기력선의 작도 |

① **자기장의 세기** : 단위 자하가 받는 힘

$$H = \frac{F}{m} = k\frac{m}{r^2} = \frac{1}{4\pi\mu_0}\frac{m}{r^2} [\text{N}/\text{Wb}]$$

② **자기장의 방향** : 자침의 N극이 가리키는 방향(N → S)

③ **자기력선** : 자장의 방향을 따라 이은 선

④ **자기장의 크기와 방향** : 자기장 중의 어느 점에 단위 점 자하를 놓고 이 자하에 작용하는 자력의 방향을 그 점에서의 자기장의 방향으로 하고 자력의 크기를 그 점에서의 자기장의 크기로 한다.

⑤ **자기력선의 특징**

　㉠ 자력선은 N극에서 나와 S극으로 들어간다.

　㉡ 자력선 그 자신은 수축하려고 하며, 같은 방향의 자력선들 사이에는 서로 반발하려고 한다.

　㉢ 자력선은 서로 교차하지 않는다.

　㉣ 자력선이 존재하는 영역이 자장이 된다.

　㉤ 어떤 점의 자장 방향은 그 점의 자력선의 접선 방향으로 표시된다.

④ 자속밀도와 자기장의 세기

① 자속밀도(Magnetic Flux Density ; B : $[\text{Wb/m}^2] = [T]$(테슬라, Tesla)
철심단면의 단위 면적에 생기는 자속의 양

    ✱ $1[\text{Wb/m}^2] = 1[\text{T}] = 10^4[\text{Gauss}]$

② 자기장의 세기 : $H[\text{AT/m}]$
자기회로의 단위 길이에 대해서 얼마만큼의 기자력이 주어지고 있는가를 나타내는 양

$$H = \frac{N \cdot I}{l}[\text{AT/m}]$$

③ 자속밀도와 자기장의 세기의 관계

$$B = \mu H = \mu\, \frac{N \cdot I}{l}$$

● 실전문제   ELECTRIC ELECTRONICS

01 자속 밀도의 단위는 무엇인가?

① $[\text{Wb}]$

② $[\text{Wb/m}]$

③ $[\text{Wb/m}^2]$

④ $[\text{AT/m}]$

⑤ $[\text{H/m}]$

02 진공 중에 놓인 $m\,[\text{Wb}]$의 자하에서 발산되는 자기력선의 수는 몇 개인가?

① 0

② m

③ $\dfrac{m}{u_0}$

④ $\dfrac{1}{u_0}$

03 진공 중의 자계 $10[\text{AT/m}]$인 점은 $5 \times 10^{-3}\,[\text{Wb}]$의 자극을 놓으면 그 자극에 작용하는 힘 $[\text{N}]$은?

① 5×10^{-2}

② 5×10^{-3}

③ 2.5×10^{-2}

④ 2.5×10^{-3}

04 비투자율 μ_s, 자속밀도 B인 자계 중에 있는 $m\,[\text{Wb}]$의 자극이 받는 힘은?

① $\dfrac{Bm}{\mu_0 \mu_s}$

② $\dfrac{Bm}{\mu_0}$

③ $\dfrac{\mu_0 \mu_s}{Bm}$

④ $\dfrac{Bm}{\mu_s}$

05 자석의 성질에 대한 설명으로 옳지 않은 것은?

① 같은 극성의 자석은 서로 반발한다.

② 자력이 강할수록 자력선의 수가 많다.

③ 자석은 고온이 되면 자력이 증가한다.

④ 자력선은 N극에서 나와 S극으로 향한다.

정답   **01** ③   **02** ③   **03** ①   **04** ①   **05** ③

코일의 특성

① 자체 인덕턴스

코일이 있는 회로에서 전류의 변화가 일어남에 따라 자장의 변화가 발생

역기전력이 발생

$$v' = -L\frac{di}{dt}\,[V]$$

여기서, 비례상수 L : 자체 인덕턴스

$$L = \frac{\mu A N^2}{l}$$: 환상코일에서

② 상호유도

인접한 두 개의 코일에서 한쪽에 전류의 변화가 생기면 다른 쪽 코일에는 자장의 변화를 방해하는 방향으로 유도 전류가 생긴다.

$$v' = -M\frac{di}{dt}$$

여기서, M : 상호 인덕턴스

$$M = \frac{\mu A N_1 N_2}{l}$$: 환상코일에서

③ L과 M의 관계

$$L_T = L_1 + L_2 \pm 2M$$: 직렬연결

$$M = k\sqrt{L_1 L_2}$$ k : 결합계수 ➡ $k = \dfrac{M}{\sqrt{L_1 L_2}}$

| 변압기의 원리 |

| 상호 유도 |

4 전자에너지

① 코일에 축적되는 에너지

$$v' = L \ \frac{\Delta I}{\Delta t} = L \ \frac{I}{t} [\mathrm{V}] \text{에서}$$

$$W = v' \cdot \frac{I \ t}{2} = L \ \frac{I}{t} \cdot \frac{I \ t}{2} \ = \ \frac{1}{2} L \ I^2 [\mathrm{J}]$$

② 단위 부피에 축적되는 에너지

$$W = \ \frac{W}{A \ l} = \frac{1}{2} BH = \frac{1}{2} u H^2 = \ \frac{1}{2} \frac{B^2}{u} \ \ [\mathrm{J/m^3}]$$

③ 자기 흡입력

$$F \ = \ \frac{1}{2} \cdot \frac{1}{u_0} B^2 A \ [\mathrm{N}]$$

단위 넓이 $1[\mathrm{m^2}]$마다의 흡입력 f는

$$f \ = \ \frac{1}{2} \cdot \frac{B^2}{u_0} \ [\mathrm{N/m^2}]$$

●실전문제 ELECTRIC ELECTRONICS

01 어떤 코일에 직류 10[A]가 흐를 때, 축적된 에너지가 50[J]이라면 코일의 자기 인덕턴스는 몇 [H]인가?

① 0.5 ② 1 ③ 1.5 ④ 2.0

⑤ 5.0

02 다음 회로의 합성 인덕턴스를 구하시오.

03 다음 회로의 합성 인덕턴스를 구하시오. (단, $L_1 = 6[mH]$, $L_2 = 8[mH]$, $M = 3[mH]$이다.)

04 1차 코일의 권선 수는 200이고 2차 코일의 권선 수는 600인 변압기가 있다. 1차 코일에 100[V]의 전압이 걸릴 때 소비전력이 600[W]였다면, 2차 코일에 흐르는 전류[A]는?

09년 지방직 9급

① 10 ② 20 ③ 1 ④ 2

05 솔레노이드 코일의 단위길이당 권선 수를 4배로 증가시켰을 때, 인덕턴스의 변화는?

① $\frac{1}{16}$로 감소 ② $\frac{1}{4}$로 감소

③ 4배 증가 ④ 16배 증가

정답 **01** ② **02** 8[mH] **03** 20[mH] **04** ④ **05** ④

06 철심 코어에 권선 수 10인 코일이 있다. 이 코일에 전류 10[A]를 흘릴 때, 철심을 통과하는 자속이 0.001[Wb]이라면 이 코일의 인덕턴스[mH]는?

① 100   ② 10   ③ 1   ④ 0.1

07 자체 인덕턴스가 L_1, L_2인 2개의 코일을 그림 (a), (b)와 같이 직렬로 접속하여 두 코일 간의 상호인덕턴스 M을 측정하고자 한다. 두 코일이 정방향일 때의 합성인덕턴스가 24[mH], 역방향일 때의 합성인덕턴스가 12[mH]라면 상호인덕턴스 M[mH]은?

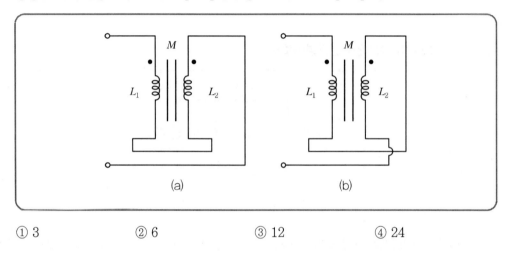

(a)   (b)

① 3   ② 6   ③ 12   ④ 24

08 환상철심에 두 코일을 감았을 때, 각 코일의 자기인덕턴스는 $L_1 = 10$[mH], $L_2 = 10$[mH]이다. 두 코일의 결합계수 k가 0.5일 때, 두 코일의 직렬접속을 통해서 얻을 수 있는 합성인덕턴스의 최댓값[mH]과 최솟값[mH]은?

	최댓값	최솟값			최댓값	최솟값
①	30	10		②	30	5
③	20	10		④	20	5

09 환상 철심에 권선 수 2,000회의 A코일과 권선 수 500회의 B코일이 감겨져 있다. A코일의 자기 인덕턴스가 200[mH]일 때, A와 B 두 코일 사이의 상호 인덕턴스 [mH]는?

① 20   ② 30   ③ 40   ④ 50

정답 06 ③ 07 ① 08 ① 09 ④

10 그림과 같은 권선수 N, 반지름 r[cm], 길이 l[cm]을 갖는 원통 모양의 솔레노이드가 있다. 인덕턴스가 가장 큰 것은?(단, 솔레노이드의 내부 자기장은 균일하고 외부 자기장은 무시할 만큼 작다.)

23년 국가직 9급

	N	r	l
①	500	0.5	25
②	1,000	0.5	50
③	2,000	1.0	100
④	3,000	0.5	150

자기장 관련 법칙들

1 전류에 의한 자장

① 앙페르의 오른 나사 법칙 : 전류가 흐르면 주위에 자장이 형성되는데, 전류의 방향과 자장의 방향은 각각 오른 나사의 진행방향과 회전방향이 일치한다.

② 비오 – 사바르의 법칙(Biot – Savart's Law)

$$\Delta H = \frac{I \cdot \Delta l}{4\pi r^2} \cdot \sin \theta [\text{AT/m}]$$

③ 직선 전류에 의한 자기장의 세기

$$H = \frac{I}{2\pi r}[\text{AT/m}]$$

④ 원형 코일 중심점에 생기는 자기장의 세기

$$H = \frac{N \cdot I}{2r}$$

⑤ 솔레노이드에 의한 자기장의 세기

$$H = n \cdot I$$

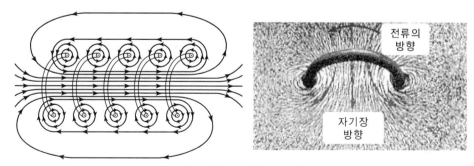

| 원형 전류에 의한 자기장 |

☑ 전자력의 방향과 크기

① 전자력(Electromagnetic Force) : 자기장 내에 있는 도체에 전류를 흘릴 때 작용하는 힘

② 전자력에 의한 힘의 방향

③ 플레밍의 왼손법칙 : 자기장 안에 놓인 도선에 전류가 흐를 때 도선이 받는 힘의 방향

$$F = Bli\sin\theta \cdots\cdots\cdots 전동기 원리$$

(a)   (b)

| 플레밍의 왼손법칙 |

☒ 평형도체 사이에 작용하는 힘

$$F = \frac{2 I_1 \cdot I_2}{r} \times 10^{-7} \, [\mathrm{N/m}]$$

→ 두 평형도체 1m마다 작용하는 힘

| 직선 전류에 작용하는 힘 |

☖ 전자유도

자기에 의해서 전기가 유도되는 것으로 코일을 지나는 자속이 변화하면 코일에 기전력이 생기는 현상

루프 쪽으로 자석을 움직여 들어가면, 위 그림과 같이 들어오는 자석의 운동을 방해하는(밀치는) 방향으로 유도전류가 흐르게 된다.

루프에서 자석을 먼 쪽으로 움직이면, 위 그림과 같이 멀어지는 자석을 방해하는(당기는) 방향으로 유도전류가 흐르게 된다.

⑤ 패러데이의 전자유도법칙

전자유도에 의하여 생기는 유도 기전력은 자력선의 증감을 방해하는 방향으로 유도되며, 그 크기는 자속의 시간적인 변화율과 코일의 감은 수에 비례한다.

$$(v의 크기) = - N \frac{d\phi}{dt}$$

⑥ 유도 전압의 방향

① 렌츠의 법칙 : 전자유도에 의해 생긴 유도기전력의 방향은 그 유도 전류가 만들 자속이 항상 원래 자속의 증가 또는 감소를 방해하는 방향(자속의 변화를 방해하는 방향)

② 플레밍의 오른손법칙 : 유도 기전력의 방향 결정(발전기의 원리)

$$\nu = Blu\sin\theta$$

여기서, u : 도체의 운동속도

| 플레밍의 오른손법칙 | | 자기장 속에서 움직이는 도선에 생기는 유도 기전력 |

⑦ 히스테리시스 곡선과 손실

① 잔류자기 : 철심의 자화 특성에서 전류를 0으로 하여도 남는 자속 밀도 B의 정도
　　　　　　(잔류자기가 큰 재료일수록 강한 영구자석이 된다.)

② 보자력 : 코일을 제거하여도 철심에 남는 자력의 정도

③ 히스테리시스손(P_h) : 최대 자속 밀도가 +Bm에서 −Bm 사이를 대칭적으로 변화할 때 히스테리시스손은

$$P_h = \eta f B_m^{1.6} [\text{W/m}^3]$$

여기서, f : 1초 동안에 히스테리시스 곡선을 그리는 횟수
　　　　η : 히스테리시스 계수
　　　　1.6 : 슈타인메츠 상수(Steinmetz's constant)

⑧ 자기 일그러짐 현상

니켈, 인바, 니켈−크롬 합금, 모넬 메탈, 코발트, 철 합금 등이 자화되면 변형하고, 반대로 외력을 주면 그 자화 상태에 변화를 일으키는 현상

⑨ 맴돌이 전류(와전류) 손

철판이나 구리판 등을 관통하는 자속이 증가하는 경우 금속판은 지름이 다른 많은 금속 고리의 집합이라고 생각되므로 랜츠의 법칙에 따라 점선의 화살표 방향으로 기전력이 생겨 맴돌이 모양으로 유도전류가 흐른다. 이것을 맴돌이 전류라 한다.

⑩ 홀 효과(Hall Effect)

자장 H 안에 도체를 직각으로 놓고 이것에 전류 I를 흐르게 하면, 플레밍의 왼손법칙에 의한 전자력으로 도체의 위와 아랫면 사이에 전위 V가 나타나는 현상

홀 전압 : $V = E_H b = R_H \dfrac{I}{ab} Bb = R_H \dfrac{BI}{a}$[V]

⑪ 핀치 효과(Pinch Effect)

유동 도체에 전류가 흐르면 전류의 방향과 수직 방향으로 원형 자장이 생겨 도체 단면은 수축하여 저항이 커져서 전류의 흐름이 작아지고, 전류가 작아지면 수축력은 감소하여 도체 단면은 원 상태로 되고 전류가 증가되므로 수축력이 생기게 되는 현상으로 저주파 유도로, 초고압 수은등 등에 이용된다.

⑫ 스트레치 효과(Strech Effect)

전류와 자장 사이의 힘의 효과에 의한 것으로 구부릴 수 있는 도선에 큰 전류를 통하면 전류 상호 간의 반발력에 의해 도선이 원을 형성하게 되는 현상이다.

● 실전문제 ELECTRIC ELECTRONICS

01 무한도선에서 전류가 다음과 같이 흐르고 있다. 그림 (b)의 자계의 세기는 얼마인가?

08년 서울시 9급

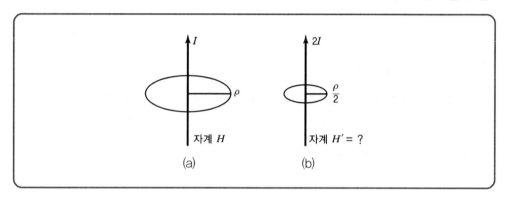

① $H/4$ ② $H/2$

③ H ④ $2H$

⑤ $4H$

02 그림과 같은 환상 솔레노이드 내부에서 자계의 세기는?(단, 단위는 [AT/m]이며, 평균 반경 $r = 10$[cm], 권선 수 $N = 100$회, 전류 $I = 2$[A]라 가정한다.)

09년 국회직 9급

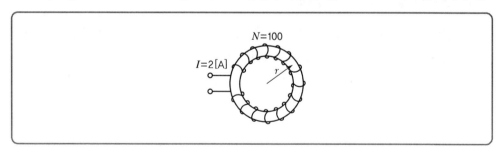

① 159   ② 238

③ 318   ④ 477

⑤ 512

정답 **01** ⑤ **02** ③

03 다음 설명 중 고정된 자계 내에 있는 도체를 운동시켰을 때 유도전압이 가장 강한 경우는?

① 도체가 자계와 수직인 경우

② 도체가 자계와 평형인 경우

③ 도체가 자계와 30° 각을 이루는 경우

④ 도체가 자계와 반대방향인 경우

⑤ 운동방향과 상관없고, 속도의 크기에만 상관된다.

04 변압기의 원리는 어느 현상(법칙)을 이용한 것인가?

① 옴의 법칙   ② 전자유도 원리

③ 공진현상   ④ 키르히호프의 법칙

⑤ 중첩의 법칙

05 무한장 직선 도선에서 50[cm] 떨어진 점의 자장의 세기가 100[AT/m]일 때 이 도선에 흐르는 전류[A]는 얼마인가?

① 63.7   ② 157

③ 31.8   ④ 314

⑤ 637

06 다음 중에서 유도기전력의 방향을 결정하는 법칙은 어느 것인가?

① 앙페르의 오른나사법칙   ② 비오-사바르의 법칙

③ 플레밍의 왼손법칙   ④ 렌츠의 법칙

07 다음 중 전류에 의한 자계의 세기와 관계가 있는 것은?

① Ohm의 법칙   ② Lenz의 법칙

③ Kirchhoff의 법칙   ④ Biot-Savart의 법칙

⑤ 플레밍의 왼손 법칙

08 다음 그림은 자석 또는 코일이 속력 v로 운동하는 경우를 나타낸다. 이때 코일에 흐르는 전류의 방향이 나머지 세 경우와 반대인 것은?

① 자석을 아래 방향으로 움직이는 경우

② 코일을 아래 방향으로 움직이는 경우

③ 자석을 위쪽 방향으로 움직이는 경우

④ 코일을 위쪽 방향으로 움직이는 경우

09 그림과 같이 수직 방향으로 균일한 세기의 자기장에 평평한 고리 모양의 도선이 놓여 있다. 자기장과 수직한 고리 모양 도선의 내부 면적은 $1[m^2]$이다. 0.5초 동안 자기장의 세기가 1T에서 2T로 일정한 비율로 증가한다면, 저항이 2[Ω]인 이 도선에 흐르는 유도 전류의 크기[A]와 방향은?

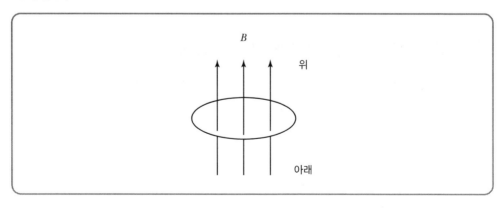

	전류의 크기[A]	방향
①	1	위에서 볼 때 시계 반대방향
②	2	위에서 볼 때 시계 반대방향
③	1	위에서 볼 때 시계방향
④	2	위에서 볼 때 시계방향

10 다음 그림과 같이 자극(N, S) 사이에 있는 도체에 전류 I[A]가 흐를 때, 도체가 받는 힘은 어느 방향인가?

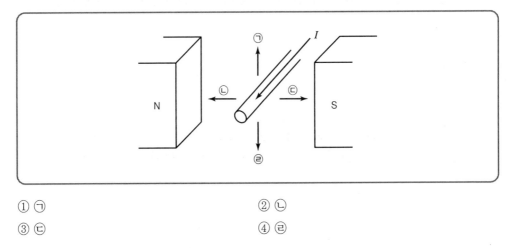

① ㉠ ② ㉡

③ ㉢ ④ ㉣

11 다음 전자기 현상에 대한 설명으로 옳은 것만을 모두 고른 것은?

> ㄱ. 코일 속의 자속을 변화시키면 코일 양단에 기전력이 발생하는데 이를 전자유도라고 한다.
> ㄴ. 직선도체에 전류가 흐르면 그 도선의 주위에는 동심원 모양의 자기장이 발생한다.
> ㄷ. 두 자석 사이에서 발생하는 힘은 두 자석 세기의 곱에 비례하고 두 자석 사이의 거리에 반비례하는데 이를 자기에 관한 쿨롱의 법칙(Coulomb's law)이라고 한다.
> ㄹ. 자기력이 미치는 공간을 자기장이라고 한다.
> ㅁ. 렌츠의 법칙(Lenz's law)은 전자유도작용에 의해 발생되는 유도기전력의 크기만을 알 수 있는 법칙이다.

① ㄱ, ㄴ ② ㄱ, ㄴ, ㄹ

③ ㄱ, ㄷ, ㅁ ④ ㄴ, ㄷ, ㄹ, ㅁ

12 무한장 직선 전류 2[A]로부터 $\dfrac{1}{2\pi}$ [m] 의 거리에 있는 점의 자계의 세기 [A/m]는?

① 2π

② $\dfrac{1}{2\pi}$

③ 1

④ 2

13 반경이 a인 무한히 긴 직선 도체에 전류 I가 균일하게 흐르고 있다. 도체의 중심에서 $\dfrac{a}{2}$ 떨어진 곳의 자계세기가 H_0일 때, 도체의 중심에서 $2a$ 떨어진 곳의 자계세기는?

① $\dfrac{H_0}{4}$

② $\dfrac{H_0}{2}$

③ H_0

④ $2H_0$

14 비투자율 100인 철심을 코어로 하고 단위길이당 권선 수가 100회인 이상적인 솔레노이드의 자속밀도가 0.2[Wb/m^2]일 때, 솔레노이드에 흐르는 전류[A]는?

① $\dfrac{20}{\pi}$

② $\dfrac{30}{\pi}$

③ $\dfrac{40}{\pi}$

④ $\dfrac{50}{\pi}$

15 '폐회로에 시간적으로 변화하는 자속이 쇄교할 때 발생하는 기전력', '도선에 전류가 흐를 때 발생하는 자계의 방향', '자계 중에 전류가 흐르는 도체가 놓여 있을 때 도체에 작용하는 힘의 방향'을 설명하는 법칙들은 각각 무엇인가?   10년 국가직 9급

① 암페어의 오른손법칙, 가우스법칙, 패러데이의 전자유도법칙
② 패러데이의 전자유도법칙, 가우스법칙, 플레밍의 왼손법칙
③ 패러데이의 전자유도법칙, 암페어의 오른손법칙, 플레밍의 왼손법칙
④ 패러데이의 전자유도법칙, 암페어 왼손법칙, 플레밍의 오른손법칙

정답 **12** ④ **13** ③ **14** ④ **15** ③

16 다음은 플레밍의 오른손 법칙을 설명한 것이다. ( ) 안에 들어갈 말을 바르게 나열한 것은?

15년 국가직 9급

> 자기장 내에 놓여 있는 도체가 운동을 하면 유도 기전력이 발생하는데, 이때 오른손의 엄지, 검지, 중지를 서로 직각이 되도록 벌려서 엄지를 (㉠)의 방향에, 검지를 (㉡)의 방향에 일치시키면 중지는 (㉢)의 방향을 가리키게 된다.

	㉠	㉡	㉢
①	도체 운동	유도 기전력	자기장
②	도체 운동	자기장	유도 기전력
③	자기장	유도 기전력	도체 운동
④	자기장	도체 운동	유도 기전력

17 전자유도(Electromagnetic Induction)에 대한 설명으로 옳은 것만을 모두 고르면?

19년 지방직 9급

> ㄱ. 코일에 흐르는 시변 전류에 의해서 같은 코일에 유도기전력이 발생하는 현상을 자기유도(Self Induction)라 한다.
> ㄴ. 자계의 방향과 도체의 운동 방향이 직각인 경우에 유도기전력의 방향은 플레밍(Fleming)의 오른손 법칙에 의하여 결정된다.
> ㄷ. 도체의 운동 속도가 v[m/s], 자속밀도가 B[Wb/m^2], 도체 길이가 l[m], 도체 운동의 방향이 자계의 방향과 각(θ)을 이루는 경우, 유도기전력의 크기 $e = Blv\sin\theta$[V]이다.
> ㄹ. 전자유도에 의해 만들어지는 전류는 자속의 변화를 방해하는 방향으로 발생한다. 이를 렌츠(Lenz)의 법칙이라고 한다.

① ㄱ, ㄴ   ② ㄷ, ㄹ
③ ㄱ, ㄷ, ㄹ   ④ ㄱ, ㄴ, ㄷ, ㄹ

정답 **16** ② **17** ④

18 〈보기〉는 전류에 의한 자기장 발생을 관찰하는 실험이다. 스위치(SW)를 닫았을 때 나침반의 N극이 가리키는 방향은?   22년 서울시(고졸) 9급

① 동(오른쪽)   ② 서(왼쪽)   ③ 남(아래쪽)   ④ 북(위쪽)

19 그림과 같이 전류와 폐경로 L이 주어졌을 때 $\oint_L \vec{H} \cdot \vec{dl}$ [A]은?   22년 지방직 9급

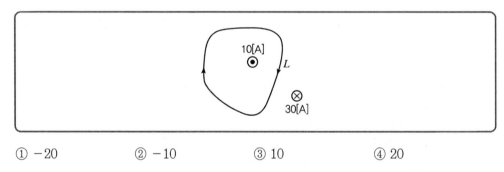

① -20 ② -10 ③ 10 ④ 20

20 그림과 같이 진공 중에 두 무한 도체 A, B가 1[m] 간격으로 평행하게 놓여 있고, 각 도체에 2[A]와 3[A]의 전류가 흐르고 있다. 합성 자계가 0이 되는 지점 P와 도체 A까지의 거리 x[m]는?   22년 지방직 9급

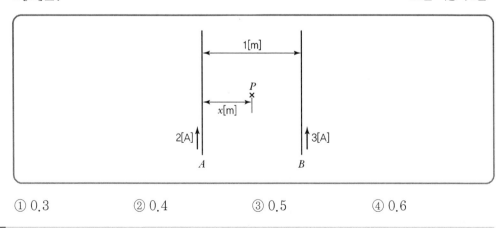

① 0.3   ② 0.4   ③ 0.5   ④ 0.6

정답 **18** ①   **19** ②   **20** ②

자기회로의 이해

1 자화 곡선과 히스테리시스 곡선(Hysteresis loop)

1) 자화 곡선 및 투자율 곡선

① 자화되지 않은 철이나 코발트 등의 강자성체에 외부 자계 H를 점차 증가시키면 자화 초기에는 자기 모멘트가 자계방향으로 배열될 때 관성에 의한 저항력을 받기 때문에 자화는 서서히 진행되지만, 더욱 자계를 증가시키면 자화는 급속히 진행된다.

② 자성체 내의 자기 모멘트가 모두 자계방향과 일치하면 자화는 더 이상 증가하지 않고 포화현상을 나타낸다. 이러한 특성을 나타내는 곡선을 자화곡선 또는 B-H 곡선이라 한다.

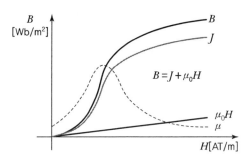

㉠ 강자성체 내의 자속밀도는 $B = J + \mu_0 H$의 관계가 있다. 여기서 μ_0는 매우 작은 값을 가지므로, B는 J보다 약간 큰 값을 가진다.

㉡ 강자성체의 자화현상을 자세히 관찰하면 자화 곡선은 매끈한 곡선이 아니고, 자속밀도가 단계적으로 증가한다. 이것은 강자성체 내의 자구(Magnetic Domain)의 자축이 어떤 순간에 급격히 자계방향으로 회전하여 자속밀도를 증가시키기 때문이다.

㉢ 이러한 현상을 바크하우젠 효과(Barkhausen Effect)라 한다.

2) 히스테리시스 곡선(자기 이력 곡선)

전혀 자화된 적이 없는 자성체에 자계를 가하여 1사이클을 변화시키면 이 자성체의 자화곡선이 Loop를 형성하고 자기적인 늦음이 발생하는 현상

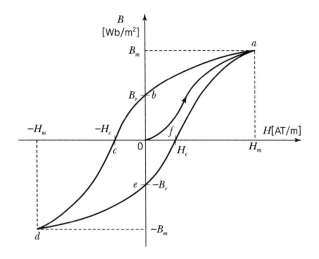

① 히스테리시스 현상 설명

ㄱ 자화되지 않은 강자성체에 외부 자계 H를 가해서, 포화점 a까지 자계 H를 증가시킨다. Oa 곡선을 따라서 진행(B_m : 최대 자속밀도, H_m : 최대 자계의 세기)

ㄴ a점에서 자계 H를 감소시키면 자속밀도 B는 Oa 곡선을 따라서 감소하지 않고 ab곡선을 따라서 감소한다. 이때 자계 H를 0으로 감소시켜도 자속밀도 B는 0이 되지 않고 b점이 된다. 이 값을 잔류자기(잔류 자속밀도 : Residual Magnetism : B_r)이라한다.

ㄷ 자계 H를 역방향으로 증가시키면 bc와 같은 곡선이 되어 점 c의 $-Hc$값에서 $B=0$이 된다. 이때의 H값을 보자력(Coercive Force) H_c라 한다.

ㄹ 자계 H를 역방향으로 더 증가시키면 점 d에서 포화된다.($-B_m$: 최대 자속밀도, $-H_m$: 최대 자계의 세기)

ㅁ 다시 자계 H를 감소시키면 ㄴ의 경우처럼 $H=0$이 되어도 B는 0이 되지 않고, e점으로 돌아간다. 이 값 역시 잔류자기가 된다.

ㅂ 이때 자계를 순방향으로 조금 증가시키면, $B=0$을 만들게 되고, 이 값 역시 보자력이된다.

ㅅ 다시 순방향으로 자계를 계속 증가시키면, a점으로 근접하게 되는 형태가 된다.

ㅇ 이렇게 자계 H를 감소시킬 때의 경로와 증가시킬 때의 경로가 서로 다르게 되는데, 이런 류의 곡선을 히스테리시스 곡선(Hysteresis Loop)이라 한다.

② 히스테리시스 곡선의 특성

㉠ 잔류자기(B_r) : H-loop가 종축과 만나는 점

㉡ 보자력(H_c) : H-loop가 횡축과 만나는 점

㉢ 영구자석(강철, 합금) : H-loop가 크다. : 강철, 코발트

→ B_r과 H_c가 크다.

㉣ 전자석(연철) : H-loop가 작다. : 연철, 규소강판

→ B_r은 크고 H_c는 작다.

3) 히스테리시스 손실

① 히스테리시스 루프 면적으로 표시되는 에너지는 자성체를 일순환 후 자성체의 온도를 상
승시키는데 소비되므로 일종의 손실이다.

이 곡선을 일주하는데 필요로 하는 단위 체적당 에너지는 이 곡선의 면적과 같다.

즉 루프의 면적이 Hysteresis loss(히스테리시스 손)이다.

체적이 $v[\text{m}^3]$, 주파수 $f[\text{Hz}]$, 잔류자기B_r, 보자력 H_c라면

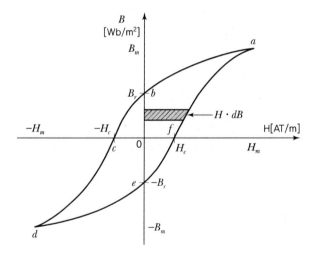

$$w_h = \oint_{abcdef} H \cdot dB \,[\text{J}/\text{m}^3]$$

$$= \int_a^b H \cdot dB + \int_b^c H \cdot dB + \int_c^d H \cdot dB + \int_d^e H \cdot dB + \int_e^f H \cdot dB$$

$$+ \int_f^a H \cdot dB$$

$$=\text{히스테리시스 곡선의 면적}[\text{J}/\text{m}^3]$$

　　ㄱ 히스테리시스 곡선을 일주시켜도 자성체는 항상 원상태와 동일한 상태가 되는 것은 히스테리곡선의 면적에 해당하는 단위체적당 에너지가 열로 소비되기 때문이다.

　　ㄴ 이 열은 자성체의 온도를 상승시키는데 소비된다. 이것을 히스테리시스 손실(Hysteresis Loss)이라 한다.

　　ㄷ 교류용 기기의 철심에서는 히스테리시스 손실이 온도 상승을 일으켜 절연재료의 성능을 열화시키므로 기기의 수명을 단축시키는 원인이 된다.

　　ㄹ 따라서, 교류기기의 철심에는 히스테리시스 곡선의 면적이 적은 강자성체 재료인 규소강, 퍼멀로이(Permalloy)등이 사용된다.

　　ㅁ 스타인메츠(Steinmetz) 실험식은 단위체적당의 히스테리시스 손실(w_h)과 교번자계에 의하여 자화될 때의 최대 자속밀도 사이의 관계식으로 다음과 같다.

$$w_h = \eta B_m^{1.6} \, [\text{J}/\text{m}^3]$$

　　　　여기서, η : 자성체에 따라 정해지는 히스테리시스 상수
　　　　$B^{1.6}$에서 1.6 : 스타인메츠 상수

　　ㅂ 자성체의 체적 : $v[\text{m}^3]$, 교류자계의 주파수 : f, P_h : 히스테리시스 전력손실 일 때

$$P_h = f v \eta B_m^{1.6} \, [W]$$

② **철손＝히스테리시스 손(P_h)＋와류 손(P_e)**

히스테리시스 손 $P_h = \eta f B_m^{1.6}[\text{J}/\text{m}^3] \rightarrow$ 철손의 80%

와류손 $P_e = \eta B_m t f^2 [\text{J}/\text{m}^3] \rightarrow$ 철손의 20%

철손을 줄이기 위해 H-loop면적이 적은 규소강판을 쓰며 P_e를 줄이기 위해 성층하여 쓴다.

② 자화에 필요한 에너지

① 에너지 밀도

$$w = \int_0^B H dB = \int_0^B \frac{B}{\mu} dB = \frac{B^2}{2\mu} = \frac{1}{2}\mu H^2 = \frac{1}{2} BH[\text{J}/\text{m}^3]$$

② 자석의 표면에 작용하는 전자석의 흡인력(단위면적당 힘)

$$w = \left(\frac{J}{m^3}\right) = \left(\frac{N \cdot m}{m^2 \cdot m}\right) = \left(\frac{N}{m^2}\right) = f \text{의 관계를 확인하면,}$$

단위 체적당 에너지 ＝ 단위 면적당 힘

$$f = \frac{B^2}{2\mu} = \frac{1}{2}\mu H^2 = \frac{1}{2} BH[\text{N}/\text{m}^2]$$

③ 자성체에 작용하는 전체 흡인력

단위 면적당 힘 : f, 전체면적 : S에 의해서

$$F = fS = \frac{B^2}{2\mu_0} \times S\,[\text{N}]$$

$$F = fS = \frac{B^2 S}{2\mu} = \frac{1}{2}\mu H^2 S = \frac{1}{2}BHS\,[\text{N}]$$

●실전문제 ELECTRIC ELECTRONICS

01 그림의 자기 히스테리시스 곡선에서 가로축(X)과 세로축(Y)에 해당하는 것은?

20년 지방직 9급

	X	Y		X	Y
①	자속밀도	투자율	②	자속밀도	자기장의 세기
③	자기장의 세기	투자율	④	자기장의 세기	자속밀도

02 영구자석 재료의 조건으로 가장 적당한 것은?

① 잔류자속밀도와 보자력이 모두 커야 한다.
② 잔류자속밀도는 작고 보자력은 커야 한다.
③ 잔류자속밀도는 크고 보자력은 작아야 한다.
④ 잔류자속밀도와 보자력이 모두 작아야 한다.

03 자성체에 대한 설명으로 옳지 않은 것은?

① 영구자석의 재료로는 잔류자속이 크고 보자력이 큰 자성체가 좋다.
② 자기차폐를 하기 위하여 상자성체로 차폐상자를 제작한다.
③ 강자성이 급격히 상자성으로 변하는 온도를 퀴리온도라 한다.
④ 인접한 영구자기쌍극자가 크기는 같으나, 방향이 서로 반대로 배열된 자성체를 반강자성체라 한다.

정답 **01** ④ **02** ① **03** ②

04 히스테리시스 특성 곡선에 대한 설명으로 옳지 않은 것은?

① 히스테리시스 손실은 주파수에 비례한다.
② 곡선이 수직축과 만나는 점은 잔류자기를 나타낸다.
③ 자속밀도, 자기장의 세기에 대한 비선형 특성을 나타낸다.
④ 곡선으로 둘러싸인 면적이 클수록 히스테리시스 손실이 적다.

05 자성체에 자기장을 인가할 때, 내부 자속밀도가 큰 자성체부터 순서대로 바르게 나열한 것은?

23년 국가직 9급

① 상자성체, 페리자성체, 반자성체
② 페리자성체, 반자성체, 상자성체
③ 반자성체, 페리자성체, 상자성체
④ 페리자성체, 상자성체, 반자성체

정답 **04** ④ **05** ④

❸ 자기회로에 대한 옴의 법칙

자기회로 : 자속이 통하는 통로(＝자로)

자기회로에 코일 권수 N[T]을 감고 I[A]의 전류를 통할 때 자기회로 내의 자계를 H[AT/m]라 하고 자계 방향 벡터를 dl[m]라 하면

$$\oint_c H \cdot dl = Hl = NI[\text{AT}] \Rightarrow \text{암페어의 주회적분 법칙}$$

이때 NI는 자기회로의 자속 $\phi = \mu HS$[Wb]를 발생시키는 원천이 되며 $F = NI$[AT]로 표기하고 기자력이라 칭한다.

＊기자력(Magentomotive Force) : 자속이 일어나는 원동력이 되는 힘

① 기자력(F)과 자기저항과의 관계식

$$\phi = \mu HS \Rightarrow H = \frac{\phi}{\mu S}[\text{AT/m}]$$

$$\therefore F = \oint H \cdot dl = \oint_c \frac{\phi}{\mu S} ddl = \frac{\phi}{\mu S} \oint_c dl = \frac{\phi}{\mu S} l = \frac{l}{\mu S} \phi[\text{AT}]$$

$$\therefore \text{기자력 } F = NI = R\phi[\text{AT}] \Rightarrow \text{자기회로의 옴의 법칙}$$

② 자기저항(Magnetic Reluctance 또는 Reluctance)

$$R = \frac{NI}{\phi} = \frac{F}{\phi} = \frac{l}{\mu S}[\text{AT/Wb}] \rightarrow \frac{\text{m}}{\text{H/m} \cdot \text{m}^2} = [\text{H}^{-1}]$$

자기저항의 역수$= \dfrac{1}{R}$: 퍼미언스[H]

③ 자속

자속밀도 B[Wb/m^2] [T] , 자속 ϕ[Wb]의 관계식인 $B = \dfrac{\phi}{S}$로부터 자속에 대한 자기력과 자기저항의 관계를 다음과 같이 유도할 수 있다.

$$\phi = BS = \mu HS = \mu \frac{NI}{l} S = \frac{\mu NIS}{l} = \frac{NI}{\dfrac{l}{\mu S}} = \frac{NI}{R_m}[\text{Wb}]$$

④ 자기회로와 전기회로의 대응관계

자기회로	전기회로
• 기자력 $F = NI = R_m\phi[\text{A}]$	• 기전력 $E = IR[\text{V}]$
• 자속 $\phi = \dfrac{F}{R_m}[\text{Wb}]$	• 전류 $I = \dfrac{E}{R}[\text{A}]$
• 자기저항 $R_m = \dfrac{l}{\mu S}[\text{AT/Wb}]$	• 전기저항 $R = \rho\dfrac{l}{S} = \dfrac{l}{kS}[\Omega]$
• 투자율 $\mu[\text{H/m}]$	• 도전율 $k[\mho/\text{m}]$
• 자속밀도 $B = \dfrac{\phi}{S}$	• 전류밀도 $J = \dfrac{I}{S}$

⑤ 전기회로와의 차이점

전기회로	자기회로
$E = IR$ ➡ 직선	$F = R\phi[\text{AT}]$ ➡ 포화곡선
누설전류가 거의 0(왜냐하면 도체와 절연체 사이의 전도도의 차가 크므로 약 10^{20}배)	누설자속이 많아서 공극에 의한 자기저항을 고려해야 한다. (자성체와 공기와의 투자율의 비 $10^2 \sim 10^5$배 정도)
저항손실(I^2R)이 발생 직류에서 동손이 없다.	자기저항에 의한 손실은 없다. 히스테리시스손(철손, 와류손)이 있다.
L, C에 의한 전기회로 구성	L, C에 의한 자기회로 구성이 안 된다.

⑥ 복합자기회로

1) 키르히호프 법칙

① 제1법칙 : 임의의 결합점으로 유입하는 자속의 총합은 유출하는 자속의 총합과 같다.

$\sum \phi_i = \sum \phi_o$

② 제2법칙 : 임의의 폐 자기회로에서 자기저항과 자속의 곱은 기자력의 대수합과 같다.

$\sum R\phi = \sum F$

2) 공극(Air Gap)이 있는 자기회로

① 자기저항

원래(공극이 없을 때의)의 자기저항 : $R = \dfrac{l}{\mu S}$ .... ㉠

철심의 자기저항 : $R_c = \dfrac{l - l_g}{\mu S}$

공극의 자기저항 : $R_g = \dfrac{l_g}{\mu_0} S$ $\Bigg)$ .... ㉡

자기저항 R_C

공극 l_g

μ_0[H/m]
공극저항 R_g

S[m²]

$\mu = \mu_0 \mu_s$

$l \gg l_g$ 이면 $l - l_g \fallingdotseq l$ 이므로

$$R' \fallingdotseq R_m + R_g = \dfrac{l}{\mu S} + \dfrac{l_g}{\mu_o S}$$

공극이 발생하면 자기저항의 비는

$$\dfrac{㉡}{㉠} = \dfrac{\dfrac{l}{\mu S} + \dfrac{l_g}{\mu_o S}}{\dfrac{l}{\mu S}} = 1 + \dfrac{\dfrac{l_g}{\mu_o}}{\dfrac{l}{\mu}}$$

$$= 1 + \dfrac{\mu l_g}{\mu_o l}$$

② 기자력

$F = NI = R\phi = RBS$

$$= BS \times \left(\dfrac{l}{\mu S} + \dfrac{l_g}{\mu_o S} \right) = B\left(\dfrac{l}{\mu} + \dfrac{l_g}{\mu_o} \right)$$

$$= \dfrac{B}{\mu_0}\left(\dfrac{l}{\mu_s} + l_g \right)$$

③ 전류(I)

$$I = \dfrac{F}{N} = \dfrac{B}{N}\left(\dfrac{l}{\mu} + \dfrac{\lg}{\mu_0} \right)[\mathrm{A}]$$

④ 자속(ϕ)

$$\phi = \dfrac{NI}{R} = \dfrac{NI}{\dfrac{l}{\mu S} + \dfrac{l_g}{\mu_o S}}[\mathrm{Wb}]$$

▼ 전기회로와 자기회로의 비교

전기회로		자기회로	
기전력	$V = IR[\text{V}] = \int \text{E} \cdot \text{dl}\,[\text{V}]$	기자력	$F = NI = \oint H \cdot dl[\text{AT}]$
전류	$I = \dfrac{dQ}{dt} = \int J \cdot dS[\text{A}]$	자속	$\phi = \int B \cdot dS[\text{Wb}]$
전류밀도	$J = \dfrac{I}{S} = \sigma E = nev[\text{A/m}^2]$	자속밀도	$B = \dfrac{\phi}{S} = \mu H[\text{Wb/m}^2]$
전기저항	$R = \rho \cdot \dfrac{l}{S} = \dfrac{l}{\sigma S}[\Omega]$	자기저항	$R_m = \dfrac{l}{\mu S}[\text{AT/Wb}]$
도전율	$\sigma[1/\Omega \cdot \text{m}]$	투자율	$\mu[\text{H/m}]$
옴의 법칙	$I = \dfrac{V}{R}[\text{A}]$	옴의 법칙	$\phi = \dfrac{F}{R_m} = \dfrac{NI}{R_m}[\text{Wb}]$
정전용량	$C = \dfrac{Q}{V}[\text{F}], \quad Q = CV[\text{C}]$	인덕턴스	$L = \dfrac{\phi}{I}[\text{H}], \quad \phi = LI[\text{Wb}]$
콘덴서에 저장되는 에너지	$W = \dfrac{1}{2}QV = \dfrac{1}{2}CV^2 = \dfrac{Q^2}{2C}[\text{J}]$	인덕턴스에 저장되는 에너지	$W = \dfrac{1}{2}I\phi = \dfrac{1}{2}LI^2 = \dfrac{\phi^2}{2L}[\text{J}]$
전류 발생	$I = \dfrac{dQ}{dt}[\text{A}]$	기전력 발생	$e = -\dfrac{d\phi}{dt}[\text{V}]$
KCL	$\displaystyle\sum_{i=1}^{N} I_i = 0$	Kirchhoff 전류 법칙	$\displaystyle\sum_{i=1}^{N} \Psi_i = 0$
KVL	$\displaystyle\sum_{i=1}^{N} R_i I_i = \sum_{j=1}^{N} V_j$	Kirchhoff 전압 법칙	$\displaystyle\sum_{i=1}^{N} R_{m_i} \Psi_i = \sum_{j=1}^{N} V_{mj}$

●실전문제 ELECTRIC ELECTRONICS

01 전기회로와 자기회로의 대응 관계 중 옳지 않은 것은?

① 전기저항과 자기저항

② 전류와 자속

③ 기전력과 기자력

④ 유전율과 투자율

02 솔레노이드 코일의 단위길이당 권선 수를 4배로 증가시켰을 때, 인덕턴스의 변화는?

14년 국가직 9급

① $\dfrac{1}{16}$ 로 감소

② $\dfrac{1}{4}$ 로 감소

③ 4배 증가

④ 16배 증가

03 100[mH]의 자기인덕턴스가 있다. 여기에 10[A]의 전류가 흐를 때 자기인덕턴스에 축적되는 에너지의 크기[J]는?

① 0.5   ② 1   ③ 5   ④ 10

04 그림과 같이 자로 $l = 0.3\,[\mathrm{m}]$, 단면적 $S = 3 \times 10^{-4}\,[\mathrm{m}^2]$, 권선 수 $N = 1,000$회, 비투자율 $\mu_r = 10^4$인 링(ring) 모양 철심의 자기인덕턴스 $L[\mathrm{H}]$은?(단, $\mu_0 = 4\pi \times 10^{-7}$이다.)

20년 국가직 9급

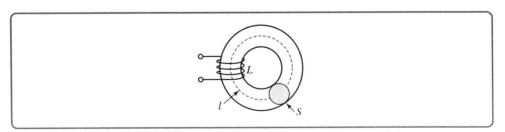

① 0.04π

② 0.4π

③ 4π

④ 5π

정답 **01** ④ **02** ④ **03** ③ **04** ③

05 그림과 같이 단면적이 S, 평균 길이가 l, 투자율이 μ인 도넛 모양의 원형 철심에 권선수가 N_1, N_2인 2개의 코일을 감고 각각 I_1, I_2를 인가했을 때, 두 코일 간의 상호 인덕턴스[H]는? (단, 누설 자속은 없다고 가정한다.) 20년 서울시 9급

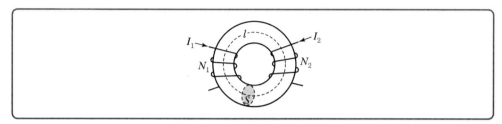

① $\dfrac{\mu S N_1 N_2}{l}$ [H]

② $\dfrac{\mu S N_1 N_2}{I_1 I_2\, l}$ [H]

③ $\mu S N_1 N_2 l$[H]

④ $\mu S N_1 N_2 I_1 I_2\, l$[H]

06 다음 그림과 같은 자기회로에서 공극 내에서의 자계의 세기 H[AT/m]는?(단, 자성체의 비투자율 μ_r은 무한대이고, 공극 내의 비투자율 μ_r은 1이며, 공극주위에서의 프린징 효과는 무시한다.) 10년 지방직 9급

① 30

② 40

③ 50

④ 60

07 다음과 같은 토러스형 자성체를 갖는 자기회로에 코일을 110회 감고 1[A]의 전류를 흘릴 때, 공극에서 발생하는 기자력[AT] 강하는?(단, 이때 자성체의 비투자율 μ_{r1}은 990이고, 공극내의 비투자율 μ_{r2}는 1이다. 자성체와 공극의 단면적은 1[cm^2]이고, 공극을 포함한 자로 전체 길이 $L_c = 1[\text{m}]$, 공극의 길이 $L_g = 1[\text{cm}]$이다. 누설 자속 및 공극 주위의 플린징 효과는 무시한다.)

12년 국가직 9급

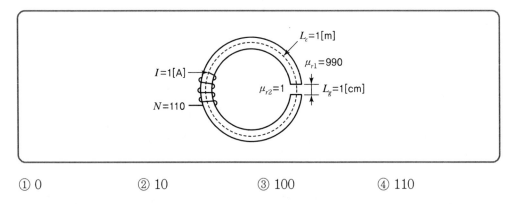

① 0   ② 10   ③ 100   ④ 110

08 그림과 같이 비투자율 μ_r, 평균자로의 길이 $l[\text{m}]$, 단면적 $S[\text{m}^2]$인 환형 강자성체가 있다. 간격 $l_g[\text{m}]$인 미소공극을 만들면 자기저항은 공극이 없을 때의 몇 배인가?(단, $l \gg l_g$, $\mu_r \gg 1$로 가정한다.)

① $1 + \dfrac{\mu_r l_g}{l}$ ② $1 - \dfrac{\mu_r l_g}{l}$

③ $1 + \dfrac{\mu_r l_g}{lS}$ ④ $1 - \dfrac{\mu_r l_g}{lS}$

정답 **07** ③   **08** ①

전기장과 자기장의 비교

전기(Electric)		자기(Magnetic)	
적용 소자	콘덴서(C)	적용 소자	코일(L)
전하	$Q[\text{C}]$	자하	$m[\text{Wb}]$
유전율	$\varepsilon[\text{F/m}]$	투자율	$\mu[\text{H/m}]$
쿨롱의 법칙(F)	$F=\dfrac{1}{4\pi\varepsilon}\dfrac{Q_1Q_2}{r^2}[\text{N}]$	쿨롱의 법칙(F)	$F=\dfrac{1}{4\pi\mu}\dfrac{m_1m_2}{r^2}[\text{N}]$
전기장의 세기(E)	$E=\dfrac{1}{4\pi\varepsilon}\dfrac{Q}{r^2}[\text{V/m}]$	자기장의 세기(H)	$H=\dfrac{1}{4\pi\mu}\dfrac{m}{r^2}[\text{AT/m}]$
F와 E의 관계	$F=QE,\quad E=\dfrac{F}{Q}$	F와 H의 관계	$F=mH,\quad H=\dfrac{F}{m}$
전속밀도(D)	$D=\dfrac{1}{4\pi}\dfrac{Q}{r^2}[\text{C/m}^2]$	자속밀도(B)	$B=\dfrac{1}{4\pi}\dfrac{m}{r^2}[\text{Wb/m}^2]$
E와 D의 관계	$D=\varepsilon E,\quad E=\dfrac{D}{\varepsilon}$	H와 B의 관계	$B=\mu H,\quad H=\dfrac{B}{\mu}$
전위(V)	$V=\dfrac{1}{4\pi\varepsilon}\dfrac{Q}{r}[\text{V}]$		
E와 V의 관계	$E=\dfrac{V}{r},\quad V=rE$		

전기전자기호(단위) 모음

기초 전기 전자			전 기 장			자 기 장			교 류		
기호	단위	의미	기호	단위	의미	기호	단위	의미	기호	단위	의미
I	[A]	전류	C	[F]	정전 용량	L, M	[H]	인덕 턴스	T	[sec]	주기
V	[V]	전압	ε	[F/m]	유전율	μ	[H/m]	투자율	f	[Hz]	주파수
R	[Ω]	저항	E	[V/m]= [N/m]	전기장의 세기	Φ	[wb]	자속	ω	[rad/s]	각속도
G	[1/Ω]	컨덕 턴스	D	[C/m²]	전속 밀도	m	[wb]	자극 (자하)	R	[Ω]	저항
Q	[C] =[A.sec]	전하량	F	[N]	힘	H	[AT/m]	자기장의 세기	X	[Ω]	리액 턴스
ρ	[Ω · m]	저항률				B	[wb/m²]	자속 밀도	Z	[Ω]	임피 던스
δ	[1/Ω · m]	도전율				F	[AT]	기자력	P	[W]	유효 전력
P	[W]	전력				R	[AT/wb]	자기 저항	Pr	[Var]	무효 전력
W	[J]= [W · sec]	전력량							Pa	[VA]	피상 전력
W, H	[J]=[cal]	에너지							$\cos\theta$		효율

PART

05

교류회로
해석(기초)

교류회로의 기초

❶ 교류회로 해석

1) 교류의 순시값 표현식

$$v(t) = V_m \sin(\omega t + \theta)$$

① 주기(t)와 주파수(f)

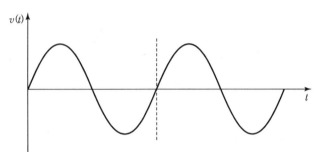

| sin파(정현파) 교류 |

ㄱ 주기 : 1사이클의 변화에 요하는 시간 : T [sec]

ㄴ 주파수 : 1초 동안에 반복하는 사이클의 수 : f[Hz] : $T = \dfrac{1}{f}$ ➡ $f = \dfrac{1}{T}$

ㄷ 각속도 : 1초 동안에 회전한 각도 : ω [rad/sec] : $\omega = 2\pi f = 2\pi \dfrac{1}{T}$

② 각속도(ω)

③ 위상각(θ)

2) 파장(λ)

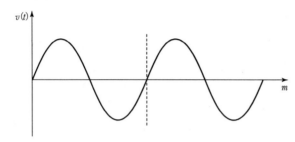

• 주파수가 2[MHz]인 파의 파장은 얼마인가?
• 파장이 5[cm]인 파의 주파수는 얼마인가?

3) 파의 속도

① 가로축이 시간이 아니고 거리라고 생각하면, 그림은 파가 나아가는 거리를 의미하게 된다.
② 파장 : 1사이클의 변화에 나아가는 거리 : λ[m]
③ 주파수 : 1초 동안에 반복하는 사이클의 수 : f[Hz]

$$T = \frac{1}{f} \quad \Rightarrow \quad f = \frac{1}{T}$$

④ 속도 : 1초 동안에 나아가는 거리 : v[m/sec]

$$v = \lambda f = \frac{\lambda}{T} [\text{m/sec}]$$

　✻ 자유공간에서 전파의 속도 : $v = c = 3 \times 10^8 [\text{m/sec}]$
　✻ 파장과 주파수 파의 속도와의 관계 : $f \times \lambda = v = c$(단, $c = 3 \times 10^8 [\text{m/s}]$)

주파수에 따른 분류	파장에 따른 분류	주파수	파장
VLF	장파		
LF			
MF	중파		
HF	단파		
VHF	초단파	30~300[MHz]	10~1[m]
UHF	극초단파		
SHF	마이크로파		
EHF			

● 실전문제

E L E C T R I C   E L E C T R O N I C S

01 그림과 같은 정현파에서 $v = V_m\sin(\omega t + \theta)$의 주기 T를 옳게 표시한 것은?

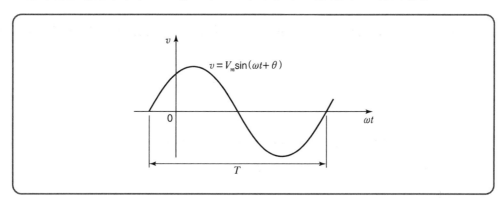

① $2\pi\omega$ ② $2\pi f$ ③ $\dfrac{\omega}{2\pi}$ ④ $\dfrac{2\pi}{\omega}$

02 다음 전압의 순시값 표현에서 주파수는 얼마인가?

$$v(t) = 100\sin(100\pi t - 5\pi)[\text{v}]$$

① $100\pi[\text{Hz}]$ ② $100[\text{Hz}]$ ③ $50\pi[\text{Hz}]$ ④ $50[\text{Hz}]$

03 FM 라디오 방송은 88~108[MHz] 범위의 주파수를 사용한다. 이때 100[MHz]의 주파수의 파장은 얼마인가?

① $10[\text{m}]$ ② $30[\text{m}]$ ③ $1[\text{m}]$ ④ $3[\text{m}]$

04 아래의 순시값의 형태로 전송되는 파가 있다. 이때 전압과 전류의 위상차는 얼마인가?

$$v(t) = V_m\sin(200\pi t - 20°),\; i(t) = I_m\cos(200\pi t + 20°)$$

① $40°$ ② $50°$ ③ $110°$ ④ $130°$

정답 **01** ④ **02** ④ **03** ④ **04** ④

05 아래의 순시값의 형태로 전송되는 파가 있다. 이때 전압과 전류의 위상차를 시간으로 환산하면 얼마인가?

$$v(t) = V_m \sin(200\pi t - 50°), \ i(t) = I_m \cos(200\pi t + 40°)$$

① 0.0025초 ② 0.005초 ③ 0.01초 ④ 0.02초

06 $10\sqrt{2}\sin 3\pi t[V]$를 기본파로 하는 비정현주기파의 제5고조파 주파수[Hz]를 구하면?

07년 국가직 9급

① 5.5 ② 6.5 ③ 7.5 ④ 8.5

07 진공 중에서 주파수 12[MHz]인 전자파의 파장은 몇 [m]인가? 14년 서울시 7급

① 0.04 ② 0.25 ③ 0.4 ④ 25
⑤ 40

08 다음은 오실로스코프 화면에 나타난 구형파이다. 이파형의 주파수 및 진폭으로 옳은 것은?

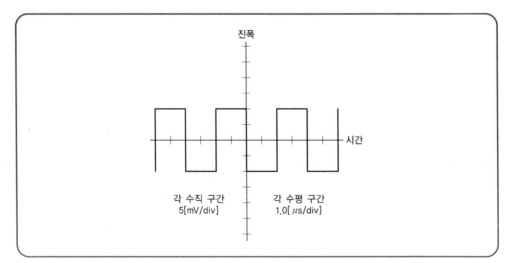

	주파수[kHz]	진폭[mV]		주파수[kHz]	진폭[mV]
①	200	10	②	200	20
③	250	10	④	250	20
⑤	400	10			

09 오실로스코프상에 나타난 측정 파형이 그림과 같다면 피크 대 피크 전압 V_{p-p}의 값[V]과 주파수 f의 값[Hz]은?

Volt/DIV = 1[V]
Time/DIV = 0.5[mS]

	V_{p-p}	f			V_{p-p}	f
①	3	250		②	3	500
③	6	250		④	6	500

10 그림의 Ch1 파형과 Ch2 파형에 대한 설명으로 옳은 것은?　　20년 지방직 9급

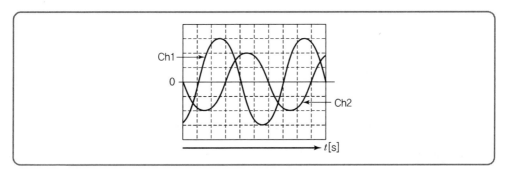

① Ch1 파형이 Ch2 파형보다 위상은 앞서고, 주파수는 높다.
② Ch1 파형이 Ch2 파형보다 위상은 앞서고, 주파수는 같다.
③ Ch1 파형이 Ch2 파형보다 위상은 뒤지고, 진폭은 크다.
④ Ch1 파형이 Ch2 파형보다 위상은 뒤지고, 진폭은 같다.

11 자유공간과 특정 매질 간의 비투자율이 1, 비유전율이 100일 때, 자유공간과 그 특정 매질에서 각각의 파장[m]은?(단, 주파수는 300[MHz]이다.)　　21년 국회직 9급

	자유공간	매질			자유공간	매질
①	0.5	0.1		②	1	0.1
③	1	0.2		④	1.5	0.1
⑤	1.5	0.2				

교류 표시법

1 교류의 표시

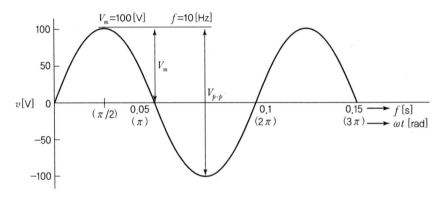

| 사인파 교류 |

① 순시값

$$v = V_m \sin \omega t \,[\mathrm{V}]$$

여기서, V_m : 최댓값

V_{P-P} : 양의 최댓값과 음의 최댓값 사이의 값

② 실횻값

$$V_s = \frac{V_m}{\sqrt{2}} = 0.707 \, V_m$$

$$V_s = \sqrt{\frac{1}{T} \int_0^T v(t)^2 dt}$$

✱ 교류 전류 i의 기준 크기는 일반적으로 그것과 동일한 일을 하는 직류 전류 I의 크기

③ 평균값

$$V_a = \frac{2}{\pi} V_m = 0.638 \, V_m \,[\mathrm{V}]$$

$$V_a = \frac{1}{T} \int_0^T v(t) dt$$

✱ 교류 순시값의 1주기 동안의 평균을 취하여 교류의 크기로 나타낸 것을 말한다.

④ 위상에 따른 sin파 작도

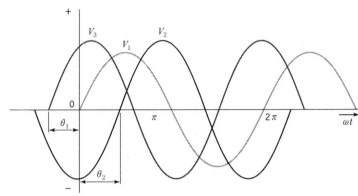

- $V_1 = V_{m1}\sin\omega t$
  → 기준
- $V_2 = V_{m2}\sin(\omega t - \theta_2)$
  → θ_2 뒤짐
- $V_3 = V_{m2}\sin(\omega t - \theta_2)$
  → θ_1 앞섬

| 위상차와 교류 표시 |

2 실횻값, 일그러짐률, 파형률, 파고율

① 실횻값 : $\sqrt{(순시값)^2}$ 의 평균값 $v = \sqrt{v_1^2 + v_2^2 + v_3^2 + \cdots}$

② 일그러짐 : 기본파를 제외한 고조파만의 실횻값 $v = \sqrt{v_2^2 + v_3^2 + v_4^2 + \cdots}$

③ 일그러짐률 $= \dfrac{고조파의\ 실횻값}{기본파의\ 실횻값} = \dfrac{\sqrt{v_2^2 + v_3^2 + v_4^2 + \cdots}}{v_1} \times 100\%$

④ 파고율 $= \dfrac{최댓값}{실횻값}$

⑤ 파형률 $= \dfrac{실횻값}{평균값}$

여러 가지 파형의 파형률과 파고율

파 형	최댓값	실횻값	평균값	파형률	파고율	일그러짐률
사 인 파	V_m	$\dfrac{V_m}{\sqrt{2}}$	$\dfrac{2V_m}{\pi}$	$\dfrac{\pi}{2\sqrt{2}} = 1.1$	$\sqrt{2} = 1.41$	0
전파 정류	V_m	$\dfrac{V_m}{\sqrt{2}}$	$\dfrac{2V_m}{\pi}$	$\dfrac{\pi}{2\sqrt{2}} = 1.1$	$\sqrt{2} = 1.41$	0.2273
반파 정류	V_m	$\dfrac{V_m}{2}$	$\dfrac{V_m}{\pi}$	$\dfrac{\pi}{2} = 1.57$	2	0.4352
직사각형파	V_m	V_m	V_m	1	1	0.4834
삼 각 파	V_m	$\dfrac{V_m}{\sqrt{3}}$	$\dfrac{V_m}{2}$	$\dfrac{2}{\sqrt{3}} = 1.15$	$\sqrt{3} = 1.73$	0.1212

실전문제 · ELECTRIC ELECTRONICS

01 두 개의 교류 전압 $v_1 = 150\sin\left(377t + \dfrac{\pi}{6}\right)$[V]와 $v_2 = 250\sin\left(377t + \dfrac{\pi}{3}\right)$[V]가 있다. 다음 중 옳게 표현된 것은?

① v_1과 v_2는 동상이다.

② v_1과 v_2의 주파수는 모두 377[Hz]이다.

③ v_1과 v_2의 주기는 모두 $\dfrac{1}{60}$[s]이다.

④ v_1과 v_2의 실횻값은 각각 150[V], 250[V]이다.

02 다음의 교류전압 $v_1(t)$과 $v_2(t)$에 대한 설명으로 옳은 것은?　　　20년 국가직 9급

- $v_1(t) = 100\sin\left(120\pi t + \dfrac{\pi}{6}\right)$[V]
- $v_2(t) = 100\sqrt{2}\sin\left(120\pi t + \dfrac{\pi}{3}\right)$[V]

① $v_1(t)$과 $v_2(t)$의 주기는 모두 $\dfrac{1}{60}$[sec]이다.

② $v_1(t)$과 $v_2(t)$의 주파수는 모두 120π[Hz]이다.

③ $v_1(t)$과 $v_2(t)$는 동상이다.

④ $v_1(t)$과 $v_2(t)$의 실횻값은 각각 100[V], $100\sqrt{2}$[V]이다.

03 정현파 교류 전압의 파형률은?

① $\dfrac{2\sqrt{2}}{\pi}$　　② $\dfrac{\pi}{\sqrt{2}}$　　③ $\dfrac{\sqrt{2}}{\pi}$　　④ $\dfrac{\pi}{2\sqrt{2}}$

04 파형률, 파고율이 다같이 1인 파형은?

① 반원파　　② 3각파　　③ 구형파　　④ 사인파

정답 01 ③　02 ①　03 ④　04 ③

05 톱니파에서 파형률은?

① 0.577   ② 1.414   ③ 1.155   ④ 2

06 $i = I_m \sin(\omega t - 25°)[A]$인 정현파에 있어서 ωt가 다음 중 어느 값일 때 순시값이 실횻값과 같은가?

① 20°   ② 45°   ③ 60°   ④ 70°

07 정현파 교류의 평균값에 어떠한 수를 곱하면 실횻값을 얻을 수 있는가?

① $\dfrac{2\sqrt{2}}{\pi}$ ② $\dfrac{\sqrt{3}}{2}$ ③ $\dfrac{2}{\sqrt{3}}$ ④ $\dfrac{\pi}{2\sqrt{2}}$

08 최댓값 V_m인 정현파 교류의 반파정류된 출력 파형을 직류 전압계로 측정할 때 전압계의 지시값은 몇 [V]인가?

① $\dfrac{V_m}{\sqrt{2}}$ ② $\dfrac{V_m}{2}$ ③ $\dfrac{V_m}{\pi}$ ④ $\dfrac{2V_m}{\pi}$

09 다음은 교류 정현파의 최댓값과 다른 값들과의 상관관계를 나타낸 것이다. 실횻값 ㉠과 파고율 ㉡은?

파형	최댓값	실횻값	파형률	파고율
교류 정현파	V_m	㉠	$\dfrac{\pi}{2\sqrt{2}}$	㉡

	㉠	㉡
①	$\dfrac{V_m}{\sqrt{2}}$	$\dfrac{1}{\sqrt{2}}$
②	$\dfrac{V_m}{\sqrt{2}}$	$\sqrt{2}$
③	$\sqrt{2}\,V_m$	$\dfrac{1}{\sqrt{2}}$
④	$\sqrt{2}\,V_m$	$\sqrt{2}$

정답 **05** ③ **06** ④ **07** ④ **08** ③ **09** ②

10 전압 $v(t) = 110\sqrt{2}\sin(120\pi t + \dfrac{2\pi}{3})$[V]인 파형에서 실횻값[V], 주파수[Hz] 및 위상 [rad]으로 옳은 것은?

19년 지방직 9급

	실횻값	주파수	위상		실횻값	주파수	위상
①	110	60	$\dfrac{2\pi}{3}$	②	110	60	$-\dfrac{2\pi}{3}$
③	$110\sqrt{2}$	120	$-\dfrac{2\pi}{3}$	④	$110\sqrt{2}$	120	$\dfrac{2\pi}{3}$

11 $v_1(t) = 100\sin(30\pi t + 30°)$[V]와 $v_2(t) = V_m\sin(30\pi t + 60°)$[V]에서 $v_2(t)$의 실횻값은 $v_1(t)$의 최댓값의 $\sqrt{2}$ 배이다. $v_1(t)$[V]와 $v_2(t)$[V]의 위상차에 해당하는 시간[s]과 $v_2(t)$의 최댓값 V_m[V]은?

19년 지방직 9급

	시간	최댓값		시간	최댓값
①	$\dfrac{1}{180}$	200	②	$\dfrac{1}{360}$	200
③	$\dfrac{1}{180}$	$200\sqrt{2}$	④	$\dfrac{1}{360}$	$200\sqrt{2}$

12 다음은 $v(t) = 10 + 30\sqrt{2}\sin\omega t$[V]의 그래프이다. 이 전압의 실횻값[V]은?

13년 국가직 9급

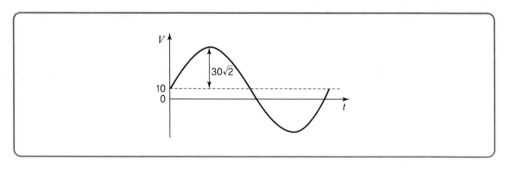

① $10\sqrt{5}$ ② 30 ③ $10\sqrt{10}$ ④ $30\sqrt{2}$

13 다음의 그림과 같은 주기함수의 전류가 3[Ω]의 부하저항에 공급될 때 평균전력[W]은?

10년 국가직 9급

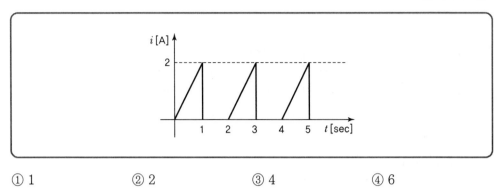

① 1   ② 2   ③ 4   ④ 6

14 다음 전류 파형의 실횻값[A]은?

10년 지방직 9급

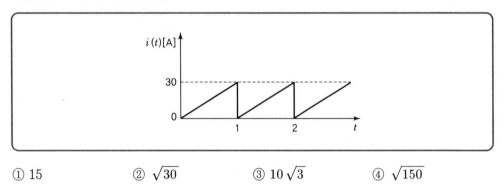

① 15   ② $\sqrt{30}$ ③ $10\sqrt{3}$ ④ $\sqrt{150}$

15 다음과 같은 주기함수의 실효치 전압[V]은?

12년 국가직 9급

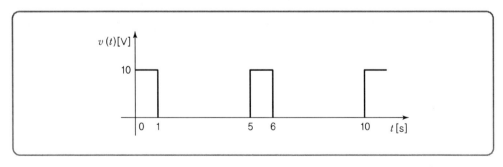

① 1   ② $\sqrt{2}$

③ 2   ④ $\sqrt{20}$

정답   **13** ②   **14** ③   **15** ④

16 그림과 같은 전압 파형의 실횻값[V]은?(단, 해당 파형의 주기는 16[sec]이다.)

19년 서울시 9급

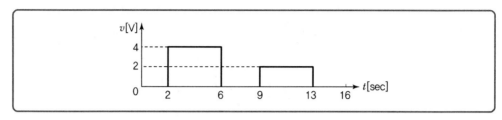

① $\sqrt{3}$ [V]　　　　　　　　② 2[V]

③ $\sqrt{5}$ [V]　　　　　　　　④ $\sqrt{6}$ [V]

17 교류 전압 $v(t) = 200\sin120\pi t$[V]의 평균값[V]과 주파수[Hz]는?(단, 평균값은 순시값이 0으로 되는 순간부터 다음 0으로 되기까지의 양의 반주기에 대한 순시값의 평균이다.)

	평균값[V]	주파수[Hz]		평균값[V]	주파수[Hz]
①	$\dfrac{200}{\pi}$	50	②	$\dfrac{200}{\pi}$	60
③	$\dfrac{400}{\pi}$	50	④	$\dfrac{400}{\pi}$	60

18 교류전압 $v(t) = 100\sqrt{2}\sin377t$[V]에 대한 설명으로 옳지 않은 것은?

① 실효전압은 100[V]이다.

② 전압의 각주파수는 377[rad/sec]이다.

③ 전압에 1[Ω]의 저항을 직렬 연결하면 흐르는 전류의 실횻값은 $100\sqrt{2}$ [A]이다.

④ 인덕턴스와 저항이 직렬 연결된 회로에 전압이 인가되면 전류가 전압보다 뒤진다.

정답 **16** ③ **17** ④ **18** ③

19 다음과 같은 정현파 전압 v와 전류 i로 주어진 회로에 대한 설명으로 옳은 것은?

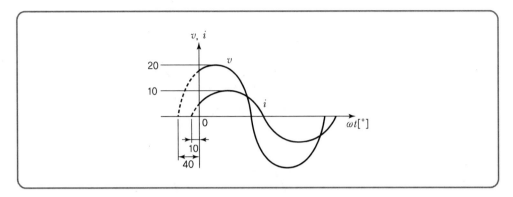

① 전압과 전류의 위상차는 40°이다.

② 교류전압 $v = 20 \sin(\omega t - 40°)$이다.

③ 교류전류 $i = 10\sqrt{2} \sin(\omega t + 10°)$이다.

④ 임피던스 $\dot{Z} = 2 \angle 30°$이다.

20 다음 식으로 표현되는 비정현파 전압의 실횻값[V]은?

$$v = 2 + 5\sqrt{2} \sin\omega t + 4\sqrt{2} \sin(3\omega t) + 2\sqrt{2} \sin(5\omega t)[\text{V}]$$

① $13\sqrt{2}$　　　　　　　　　② 11

③ 7　　　　　　　　　　　　④ 2

21 다음 파형에 대한 설명으로 옳은 것만을 모두 고르면? 21년 지방직(경력) 9급

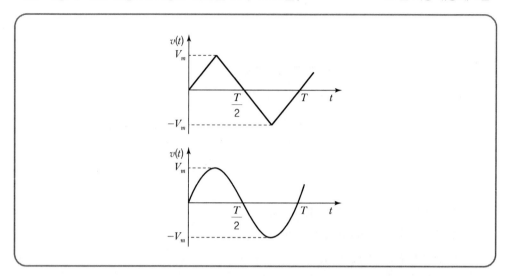

ㄱ. 삼각파의 평균값은 사인파의 평균값보다 크다.
ㄴ. 삼각파의 실횻값은 사인파의 실횻값보다 크다.
ㄷ. 삼각파의 파형률은 사인파의 파형률보다 크다.
ㄹ. 삼각파의 파고율은 사인파의 파고율보다 크다.

① ㄱ, ㄴ   ② ㄱ, ㄹ
③ ㄴ, ㄷ   ④ ㄷ, ㄹ

삼각함수의 정리

1 삼각함수의 이해

$$\sin \theta = \frac{b}{c} \ , \ b = c \sin \theta$$

$$\cos \theta = \frac{a}{c} \ , \ a = c \cos \theta$$

$$\tan \theta = \frac{b}{a} \ ,$$

$$c = \sqrt{a^2 + b^2} \ , \ \theta = \tan^{-1} \frac{b}{a}$$

삼각함수(sin, cos, tan)

θ	$\sin\theta$	$\cos\theta$	$\tan\theta$	관련 삼각형
0°	0	1	0	
30°	1/2	$\sqrt{3}/2$	$1/\sqrt{3}$	
45°	$\sqrt{2}/2$	$\sqrt{2}/2$	1	
60°	$\sqrt{3}/2$	1/2	$\sqrt{3}$	
90°	1	0	∞	
37°	3/5	4/5	3/4	
53°	4/5	3/5	4/3	

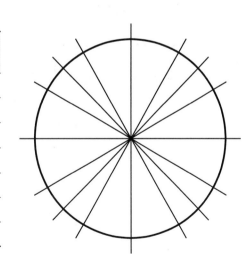

② 삼각함수의 주요 공식

① $\cos(\alpha \pm \beta) = \cos(\alpha)\cos(\beta) \mp \sin(\alpha)\sin(\beta)$

   ㉠ $\cos(\alpha + \beta) = \cos(\alpha)\,\cos(\beta) - \sin(\alpha)\,\sin(\beta)$

   ㉡ $\cos(\alpha - \beta) = \cos(\alpha)\,\cos(\beta) + \sin(\alpha)\,\sin(\beta)$

   두 수식을 더하고 빼면,

     ㉢ $\cos(\alpha + \beta) + \cos(\alpha - \beta) = 2\cos(\alpha)\cos(\beta)$

      ➡ $\cos(\alpha)\cos(\beta) = \dfrac{1}{2}\{\cos(\alpha + \beta) + \cos(\alpha - \beta)\}$

     ㉣ $\cos(\alpha + \beta) - \cos(\alpha - \beta) = -2\sin(\alpha)\sin(\beta)$

      ➡ $\sin(\alpha)\sin(\beta) = -\dfrac{1}{2}\{\cos(\alpha + \beta) - \cos(\alpha - \beta)\}$

      ➡ $\sin(\alpha)\sin(\beta) = \dfrac{1}{2}\{\cos(\alpha - \beta) - \cos(\alpha + \beta)\}$

② $\sin(\alpha \pm \beta) = \sin(\alpha)\cos(\beta) \pm \cos(\alpha)\sin(\beta)$

   ㉠ $\sin(\alpha + \beta) = \sin(\alpha)\,\cos(\beta) + \cos(\alpha)\,\sin(\beta)$

   ㉡ $\sin(\alpha - \beta) = \sin(\alpha)\,\cos(\beta) - \cos(\alpha)\,\sin(\beta)$

    두 수식을 더하고 빼면,

     ㉢ $\sin(\alpha + \beta) + \sin(\alpha - \beta) = 2\sin(\alpha)\cos(\beta)$

      ➡ $\sin(\alpha)\cos(\beta) = \dfrac{1}{2}\{\sin(\alpha + \beta) + \sin(\alpha - \beta)\}$

     ㉣ $\sin(\alpha + \beta) - \sin(\alpha - \beta) = 2\cos(\alpha)\sin(\beta)$

      ➡ $\cos(\alpha)\sin(\beta) = \dfrac{1}{2}\{\sin(\alpha + \beta) - \sin(\alpha - \beta)\}$

정현파의 위상차 및 위상순

1 전제조건

① 위상차를 구하려는 두 정현파의 각 주파수가 동일하다.

② 두 정현파 모두 sin 또는 cos 함수 중 하나로 통일되어 있다.

2 위상의 진상(앞섬, Lead)과 지상(뒤짐, Lag) ➡ (Peak에 도달하는 순서)

① 두 정현파의 위상차의 부호로 판단한다. 다음의 두 정현파를 고려하자.

$$v_1 = V_1 \cos(wt + \theta_1), \ v_2 = V_2 \cos(wt + \theta_2)$$

② $\theta_1 - \theta_2 > 0$인 경우

   ㉠ V_1이 V_2보다 $\theta_1 - \theta_2$만큼 위상이 앞선다(빠르다).

   ㉡ V_2이 V_1보다 $\theta_1 - \theta_2$만큼 위상이 뒤진다(느리다).

③ $\theta_1 - \theta_2 < 0$인 경우

   ㉠ V_1이 V_2보다 $|\theta_1 - \theta_2|$만큼 위상이 뒤진다(느리다).

   ㉡ V_2이 V_1보다 $|\theta_1 - \theta_2|$만큼 위상이 앞선다(빠르다).

④ 위상의 앞섬과 뒤짐은 상대적이다.

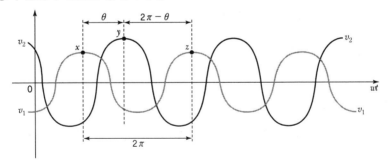

   ㉠ x점과 y점 비교 :

   ㉡ y점과 z점 비교 :

⑤ 일반적으로 위상의 앞섬, 뒤짐은 위상차 $\theta_1 - \theta_2$가 $-180° \sim 180°$의 값이 되도록 한 다음 판단한다. ($\theta_1 - \theta_2$을 구한 다음 360°를 적당히 더하거나 빼준다.)

   ㉠ $\theta_1 = 30°$, $\theta_2 = 90°$인 경우 :

   ㉡ $\theta_1 = 80°$, $\theta_2 = 20°$인 경우 :

1 교류의 벡터 표시

① 스칼라양 : 크기만으로 표시되는 양(길이, 온도, 속력)

② 벡터양 : 크기와 방향 등 2개 이상의 양으로 표시되는 값(힘, 속도)

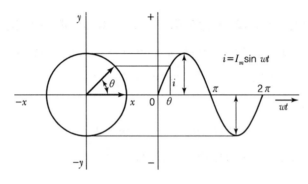

(a) 벡터 표시   (b) 순시값 표시

| 회전 벡터와 사인파 교류 |

③ 위상에 따른 sin파 작도

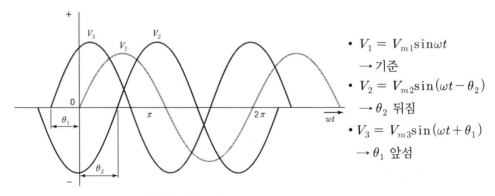

- $V_1 = V_{m1}\sin\omega t$
  → 기준
- $V_2 = V_{m2}\sin(\omega t - \theta_2)$
  → θ_2 뒤짐
- $V_3 = V_{m3}\sin(\omega t + \theta_1)$
  → θ_1 앞섬

| 위상차와 교류 표시 |

④ sin파의 벡터 표시법

$$v(t) = 14.14\sin(wt + 45°) = 10\sqrt{2}\sin(wt + 45°) = 10\sqrt{2}\angle 45° \Rightarrow 10\angle 45°$$

$$v_1(t) = V_{m1}\sin(wt + \theta_1) = V_1\sqrt{2}\sin(wt + \theta_1) = V_1\sqrt{2}\angle\theta_1 \Rightarrow V_1\angle\theta_1$$

$$v_2(t) = V_{m2}\sin(wt + \theta_2) = V_2\sqrt{2}\sin(wt + \theta_2) = V_2\sqrt{2}\angle\theta_2 \Rightarrow V_2\angle\theta_2$$

❷ 복소수 표현형식과 상호 변환

① 교류회로의 기호법 표시

$Z' = a + jb$ (직각좌표)

$Z' = Z \angle \theta$ (극좌표)

| 복소수와 벡터 |

② 직각좌표를 극좌표

$Z' = \sqrt{a^2 + b^2}$

$\theta = \tan^{-1} \dfrac{b}{a}$

③ 극좌표를 직각좌표

$A \angle \theta \quad \rightarrow \quad A(\cos \theta + j \sin \theta)$

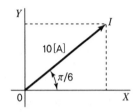

| 사인과 교류의 복소수 표시 |

④ 복소수의 사칙연산

$A' = a + jb \quad \rightarrow \quad A' = A \angle \theta_1$

$B' = c + jd \quad \rightarrow \quad B' = B \angle \theta_2$

㉠ 복소수의 합 : $A' + B' = (a + jb) + (c + jd) = (a + c) + j(b + d)$

㉡ 복소수의 차 : $A' - B' = (a + jb) - (c + jd) = (a - c) + j(b - d)$

㉢ 복소수의 곱셈 : $A' \times B' = (a + jb) \times (c + jd) = ac + jbc + jad + j^2 bd$

$$= (ac - bd) + j(bc + ad)$$

$$A \angle \theta_1 \times B \angle \theta_2 = A \times B \angle (\theta_1 + \theta_2)$$

㉣ 복소수의 나눗셈 : $\dfrac{A'}{B'} = \dfrac{a + jb}{c + jd} = \dfrac{(a + jb) \times (c - jb)}{(c + jd) \times (c - jd)}$

$$= \dfrac{ac + jbc - jad - j^2 bd}{c^2 + d^2}$$

$$= \dfrac{(ac + bd) + j(bc - ad)}{c^2 + d^2}$$

$$= \dfrac{(ac + bd)}{c^2 + d^2} + j\dfrac{(bc - ad)}{c^2 + d^2}$$

$$\dfrac{A'}{B'} = \dfrac{A \angle \theta_1}{B \angle \theta_2} = \dfrac{A}{B} \angle (\theta_1 - \theta_2)$$

❸ 오일러 공식(Euler's Formula)

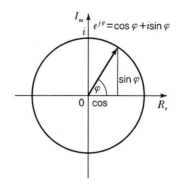

$$e^{jw_0 t} = \cos w_0 t + j\sin w_0 t$$

$$e^{-jw_0 t} = \cos w_0 t - j\sin w_0 t$$

두 수식을 더하고 빼면,

$$e^{jw_0 t} + e^{-jw_0 t} = 2\cos w_0 t$$

따라서, $\cos w_0 t = \dfrac{1}{2}(e^{jw_0 t} + e^{-jw_0 t})$

$$e^{jw_0 t} - e^{-jw_0 t} = j2\sin w_0 t$$

따라서, $\sin w_0 t = \dfrac{1}{j2}(e^{jw_0 t} - e^{-jw_0 t})$

❹ 다음의 복소수 표현법을 상호 변환하시오.

$A = 6 - j8$ $A' =$ $G = 8\angle 45°$ $G' =$

$B = 3\sqrt{3} + j3$ $B' =$ $H = 10\angle -60°$ $H' =$

$C = 5\sqrt{2} - j5\sqrt{2}$ $C' =$ $I = 20\angle 53°$ $I' =$

$D = 6 + j6\sqrt{3}$ $D' =$ $J = 15\angle -37°$ $J' =$

$E = 4 + j3$ $E' =$ $K = 5\angle 30°$ $K' =$

$F = -j10$ $F' =$ $L = 5\angle 90°$ $L' =$

CHAPTER 06

Phasor 해석법

1 Phasor

1) Phasor의 표현 방법

파동방정식의 일반해는 시간과 공간, 두 변수를 가지는 함수이다. 예를 들면, x축의 방향으로 서있고 z축의 방향으로 진행하는 Electric Wave가 있다면,

$$\vec{E}(z,\,t) = E_0 \cos{(wt - kz)}\,\widehat{a_x}$$

여기서, 파수(Wave Number)는 $k = \dfrac{2\pi}{\lambda}$ 이고, Wave가 λ만큼 진행하면 2π 만큼의 위상차가 난다. Euler'Sidentity에 따르면 Cosine 함수는 Exponential 함수의 Real Part만 취한 값이다. 그래서,

$$\vec{E}(z,\,t) = E_0 \cos{(wt - kz)}\,\widehat{a_x} \;=\; Re\left\{E_0\, e^{j(wt - kz)}\,\widehat{a_x}\right\}$$

라고 쓰고, 약속에 의해서 Real Part를 취하라는 함수를 생략하고서 간단하게 아래와 같이 사용한다.

$$\vec{E}(z,\,t) = E_0\, e^{j(wt - kz)}\,\widehat{a_x} = E_0\, e^{jwt}\, e^{-jkz}\,\widehat{a_x}$$

게다가, 일반적으로 다루는 모든 전자기파 문제는 단일 주파수에서 동작하는 정상상태(Steady State)를 가정한다. 그래서, 이제 e^{jwt} 도 약속에 따라 생략해서 사용할 수 있다.

$$\vec{E}(z) = E_0\, e^{-jkz}\,\widehat{a_x}$$

물론 시간의 함수라는 표시인 괄호 안의 t도 생략하고 이렇게 간략화한다. 이것을 Phasor Notation이라고 한다. 이제 $\vec{E}(z)$ 함수를 보여주고 시간과 공간의 함수로 고쳐 쓰라고 하면 $\vec{E}(z,\,t)$로 고쳐 쓸 수 있어야 한다.

2) Phasor의 이용방법

① 시정현계에서는 스칼라 페이저(Phasor) 표기법을 사용하는 것이 편리
② Phasor : sine이나 cosine 같은 정현함수를 극좌표의 형태로 표현
　→ 장점 : 미분 또는 적분의 처리가 용이하고, sine과 cosine의 복합연산이 편리하다.

③ 다음 인가전압을 페이서로 표현

$$v(t) = V_0 \cos \omega t = Re\left[(V_0 e^{j0})e^{j\omega t}\right]$$
$$= Re\left[V_s e^{j\omega t}\right]$$

여기서, V_0 : 진폭

ω : 각 주파수

$$V_s = V_0 e^{j0} = V_0$$

여기서, V_s : 진폭과 위상정보를 포함하고
시간에는 무관한 스칼라페이저

3) 시정현계의 표현방법

① 페이저(Phasor)는 정현함수의 크기와 위상을 나타내는 극좌표 형태로 표현된 복소량

② 위상각은 라디안 또는 각도로 표현함. 각도로 표현할 때는 각도 부호(°)를 꼭 기입

③ j를 포함하는 항을 순시(시간)함수와 함께 섞어 사용하면 안 됨

→ 잘못된 표현 : $j\cos \omega t$, $e^{j\phi}\sin \omega t$, $(1-j)i(t)$

≫ 예제 ❶

문제 코사인 기준으로 다음 전류 함수의 페이저 표현 I_s를 나타내시오.

① $i(t) = -I_0 \cos(\omega t - 30°)$

② $i(t) = I_0 \sin(\omega t + 0.2\pi)$

풀이

코사인 기준을 쓰면 $i(t) = Re\left[I_s e^{j\omega t}\right]$

① $i(t) = -I_0 \cos(wt - 30°)$

$\quad = Re\left[(-I_0 e^{-j30°})e^{j\omega t}\right]$

따라서,

$$I_s = -I_0 e^{-j30°} = -I_0 e^{-j\frac{\pi}{6}}$$
$$= I_0 e^{+j\frac{5\pi}{6}}$$

② $i(t) = I_0 \sin(\omega t + 0.2\pi)$

$\quad = Re\left[(I_0 e^{j0.2\pi})e^{-j\frac{\pi}{2}} \cdot e^{j\omega t}\right]$

여기서, $\sin \omega t$의 위상은 $\cos \omega t$보다 90° 늦기 때문에 $e^{-j\frac{\pi}{2}}$가 필요하다.

$$I_s = (I_0 e^{j0.2\pi})e^{-j\frac{\pi}{2}}$$
$$= I_0 e^{-j0.3\pi}$$

페이저는 시간의 함수가 아니다. 순시함수는 복소수를 포함할 수 없다.

≫ 예제 ❷

문제 코사인 기준으로 다음의 페이저를 순시값 표현 $v(t)$로 나타내어라.

① $V_s = V_0 e^{j\frac{\pi}{4}}$

② $V_s = 3 - j4$

풀이

① $V(t) = Re\left[V_s e^{j\omega t}\right] = Re\left[\left(V_0 e^{j\frac{\pi}{4}}\right)e^{j\omega t}\right]$

$\quad = V_0 \cos\left(\omega t + \dfrac{\pi}{4}\right)$

② $V_s = 3 - j4 = \sqrt{3^2 + 4^2}\, e^{j\tan^{-1}\left(-\frac{4}{3}\right)} = 5e^{-j53.1°}$

따라서,

$V(t) = Re\left[(5e^{-j53.1°})e^{j\omega t}\right] = 5\cos(\omega t - 53.1°)$

② 페이저의 표현법

① 정현파를 그 진폭과 위상으로 정의되는 복소수로 나타낸 것

② cos함수 : 복소 지수 함수의 실수부로 파악

$v(t) = V\cos(wt + \theta) = Re\left[V\cos(wt+\theta) + jV\sin(wt+\theta)\right]$

$\quad = Re\left[Ve^{j(wt+\theta)}\right] = Re\left[Ve^{j\theta}e^{jwt}\right] = Re\left[V\angle\theta e^{jwt}\right]$

$\quad = Re\left[Ve^{jwt}\right]$

③ sin함수 : 복소 지수 함수의 허수부로 파악

$v(t) = V\sin(wt + \theta) = Im\left[V\cos(wt+\theta) + jV\sin(wt+\theta)\right]$

$\quad = Im\left[Ve^{j(wt+\theta)}\right] = Im\left[Ve^{j\theta}e^{jwt}\right] = Im\left[V\angle\theta e^{jwt}\right]$

$\quad = Im\left[Ve^{jwt}\right]$

$v(t)$의 Phasor ➡ $V = V\angle\theta = V\cos\theta + jV\sin\theta$

④ 정현파의 진폭은 Phasor의 크기이며 정현파의 위상각은 Phasor의 각도이다.

3 정현파 전원을 인가할 때 적용

① 미분방정식의 강제응답을 간단하게 구할 수 있다.(Phasor 해석은 근본적으로 정현파 입력에 대한 강제응답을 구하는 것이다.)

② 고유응답이 0으로 수렴하면 정상상태응답도 구할 수 있다.('강제응답＝상태응답'이 성립하기 때문)

4 Phasor 해석순서

① Phasor 회로를 그린다.

ㄱ 전원은 Phasor로 표시(대부분 직각좌표형식으로 표시)

ㄴ $R \rightarrow R,\ L \rightarrow jwL,\ C \rightarrow \dfrac{1}{jwC}$로 바꾸어준다.

② 절점(Node)전압 또는 망로(Mesh)전류를 미지수로 잡는다.(Phasor는 볼드체로 표시 − 시간영역과 구별)

③ 절점(Node)해석법 또는 망로(Mesh)해석법과 동일한 방법으로 회로방정식을 세운다.(연립방정식의 계수가 복소수라는 점을 제외하면 저항회로와 아무런 차이 없음)

④ ③의 방정식을 푼다.(방정식을 풀어서 구한 전압, 전류는 직각좌표형식으로 표현됨)

⑤ 시간함수로 복원하기 전 ④의 결과를 극좌표형식으로 변환한다.

⑥ ⑤의 결과를 이용하여 시간함수를 복원한다.(sin, cos에 주의)

RLC소자 전압전류 Phasor

다음 2단자 소자의 전압, 전류가 정현파일 때 전압, 전류 Phasor V, I의 관계식은?

$$\nu = V\cos(wt + \phi_V) \quad \Rightarrow \quad V = V\angle \phi_V$$

$$i = I\cos(wt + \phi_I) \quad \Rightarrow \quad I = I\angle \phi_I$$

	전압/전류의 진폭과 위상관계	전압/전류의 Phasor 관계
R	$v = Ri$ $V\cos(wt + \phi_V) = RI\cos(wt + \phi_I)$ $V = RI$ $\phi_V = \phi_I$	$\begin{aligned}V = V\angle\phi_V &= RI\angle\phi_I\\&= R\cdot I\angle\phi_I\\&= RI\end{aligned}$ $V = RI$
L	① $v = L\dfrac{di}{dt}$ ② $V\cos(wt+\phi_V) = -wLI\sin(wt+\phi_I)$ 　$\rightarrow V\cos(wt+\phi_V) = wLI\cos(wt+\phi_I+90°)$ ③ $V = wLI$ ④ $\phi_V = \phi_I + 90°$	$\begin{aligned}V = V\angle\phi_V \qquad\quad V &= jwLI\\= wLI\angle(\phi_I+90°)&\\= wLIe^{j(\phi_I+90°)}&\\= wLIe^{j90°}e^{j\phi_I}&\\= jwLI\angle\phi_I&\\= jwL\cdot I\angle\phi_I&\\= jwLI&\end{aligned}$ $V = jwLI$
C	① $i = C\dfrac{dv}{dt}$ ② $I\cos(wt+\phi_I) = -wCV\sin(wt+\phi_V)$ 　$\rightarrow I\cos(wt+\phi_I) = wCV\cos(wt+\phi_V+90°)$ ③ $V = \dfrac{1}{wC}I$ ④ $\phi_V = \phi_I - 90°$	$\begin{aligned}V = V&\angle\phi_V\\&= \frac{1}{wC}I\angle(\phi_I-90°)\\&= \frac{1}{wC}Ie^{j(\phi_I-90°)}\\&= \frac{-j}{wC}I\angle\phi_I\\&= \frac{1}{jwC}\cdot I\angle\phi_I\\&= \frac{1}{jwC}I\end{aligned}$ $V = \dfrac{1}{jwC}I$

CHAPTER 08 임피던스(Impedance)

1 정의

저항을 복소수 영역까지 확장한 개념

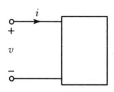

① 임의의 2단자 소자의 단자전압, 전류가 $v = V\cos(wt + \phi_V)[V]$, $i = I\cos(wt + \phi_I)[A]$ 일 때 그 임피던스 Z는 다음과 같이 정의된다.

$$Z = \frac{\text{단자전압페이저}}{\text{단자전류페이저}} = \frac{V}{I} = \frac{V \angle \phi_V}{I \angle \phi_I} = \frac{V}{I} \angle (\phi_V - \phi_I)[\Omega]$$

② 임피던스의 크기 $|Z| = \dfrac{V}{I}$, 임피던스의 위상 $\angle Z = (\phi_V - \phi_I)$ 이다.

③ R, L, C 소자의 임피던스는 다음과 같다.(주파수 ω의 정현파 인가 시)

2 저항, 리액턴스

임피던스를 사각좌표형식으로 표시하면 다음과 같다.
$Z = R + jX[\Omega]$
R을 저항, X를 리액턴스라고 하며 모두 옴[Ω]의 단위를 가진다.

3 어드미턴스, 컨덕턴스, 서셉턴스

① 임피던스의 역수를 어드미턴스라고 하며 Y로 표시한다. 즉 $Y = \dfrac{1}{Z}$ 이다.

② 어드미턴스를 사각좌표형식으로 표시하면 $Y = G + jB[S]$인데 G를 컨덕턴스, B를 서셉턴스라고 하며 모두 지멘스[S]의 단위를 가진다.

4 임피던스의 이점

① 저항, 커패시턴스, 인덕턴스는 그 자체로는 서로 더하거나 뺄 수 없지만 각각의 임피던스끼리는 서로 더하거나 뺄 수 있다. 마치 저항끼리 서로 더할 수 있는 것과 마찬가지이다.

② 따라서 직렬 또는 병렬연결된 저항, 커패시터, 인덕터의 임피던스에 대한 등가임피던스 계산이 가능하다.

5 주의점

직, 병렬연결 커패시터의 합성 임피던스 계산은 직·병렬연결 저항처럼 구한다.

* $\dfrac{v}{i}$ → 시간에 따라 변화를 한다는 의미가 나타남

* $\dfrac{V}{I}$ → 시간에 무관한 관계를 나타냄

* Phasor 형식으로 표현하면, 표현하기 전의 RLC는 각각 단위가 다른 형식이지만, Phasor 표현식을 적용을 하게 되면, RLC 소자 모두 단위가 [Ω]으로 변경됨

● 실전문제   E L E C T R I C   E L E C T R O N I C S

01 전계의 페이저가 $\overrightarrow{E_s} = 5e^{j2x}\overrightarrow{a_z}$[V/m]로 주어질 때, 시간영역에서의 전계 $\overrightarrow{E}$[V/m]는?(단, 전계의 각속도와 시간은 각각 ω와 t로 나타낸다.)

① $5\sin(\omega t + j2x)\overrightarrow{a_z}$
② $5\sin(\omega t + 2x)\overrightarrow{a_z}$
③ $5\cos(\omega t + j2x)\overrightarrow{a_z}$
④ $5\cos(\omega t + 2x)\overrightarrow{a_z}$

02 다음 정현파 전류를 복소수로 표현한 것 중에 옳은 것은?   18년 국회직 9급

$$i(t) = 10\sqrt{2}\cos\left(\omega t + \frac{\pi}{3}\right)$$

① $5\sqrt{2} + j5\sqrt{6}$
② $5\sqrt{3} + j5\sqrt{6}$
③ $5\sqrt{3} + j5$
④ $5\sqrt{6} + j5\sqrt{2}$
⑤ $10 + j10\sqrt{2}$

03 1개의 노드에 연결된 3개의 전류가 다음과 같을 때 전류 I[A]는?   20년 서울시 9급

① -5[A]
② 5[A]
③ $5 - j5$[A]
④ $5 + j5$[A]

04 교류회로의 전압 $\dot{V}$와 전류 $\dot{I}$가 다음 벡터도와 같이 주어졌을 때, 임피던스 $\dot{Z}$[Ω]는?

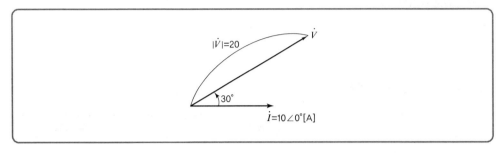

① $\sqrt{3} - j$　　　② $\sqrt{3} + j$　　　③ $1 + j\sqrt{3}$　　　④ $1 - j\sqrt{3}$

05 다음과 같은 회로에서 $v(t) = 10\cos(\omega t + 60°)$[V]이고 $Z = 5 \angle 30°$[Ω]이다. 전류 $i(t)$[A]의 식을 시간의 함수로 나타내면 옳은 것은?　　　15년 국회직 9급

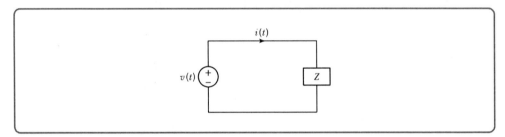

① $i(t) = \dfrac{1}{2}\cos(\omega t - 30°)$　　　　② $i(t) = 2\cos(\omega t + 30°)$

③ $i(t) = \dfrac{1}{2}\cos(\omega t - 90°)$　　　　④ $i(t) = 2\cos(\omega t + 90°)$

⑤ $i(t) = \dfrac{1}{2}\cos(\omega t + 60°)$

06 $I = 5\sqrt{3} + j5$[A]로 표시되는 교류전류의 극좌표로 옳은 것은?

① $10 \angle 30°$　　　② $10 \angle 60°$　　　③ $20 \angle 30°$　　　④ $20 \angle 60°$

RLC 회로의 특성

1 R, L, C 소자의 특징

	직류회로	교류회로
R		
L		
C		

① 순수한 저항만의 회로

(주파수에 따른 임피던스의 변화는 없다. 리액턴스가 없다.)

R : 저항

② 순수한 콘덴서만의 회로

(주파수에 따른 리액턴스 특성곡선)

X_C : 용량 리액턴스

$$X_C = \frac{1}{jwC} = -j\frac{1}{wC} = -j\frac{1}{2\pi f C}[\Omega]$$

$X_C \propto \dfrac{1}{f}$: 주파수와 용량성 리액턴스는 반비례 관계이다.

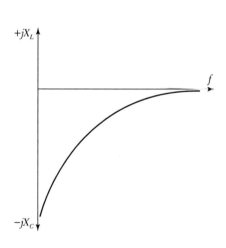

③ 순수한 코일만의 회로

(주파수에 따른 리액턴스 특성곡선)

X_L : 유도 리액턴스

$$X_L = +jwL = +j\ 2\pi f L[\Omega]$$

$X_L \propto f$: 주파수와 유도성 리액턴스는 비례 관계이다.

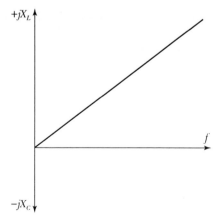

2 R, L, C 회로의 위상관계

$$v(t) = 100\sqrt{2}\sin(wt) = 100\angle 0°$$

① 순수한 저항만의 회로

$$R = 10[\Omega] = 10\angle 0°$$

$$i = \frac{V}{R} = \frac{100\angle 0°}{10\angle 0°} = 10\angle 0°$$

$$\to I, \ V동상$$

② 순수한 코일만의 회로

$$X_L = 10[\Omega] = 10\angle 90°$$

$$i = \frac{V}{X_L} = \frac{100\angle 0°}{10\angle 90°} = 10\angle -90°$$

$$\to I가 \ V보다 \ 90° \ 늦다.$$

③ 순수한 콘덴서만의 회로

$$X_C = 10[\Omega] = 10\angle -90°$$

$$i = \frac{V}{X_C} = \frac{100\angle 0°}{10\angle -90°} = 10\angle 90°$$

$$\to I가 \ V보다 \ 90° \ 빠르다.$$

3 교류회로의 여러 가지 정수들

$$Z = R + jX \quad :: \quad Y = G + jB$$

Z : 임피던스(Impedance)   : $\frac{1}{Z} = Y$: 어드미턴스(Admittance)

R : 저항(Resistor)   : $\frac{1}{R} = G$: 컨덕턴스(Conductance)

X : 리액턴스(Reactance)   : $\frac{1}{X} = B$: 서셉턴스(Susceptance)

● 실전문제 ELECTRIC ELECTRONICS

01 $L = 20[\text{mH}]$ 이고 주파수가 1,000[Hz]일 때, L의 리액턴스는 얼마인가?

① $10\pi[\Omega]$

② $20\pi[\Omega]$

③ $30\pi[\Omega]$

④ $40\pi[\Omega]$

⑤ $60\pi[\Omega]$

02 다음 회로가 정상상태에 도달하였을 때, 저항 2[Ω]을 통해 흐르는 전류값[A]은?(단, 10[V]는 직류전원이다.) 　　　　　　　　　　　　　　　　　　　　　　　09년 지방직 9급

① 2

② 0

③ 1

④ 5

03 저항, 인덕터, 커패시터에 관한 설명 중 옳지 않은 것은? 　　　　　　　09년 국회직 9급

① 저항은 전력을 소모하는 소자이다.

② 인덕터는 자기장에 에너지를 저장한다.

③ 커패시터는 전기장에 에너지를 저장한다.

④ 커패시터에 흐르는 전류 파형은 불연속일 수 있다.

⑤ 인덕터에 흐르는 전류 파형은 불연속일 수 있다.

정답 **01** ④ **02** ② **03** ⑤

04 저항 $R = 2[\Omega]$과 인덕턴스가 $L = 2[H]$인 코일이 직렬로 연결된 회로에 각 주파수 $\omega = 1[rad/s]$의 교류전압을 넣었을 때 이 회로에 흐르는 전류 페이저의 위상은?

① $30°$ ② $-30°$ ③ $45°$ ④ $-45°$

⑤ $90°$

05 다음에 설명하는 관계가 잘못된 것은 무엇인가?

① 고유저항(ρ)의 역수는 도전율(σ)이다.

② 임피던스(Z)의 역수는 어드미턴스(Y)이다.

③ 리액턴스(X)의 역수는 서셉턴스(B)이다.

④ 주기(T)의 역수는 주파수(f)이다.

⑤ 인턱턴스(L)의 역수는 컨덕턴스(G)이다.

06 커패시터와 인덕터의 특징을 설명한 것으로 옳지 않은 것은?   09년 국가직 9급

① 커패시터와 인덕터는 전기에너지 저장능력을 가진 소자이다.

② DC 정상상태에서 커패시터는 개방회로처럼 보이고 인덕터는 단락회로처럼 보인다.

③ 실제의 커패시터와 인덕터에는 누설전류가 존재한다.

④ 커패시터 양단의 전압은 커패시터에 흐르는 전류의 변화율에 비례한다.

07 이상적인 코일에 220[V], 60[Hz]의 교류전압을 인가하면 10[A]의 전류가 흐른다. 이 코일의 리액턴스는?   15년 국가직 9급

① $58.38[mH]$ ② $58.38[\Omega]$ ③ $22[mH]$ ④ $22[\Omega]$

08 교류회로에서 커패시터와 인덕터의 특성을 〈보기〉에서 옳은 것을 모두 고르면?

15년 국회직 9급

> ㄱ. 커패시터 양단에 걸리는 전압의 시간에 따른 변화가 커지면 커패시터에 흐르는 전류도 비례하여 커진다.
> ㄴ. 커패시터의 용량성 리액턴스의 크기는 커패시턴스가 커질수록 증가한다.
> ㄷ. 두 개의 인덕터가 병렬로 연결되면 전체 인덕턴스는 각각의 인덕턴스의 합과 같다.
> ㄹ. 인덕터의 유도성 리액턴스는 주파수가 높아질수록, 인덕턴스가 증가할수록 증가한다.

① ㄱ, ㄴ   ② ㄱ, ㄷ   ③ ㄱ, ㄹ   ④ ㄴ, ㄷ

정답 04 ④ 05 ⑤ 06 ④ 07 ④ 08 ③

09 교류 전원의 진동수(주파수)가 증가할 때, 회로에 흐르는 실효 전류가 감소하게 되는 것만을 모두 고른 것은?(단, 교류 전원의 실효 전압은 일정하다.)

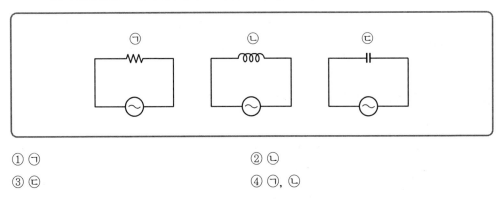

① ㉠　　　　　　　　　　　　　② ㉡

③ ㉢　　　　　　　　　　　　　④ ㉠, ㉡

10 다음 설명에서 옳은 것만을 모두 고르면?　　　　　　　　　23년 지방직 9급

> ㄱ. 용량성 리액턴스는 전류에 비례한다.
> ㄴ. 용량성 리액턴스는 주파수에 비례한다.
> ㄷ. 용량성 리액턴스에는 에너지의 손실이 없다.
> ㄹ. 용량성 리액턴스는 커패시턴스에 반비례한다.

① ㄱ, ㄴ　　　　　　　　　　　② ㄱ, ㄹ

③ ㄴ, ㄷ　　　　　　　　　　　④ ㄷ, ㄹ

11 커패시터만의 교류회로에 대한 설명으로 옳지 않은 것은?

① 전압과 전류는 동일 주파수이다.

② 전류는 전압보다 위상이 $\frac{\pi}{2}$ 앞선다.

③ 전압과 전류의 실횻값의 비는 1이다.

④ 정전기에서 커패시터에 축적된 전하는 전압에 비례한다.

12 정전용량이 $C[\mathrm{F}]$인 커패시터만으로 구성된 회로에 교류 전압 $v(t) = \sqrt{2}\,V\sin\omega t[\mathrm{V}]$를 인가하였다. 이에 대한 설명으로 옳은 것은? 22년 지방직(경력) 9급

① 용량 리액턴스는 $\omega C[\Omega]$이다.

② 전압과 전류의 위상차는 $\pi[\mathrm{rad}]$이다.

③ 전압이 전류보다 앞선 파형이 발생한다.

④ 커패시터에 흐르는 전류의 실횻값은 $\omega CV[\mathrm{A}]$이다.

13 $10[\Omega]$의 리액턴스 값을 가진 커패시터 C만의 교류 회로에 $i = 5\sin(\omega t + 30°)[\mathrm{A}]$의 전류가 흘렀다면 회로에 인가 해준 전압 $v[\mathrm{V}]$는? 22년 서울시(고졸) 9급

① $2\sin(\omega t - 60°)$

② $2\sin(\omega t + 120°)$

③ $50\sin(\omega t - 60°)$

④ $50\sin(\omega t + 120°)$

RLC 직렬회로

■1 R, L, C 직렬회로의 위상 및 리액턴스 특성해석

① RL 회로

$$Z' = R + j X_L = Z \angle \theta$$

$$|Z| = \sqrt{R^2 + X_L^2} \quad ; \quad \theta = \tan^{-1} \frac{X_L}{R}$$

$$I = \frac{V}{Z'} = \frac{V \angle 0°}{Z \angle \theta} = \frac{V}{Z} \angle (0° - \theta) = \frac{V}{Z} \angle (-\theta)$$

전류는 전압보다 θ만큼 뒤진다.

② RC 회로

$$Z' = R + j X_C = Z \angle -\theta$$

$$|Z| = \sqrt{R^2 + X_C^2} \quad ;; \quad \theta = \tan^{-1} \frac{X_C}{R}$$

$$I = \frac{V}{Z'} = \frac{V \angle 0°}{Z \angle -\theta} = \frac{V}{Z} \angle (0° + \theta) = \frac{V}{Z} \angle (\theta)$$

전류는 전압보다 θ만큼 앞선다.

③ RLC 회로

$$Z' = R + j (X_L - X_C) = Z \angle \theta$$

$$|Z| = \sqrt{R^2 + (X_L - X_C)^2} \quad ;; \quad \theta = \tan^{-1} \frac{(X_L - X_C)}{R}$$

$$I = \frac{V}{Z'} = \frac{V \angle 0°}{Z \angle \theta} = \frac{V}{Z} \angle (0° - \theta) = \frac{V}{Z} \angle (-\theta)$$

④ RLC 회로의 전압의 위상관계

| RLC 회로의 전압 강하 |

(a)

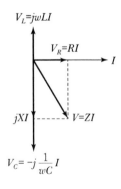

(b) $\omega L < \dfrac{1}{\omega C}$

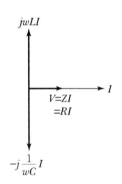

(c) $\omega L = \dfrac{1}{\omega C}$

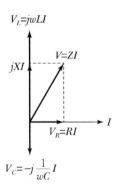

(d) $\omega L > \dfrac{1}{\omega C}$

| RLC 직렬회로의 페이저도 |

⑤ RLC 직렬회로의 주파수에 따른 리액턴스 특성

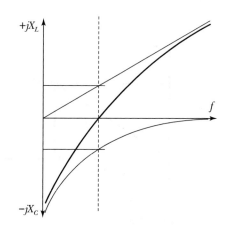

㉠ $X_L = X_C$ :: 순수한 저항성분만 남는다.(R만의 회로)

㉡ $X_L > X_C$ :: 유도성 리액턴스과 저항이 남는다.(RL 회로)

㉢ $X_L < X_C$ :: 용량성 리액턴스과 저항이 남는다.(RC 회로)

따라서 주파수가 변화하면 RLC 직렬회로는 R만의 회로도 될 수 있고, RL 회로가 될 수도 있고, RC 회로가 될 수도 있다. 주파수에 따른 리액턴스 특성을 바르게 이해하는 것이 전자공학을 공부하는 기본이 된다. 정확한 이해가 필요한 부분이다.

● 실전문제 ELECTRIC ELECTRONICS

01 RL 직렬회로에 $v(t) = 100\sin(10^4 t + \theta_1)$[V]의 전압을 가할 때 $i(t) = 20\sin(10^4 t + \theta_2)$ [A]의 전류가 흘렀다. $R = 3$[Ω] 일 때 인덕턴스 L의 값은?

① $L = 4$[mH]   ② $L = 40$[mH]   ③ $L = 0.4$[mH]   ④ $L = 0.04$[mH]

02 저항 R[Ω], 리액턴스 X[Ω]과의 직렬회로에서 $X/R = 1/\sqrt{2}$ 일 때의 회로역률은 얼마인가?

① $\dfrac{\sqrt{3}}{2}$ ② $\dfrac{1}{2}$ ③ $\dfrac{\sqrt{2}}{\sqrt{3}}$ ④ $\dfrac{1}{\sqrt{3}}$

03 역률이 0.5인 RL 직렬회로에 전압과 전류의 위상차는 몇 도인가?

① 0°   ② 45°   ③ 60°   ④ 90°

04 다음 RLC 직렬회로에서 역률(Power Factor)은?($R = 30$[Ω], $X_L = 75$[Ω], $X_C = 35$[Ω])

① 0.5   ② 0.6   ③ 0.707   ④ 0.8

05 그림과 같은 직렬회로에서 각 소자의 전압이 그림과 같다면 a, b 양단에 인가한 교류전압은 몇 [V]인가?

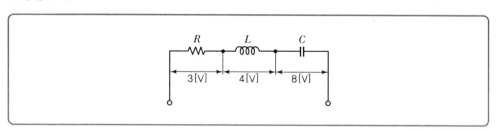

① 2.5   ② 7.5   ③ 5   ④ 10

06 $Z = 6 - j\,8\,[\Omega]$의 임피던스는 일반적으로 어떤 회로이며, 역률은 얼마인가?

① RL 직렬회로, $\cos\theta = 0.6$

② RC 직렬회로, $\cos\theta = 0.6$

③ RL 직렬회로, $\cos\theta = 0.8$

④ RC 직렬회로, $\cos\theta = 0.8$

07 어떤 소자에 전압 $v = 125 \sin 377t$ [V]를 인가하니 전류 $i = 50 \cos 377t$ [V]가 흘렀다. 이 소자는 무엇인가?

① 순저항   ② 저항과 용량 리액턴스

③ 용량 리액턴스   ④ 유도 리액턴스

08 콘덴서만의 회로에서 전압과 전류 사이의 위상 관계는?

① 전압이 전류보다 180° 앞선다.

② 전압이 전류보다 180° 뒤진다.

③ 전압이 전류보다 90° 앞선다.

④ 전압이 전류보다 90° 뒤진다.

09 인덕터 L과 커패시터 C가 직렬로 연결된 회로에 교류전압 $v(t) = V_m \sin\omega t$[V]을 인가할 경우 옳은 설명은?   21년 지방직(경력) 9급

① $\omega L < \dfrac{1}{\omega C}$이면 유도성 회로가 된다.

② $\omega L > \dfrac{1}{\omega C}$이면 전류가 전압보다 위상이 뒤진다.

③ $\omega L = \dfrac{1}{\omega C}$이면 최대의 합성 임피던스 값을 나타낸다.

④ 합성 임피던스의 크기는 ωL과 $\dfrac{1}{\omega C}$를 합한 값에 해당한다.

정답 **06** ② **07** ③ **08** ④ **09** ②

10 그림과 같이 실효 전압 $V = 100\,[\text{V}]$, 저항 $R = 100\,[\Omega]$이고 코일 $L = 25\,[\text{mH}]$, 커패시터 $C = 10\,[\mu\text{F}]$일 때, 전류값이 최대가 되는 조건의 주파수 $f\,[\text{kHz}]$와 최대 전류 $I[\text{A}]$의 실효치를 순서대로 바르게 나열한 것은?

	[kHz]	[A]		[kHz]	[A]
①	$\dfrac{1}{\pi}$	1	②	$\dfrac{100}{\pi}$	3
③	$\dfrac{100}{\pi}$	1	④	$\dfrac{1000}{\pi}$	3

11 그림과 같은 $R - L - C$ 직렬회로에서 교류전압 $v(t) = 100\sin(\omega t)\,[\text{V}]$를 인가했을 때, 주파수를 변화시켜서 얻을 수 있는 전류 $i(t)$의 최댓값[A]은?(단, 회로는 정상상태로 동작하며, $R = 20\,[\Omega]$, $L = 10\,[\text{mH}]$, $C = 20\,[\mu\text{F}]$이다.)

22년 지방직 9급

① 0.5
② 1
③ 5
④ 10

12 다음 회로가 정상상태에 도달하였을 때, 2[Ω]의 저항을 통해 흐르는 전류 I[A]는?

08년 국가직 9급

① 1   ② 2

③ 3   ④ 4

13 $R-L$ 직렬회로에 100[V]의 직류전압을 가하면 2.5[A]의 전류가 흐르고, 60[Hz], 100[V]의 교류전압을 가하면 전류가 2[A]일 때, 유도리액턴스 X_L[Ω]은?

① 10   ② 20   ③ 30   ④ 40

14 다음은 직렬 RL회로이다. $v(t) = 10\cos(\omega t + 40°)$[V]이고, $i(t) = 2\cos(\omega t + 10°)$[mA]일 때, 저항 R과 인덕턴스 L은?(단, $\omega = 2 \times 10^6$ [rad/sec]이다.)

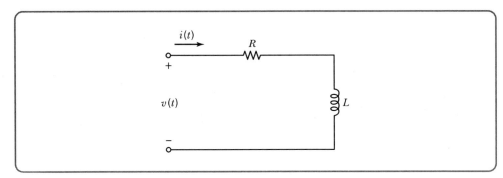

	R [Ω]	L [mH]		R [Ω]	L [mH]
①	$2,500\sqrt{3}$	1.25	②	$2,500$	1.25
③	$2,500\sqrt{3}$	12.5	④	$2,500$	12.5

정답 **12** ②   **13** ③   **14** ①

15 RL 직렬회로에서 전원 $v(t)$를 인가하였을 때 회로에 흐르는 전류 $i(t)$가 그림과 같이 측정되었다. 이 때 $R[\Omega]$ 및 $L[\text{mH}]$의 값으로 가장 가까운 것은?

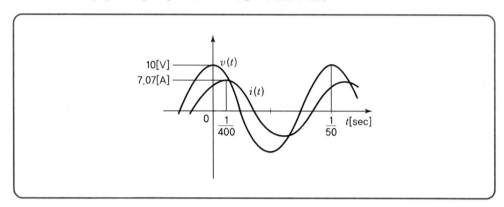

	R	L			R	L
①	1	2.2		②	1	3.2
③	1.4	2.2		④	1.4	3.2

16 그림의 회로에서 전류 $I[\text{A}]$의 크기가 최대가 되기 위한 X_o에 대한 소자의 종류와 크기는? (단, $v(t) = 100\sqrt{2}\sin 100t[\text{V}]$이다.)

	소자의 종류	소자의 크기
①	인덕터	50[mH]
②	인덕터	100[mH]
③	커패시터	1,000[μF]
④	커패시터	2,000[μF]

정답 **15** ② **16** ①

RLC 병렬회로

■1■ RLC 병렬회로 위상과 리액턴스 관계

① RL 회로

$$i = i_R + i_L = \frac{V}{R} + \frac{V}{X_L} = V\left(\frac{1}{R} + \frac{1}{X_L}\right) = VY \text{ (여기서, Y=admittance)}$$

$$Y = \frac{1}{R} + \frac{1}{jwL} = \frac{1}{R} - j\frac{1}{wL}$$

$$= \sqrt{\left(\frac{1}{R}\right)^2 + \left(\frac{1}{wL}\right)^2} \angle -\tan^{-1}\left(\frac{\frac{1}{wL}}{\frac{1}{R}}\right)$$

$$= \sqrt{\left(\frac{1}{R}\right)^2 + \left(\frac{1}{wL}\right)^2} \angle -\tan^{-1}\left(\frac{R}{wL}\right)$$

따라서, Y의 위상이 −값이므로, 전압보다 전류가 늦다.

<역률>

$$\cos\theta = \frac{\frac{1}{R}}{Y} = \frac{\frac{1}{R}}{\frac{1}{R} + \frac{1}{jwL}} = \frac{R \times jwL}{R(R + jwL)} = \frac{jwL}{R + jwL} = \frac{X_L}{|Z|} = \frac{wL}{\sqrt{R^2 + (wL)^2}}$$

② RC 회로

$$i = i_R + i_C = \frac{V}{R} + \frac{V}{X_C} = V\left(\frac{1}{R} + \frac{1}{X_C}\right) = VY \text{ (여기서, } Y : \text{Admittance)}$$

$$Y = \frac{1}{R} + \frac{1}{\frac{1}{jwC}} = \frac{1}{R} + jwC$$

$$= \sqrt{\left(\frac{1}{R}\right)^2 + (wC)^2} \angle \tan^{-1}\left(\frac{wC}{\frac{1}{R}}\right)$$

$$= \sqrt{\left(\frac{1}{R}\right)^2 + (wC)^2} \angle \tan^{-1}(wCR)$$

따라서, Y의 위상이 +값이므로, 전압보다 전류가 빠르다.

<역률>

$$\cos \theta = \frac{\dfrac{1}{R}}{Y} = \frac{\dfrac{1}{R}}{\dfrac{1}{R}+jwC} = \frac{1}{1+jwCR} = \frac{\dfrac{1}{jwC}}{R+\dfrac{1}{jwC}} = \frac{X_C}{|Z|} = \frac{\dfrac{1}{wC}}{\sqrt{R^2+\left(\dfrac{1}{wC}\right)^2}}$$

③ RLC 회로

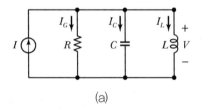

$$i = i_R + i_L + i_c = \frac{V}{R} + \frac{V}{X_L} + \frac{V}{X_C} = V\left(\frac{1}{R} + \frac{1}{X_L} + \frac{1}{X_C}\right) = VY$$

(여기서, Y : admittance)

④ RLC 병렬회로의 전류의 위상관계

(a)

(b) $\omega C < \dfrac{1}{\omega L}$ (c) $\omega C = \dfrac{1}{\omega L}$ (d) $\omega C > \dfrac{1}{\omega L}$

| RLC 병렬회로의 페이저도 |

⑤ RLC 병렬회로의 주파수에 따른 리액턴스 특성

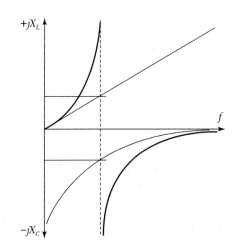

㉠ $X_L = X_C$ ∷ 저항으로 흐르는 전류 성분만 흐른다.(R만의 회로)

㉡ $X_L > X_C$ ∷ 용량성 리액턴스로 흐르는 전류 성분만 흐른다.(RC 회로)

㉢ $X_L < X_C$ ∷ 유도성 리액턴스로 흐르는 전류 성분만 흐른다.(RL 회로)

2 직렬공진과 병렬공진

공진

공진조건 ∷ $X_L = X_C \rightarrow wL = \dfrac{1}{wC} \rightarrow w^2 = \dfrac{1}{LC} \rightarrow w = \dfrac{1}{\sqrt{LC}} \rightarrow f_0 = \dfrac{1}{2\pi\sqrt{LC}}$

	직렬공진	병렬공진
공진조건	∷ $X_L = X_C$	∷ $X_L = X_C$
공진 주파수	$f_0 = \dfrac{1}{2\pi\sqrt{LC}}$	$f_0 = \dfrac{1}{2\pi\sqrt{LC}}$
공진 시 리액터스 값	$X = 0$	$X = \infty$
공진 시 임피던스 값	$Z = $ 최소	$Z = $ 최대
공진 시 전류	$I = $ 최대	$I = $ 최소

●실전문제 E L E C T R I C   E L E C T R O N I C S

01 RLC 직렬 공진회로와 RLC 병렬 공진회로의 특징을 설명한 것으로 옳지 않은 것은?

08년 국가직 9급

① 직렬 공진회로의 경우에 용량성(Capacitive) 리액턴스가 유도성(Inductive) 리액턴스보다 크면 전체 리액턴스 성분의 값은 음(−)이 된다.

② 전압원으로 구동되는 직렬 공진회로의 경우에 공진 주파수에서 전류가 최대가 된다.

③ 전류원으로 구동되는 병렬 공진회로의 경우에 공진 주파수에서 어드미턴스가 최대가 된다.

④ 공진회로의 대역폭이 넓을수록 양호도(Q : Quality Factor)는 작아진다.

02 다음 그림과 같은 회로에서 저항에 걸리는 전압의 크기가 최소가 되는 전원주파수는 몇 [Hz] 인가?

① 4π ② 2π

③ π ④ $1/2\pi$

⑤ $1/4\pi$

03 LC 직렬회로의 공진조건은?

① $\dfrac{1}{wL} = wC + R$ ② 직류 전원을 가할 때

③ $wL = wC$ ④ $wL = \dfrac{1}{wC}$

정답 **01** ③ **02** ⑤ **03** ④

04 병렬공전 시 그 값이 무한대가 되어야 하는 것은?

① 전류   ② 전압

③ 저항   ④ 리액턴스

05 다음 회로에서 전류와 전압의 위상차는 얼마인가?(단, 입력신호의 각속도는 2,000[rad/sec]이다.)

① 전류가 90도 늦다.   ② 전류가 53도 늦다.

③ 전류가 37도 늦다.   ④ 전류가 30도 늦다.

⑤ 동상이다.

06 $R = 50[\Omega]$, $L = 10[mH]$인 RLC 직렬공진회로를 이용하여 주파수가 500[kHz]인 신호를 얻기 위한 동조회로를 구성하고자 할 때 커패시터 용량 C는?(단, $\dfrac{1}{4\pi^2} = 0.025$로 하여 계산하라.)

09년 국가직 9급

① 10[pF]   ② 100[pF]

③ 10[μF]   ④ 100[μF]

07 공진주파수 100[KHz]에서 625[μH]의 L과 공진시키는 C의 크기로 가장 적당한 것은 얼마인가?

① 1,274[pF]   ② 2,548[pF]

③ 4,057[pF]   ④ 6,104[pF]

⑤ 8,114[pF]

정답   **04** ④   **05** ③   **06** ①   **07** ③

08 LC 병렬공진회로에서 공진주파수(f_0)가 600[kHz]이고 대역폭(Bandwidth)이 5[kHz] 일 때 양호도(Quality Factor)를 구한 것으로 옳은 것은?

① 120 　　　　② 240 　　　　③ 300 　　　　④ 600

⑤ 3,000

09 저항 R, 인덕터 L, 커패시터 C 등의 회로 소자들을 직렬회로로 연결했을 경우에 나타나는 특성에 대한 설명으로 옳은 것만을 모두 고르면?

> ㄱ. 인덕터 L만으로 연결된 회로에서 유도 리액턴스 $X_L = wL$ [Ω]이고, 전류는 전압보다 위상이 90° 앞선다.
>
> ㄴ. 저항 R과 인덕터 L이 직렬로 연결되었을 때의 합성 임피던스의 크기 $|Z| = \sqrt{R^2 + (wL)^2}$ [Ω]이다.
>
> ㄷ. 저항 R과 커패시터 C가 직렬로 연결되었을 때의 합성 임피던스의 크기 $|Z| = \sqrt{R^2 + (wC)^2}$ [Ω]이다.
>
> ㄹ. 저항 R, 인덕터 L, 커패시터 C가 직렬로 연결되었을 때의 일반적인 양호도(Quality Factor) $Q = \dfrac{1}{R}\sqrt{\dfrac{L}{C}}$ 로 정의한다.

① ㄱ, ㄴ 　　　　　　　　　　② ㄴ, ㄹ

③ ㄱ, ㄷ, ㄹ 　　　　　　　　④ ㄴ, ㄷ, ㄹ

10 다음은 직렬 RL회로이다. $v(t) = 10\cos(\omega t + 40°)$ [V]이고, $i(t) = 2\cos(\omega t + 10°)$[mA] 일 때, 저항 R과 인덕턴스 L은?(단, $\omega = 2 \times 10^6$ [rad/sec]이다.) 　　15년 국가직 9급

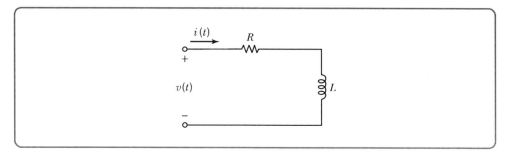

	$R[Ω]$	$L[\text{mH}]$		$R[Ω]$	$L[\text{mH}]$
①	$2,500\sqrt{3}$	1.25	②	2,500	1.25
③	$2,500\sqrt{3}$	12.5	④	2,500	12.5

11 $R = 8[\Omega]$, $X_c = 6[\Omega]$이 직렬로 접속된 회로에 2[A]의 전류가 흐를 때 인가된 전압[V]은?

14년 서울시 9급

① $4 - j3$ ② $4 + j3$

③ $12 - j16$ ④ $16 - j12$

⑤ $16 + j12$

12 RLC 직렬 교류회로의 공진 현상에 대한 설명으로 옳지 않은 것은?　13년 국가직 9급

① 회로의 전류는 유도리액턴스의 값에 의해 결정된다.

② 유도리액턴스와 용량리액턴스의 크기가 서로 같다.

③ 공진일 때 전류의 크기는 최대이다.

④ 전류의 위상은 전압의 위상과 같다.

13 RLC 직렬 공진 회로에서 대역폭이 200[rad/s], 공진 주파수가 5,000[rad/s], 저항이 10[Ω]일 때, 이 회로에서의 인덕턴스[mH]는 얼마인가?　14년 국회직 9급

① 10   ② 20

③ 30   ④ 40

⑤ 50

14 그림과 같은 회로에서 전체 전류 I는 얼마인가?　12년 국회직 9급

① $4\sqrt{5}\,[A]$ ② $10\sqrt{3}\,[A]$

③ 20[A]   ④ 24[A]

정답　**11** ④　**12** ①　**13** ⑤　**14** ①

15 다음 회로에서 $V = 96[\text{V}]$, $R = 8[\Omega]$, $X_L = 6[\Omega]$일 때, 전체 전류 $I[\text{A}]$는?

① 38

② 28

③ 9.6

④ 20

16 RLC 회로의 공진에 대한 설명으로 옳지 않은 것은?

① 회로망의 입력단자에서 전압과 전류가 동위상일 때 회로망은 공진상태에 있다.

② 공진주파수는 임피던스(직렬공진) 또는 어드미턴스(병렬공진)의 위상각이 90°가 되도록 하는 주파수이다.

③ 공진 시의 회로 임피던스(직렬공진) 또는 어드미턴스(병렬공진)는 순수 저항성이 된다.

④ 공진 시 회로에 축적되는 총 에너지는 시간에 관계없이 일정하다.

17 다음 RLC 병렬회로에서 전류 $I[\text{A}]$는?

① 3

② 4

③ 5

④ 6

3 공진회로의 주요 파라미터와 소자 관계식

구분	RLC 직렬공진회로	RLC 병렬공진회로
회로 및 입출력		
	$H(s) = \dfrac{I_2}{V_1} = Y(s)$	$H(s) = \dfrac{V_2}{I_1} = Z(s)$
전달함수 $H(s)$	$H(s) = \dfrac{\dfrac{1}{L}s}{s^2 + \dfrac{R}{L}s + \dfrac{1}{LC}}$	$H(s) = \dfrac{\dfrac{1}{C}s}{s^2 + \dfrac{1}{RC}s + \dfrac{1}{LC}}$
	두 전달함수 모두 분모는 2차 다항식, 분자는 상수항 없는 1차식이다.	
$\lvert H(jw) \rvert$		
공진 주파수 (중심 주파수)	대역통과필터의 전달함수에서 분모의 상수항 $b = \dfrac{1}{LC}$ 이므로	대역통과필터의 전달함수에서 분모의 상수항 $b = \dfrac{1}{LC}$ 이므로
	$w_r = w_o = \sqrt{b} = \dfrac{1}{\sqrt{LC}}$	$w_r = w_o = \sqrt{b} = \dfrac{1}{\sqrt{LC}}$
반전력 대역폭	대역통과필터의 전달함수에서 분모의 일차항 계수 $a = \dfrac{R}{L}$ 이므로	대역통과필터의 전달함수에서 분모의 일차항 계수 $a = \dfrac{1}{RC}$ 이므로
	$\beta = a = \dfrac{R}{L}$	$\beta = a = \dfrac{1}{RC}$
양호도	$Q = \dfrac{w_o}{\beta} = \dfrac{w_o L}{R} = \dfrac{1}{R}\sqrt{\dfrac{L}{C}}$	$Q = \dfrac{w_o}{\beta} = w_o RC = R\sqrt{\dfrac{C}{L}}$

실전문제 ELECTRIC ELECTRONICS

01 다음의 R, L, C 직렬 공진회로에서 전압 확대율(Q)의 값은?(단, f(femto)$=10^{-15}$, n(nano)$=10^{-9}$이다.)

① 2 ② 5 ③ 10 ④ 20

02 R−L−C 직렬 공진회로, 병렬 공진회로에 대한 설명으로 옳지 않은 것은?

① 직렬 공진, 병렬 공진 시 역률은 모두 1이다.
② 병렬 공진회로일 경우 임피던스는 최소, 전류는 최대가 된다.
③ 직렬 공진회로의 공진주파수에서 L과 C에 걸리는 전압의 합은 0이다.
④ 직렬 공진 시 선택도 Q는 $\dfrac{1}{R}\sqrt{\dfrac{L}{C}}$ 이고, 병렬 공진 시 선택도 Q는 $R\sqrt{\dfrac{C}{L}}$ 이다.

03 RLC 직렬 공진회로와 RLC 병렬 공진회로의 특징을 설명한 것으로 옳지 않은 것은?

08년 국가직 9급

① 직렬 공진회로의 경우에 용량성(capacitive) 리액턴스가 유도성(inductive) 리액턴스보다 크면 전체 리액턴스 성분의 값은 음(−)이 된다.
② 전압원으로 구동되는 직렬 공진회로의 경우에 공진 주파수에서 전류가 최대가 된다.
③ 전류원으로 구동되는 병렬 공진회로의 경우에 공진 주파수에서 어드미턴스가 최대가 된다.
④ 공진회로의 대역폭이 넓을수록 양호도(Q : quality factor)는 작아진다.

정답 **01** ② **02** ② **03** ③

04 아래의 RLC 병렬 공진회로에 대한 설명으로 옳지 않은 것은?

① 공진 주파수는 $f_0 = \dfrac{1}{2\pi\sqrt{LC}}$ 이다.

② 대역폭은 $BW = \dfrac{\omega_0}{Q}$ 이다.

③ 선택도는 $Q = \dfrac{2\pi f_0 L}{R}$ 이다.

④ 공진 주파수에서 전체 임피던스의 크기는 최대이다.

05 다음 회로의 전압비 전달함수 $H(jm) = \dfrac{V_c(jw)}{V(jw)}$ 를 옳게 나타낸 것은?

① $\dfrac{0.5}{(jw)^2 + 0.2(jw) + 0.5}$

② $\dfrac{0.25}{(jw)^2 + 0.2(jw) + 0.5}$

③ $\dfrac{0.5}{(jw)^2 + 0.5(jw) + 0.2}$

④ $\dfrac{0.25}{(jw)^2 + 0.5(jw) + 0.2}$

⑤ $\dfrac{0.2}{(jw)^2 + 0.5(jw) + 0.2}$

06 다음 회로의 전달함수를 라플라스 변환을 이용하여 $H(s) = \dfrac{V_o(s)}{V_i(s)} = \dfrac{A}{s^2 + Bs + C}$와 같이 구하였다. A, B, C 값을 옳게 짝지어 놓은 것은?

15년 군무원 9급

	A	B	C
①	$\dfrac{1}{LC}$	$\dfrac{1}{LC}$	$\dfrac{1}{RC}$
③	$\dfrac{1}{LC}$	$\dfrac{1}{RC}$	$\dfrac{1}{LC}$

	A	B	C
②	$\dfrac{1}{RC}$	$\dfrac{1}{RC}$	$\dfrac{1}{LC}$
④	$\dfrac{1}{RC}$	$\dfrac{1}{LC}$	$\dfrac{1}{LC}$

교류의 전력표시법

1 전압이나 전류에서 유효성분과 무효성분 구별

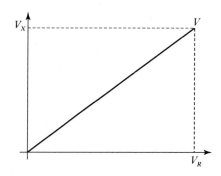

① 유효전류 : $I_e = I\cos\theta[\mathrm{A}]$, 유효전압 : $V_e = V\cos\theta[\mathrm{A}]$, $\cos\theta$ ➡ 효율, 역률

② 무효전류 : $I_r = I\sin\theta[\mathrm{A}]$, 무효전압 : $V_r = V\sin\theta[\mathrm{A}]$, $\sin\theta$ ➡ 무효율

2 전력의 표시

피상전력 : $P_a = VI[\mathrm{VA}]$

유효전력 : $P = VI\cos\theta[\mathrm{W}]$

무효전력 : $P_r = VI\sin\theta[\mathrm{Var}]$

$$VI = \sqrt{(VI\cos\theta)^2 + (VI\sin\theta)^2}$$

$$\therefore\ P_a = \sqrt{P^2 + P_r^2}$$

❸ 역률

$$\cos\theta = \frac{유효전력}{피상전력} = \frac{P}{VI}\times 100\,[\%] \ \ 또는 \ \cos\theta = \frac{R}{Z}$$

❹ 3상 교류

① 각 기전력의 크기가 같고, 서로 $\dfrac{2}{3}\pi\,[\text{rad}](120°)$만큼씩 위상차가 있는 교류를 대칭 3상

교류라 한다.

② 3상 교류의 각 순시값의 합은 어떤 순서에 대해서도 0이다.

❺ 부하의 $Y \leftrightarrows \varDelta$ 변환

① $Y \to \varDelta : K = Z_a Z_b + Z_b Z_c + Z_c Z_a$

    ㉠ $Z_{ab} = \dfrac{K}{Z_c}$

    ㉡ $Z_{bc} = \dfrac{K}{Z_a}$

    ㉢ $Z_{ca} = \dfrac{K}{Z_b}$

② $\varDelta \to Y : K = Z_{ab} + Z_{bc} + Z_{ca}$

    ㉠ $Z_a = \dfrac{Z_{ab}Z_{ca}}{K}$

    ㉡ $Z_b = \dfrac{Z_{ab}Z_{bc}}{K}$

    ㉢ $Z_c = \dfrac{Z_{ca}Z_{bc}}{K}$

❻ 3상 전력

① 3상 전력은 부하의 결선 방법에 관계없이 다음과 같이 나타낼 수 있다.

    3상 전력 $= \sqrt{3} \times (선간전압) \times (선전류) \times (역률)[\text{W}]$

    $P = 3 V_P I_P \cos\phi = \sqrt{3}\,V_l\,I_l\cos\phi\ [\text{W}]$

② 피상전력(S)과 무효전력(Q)

    $S = 3 V_P I_P = \sqrt{3}\ V_l\ I_l [\text{VA}]$

    $Q = \sqrt{3}\ V_l I_l \sin\phi\,[\text{Var}]$

정현파 정상상태 전력

그림에서 회로의 단자전압, 전류가 정현파 정상상태라고 하자.

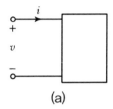

(a)

$$\nu = V \cos(wt + \phi_V)$$
$$i = I \cos(wt + \phi_I)$$

🔳 순간전력

전압, 전류가 수동부호규정을 만족하므로 그림 (a)의 회로가 흡수하는 순간전력을 $p(t)$라 하면

$$p(t) = VI\cos(wt + \phi_V)\cos(wt + \phi_I)$$
$$= \frac{1}{2} VI\cos(\phi_V - \phi_I) + \frac{1}{2} VI\cos(2wt + \phi_V + \phi_I)$$

🔳 평균전력 P_{av}(유효전력)

$w = \dfrac{2\pi}{T}$ 라 두고 순간전력 $p(t)$의 평균을 구하면,

$$P_{av} = \frac{1}{T}\int_0^T p(t)\,dt$$
$$= \frac{1}{T}\int_0^T \frac{1}{2}\cos(\phi_V - \phi_I) + \frac{1}{2} VI\cos(2wt + \phi_V + \phi_I)\,dt$$

적분 속의 두 번째 항은 주기가 $\dfrac{T}{2}$ 인 코사인 함수이므로 $0 \sim T$까지 적분하면 0이다.

$$\therefore P_{av} = \frac{1}{T}\int_0^T \frac{1}{2} VI\cos(\phi_V - \phi_I)\,dt$$
$$= \frac{1}{T}\times\frac{1}{2} VI\cos(\phi_V - \phi_I)\times T$$
$$= \frac{1}{2} VI\cos(\phi_V - \phi_I)\,[\text{W}]$$

③ 무효전력 Q

순간전력 $p(t) = P_{av} + \dfrac{1}{2} VI\cos(2wt + \phi_V + \phi_I)$로 쓸 수 있다. $p(t)$의 파형은 아래 그림과 같다. $p(t)$는 그림 (a)의 회로가 흡수하는 전력이므로 아래 그림(b)에서 $p(t) < 0$인 영역(빗금친 영역)은 실제로는 그림 (a)의 회로가 외부로 공급하는 전력이 된다.

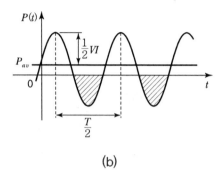

(b)

$$Q = \frac{1}{2} VI\sin(\phi_V - \phi_I) \, [\mathrm{Var}]$$

④ 복소전력(Complex Power)

① 평균전력, 무효전력을 구하기 위해서는 Phasor 전압, 전류 V, I를 구하고 그 극좌표형식으로 바꾼 다음 P, Q 공식에 대입해야 하는데, 단순한 회로라도 계산과정이 번거롭다.(특히 극좌표형식으로 바꾸는 과정)

② 그러나 복소전력 S를 $S = P + jQ$ 와 같이 정의하면 P, Q 계산 시의 번거로움을 크게 줄일 수 있다. $S = P + jQ$를 다음과 같이 변형해 보자.

③ $S = P + jQ = \dfrac{1}{2} VI\cos(\phi_V - \phi_I) + j\dfrac{1}{2} VI\sin(\phi_V - \phi_I)$

$= \dfrac{1}{2} VIe^{j(\phi_V - \phi_I)} = \dfrac{1}{2} VIe^{j\phi_V}e^{-j\phi_I}$

$= \dfrac{1}{2} VIe^{j\phi_V}(Ie^{-j\phi_I})* = \dfrac{1}{2} V\angle\phi_V \cdot (I\angle\phi_I)*$

$= \dfrac{1}{2} VI* \, [VA] \left(S = P + jQ = \dfrac{1}{2} VI* \right)$

④ 즉, 전압, 전류 Phasor V, I를 구한 후 극좌표형식으로 변환할 필요 없이 $\dfrac{1}{2} VI*$를 계산한 다음 실수부를 취하면 P를, 허수부를 취하면 무효전력 Q를 얻는다.

5 복소전력의 다른 표현

복소전력 계산 시 임피던스 Z가 주어진 경우 그 임피던스에 걸리는 전압, 전류 V, I를 모두 이용할 필요 없이 '전압 V와 임피던스 Z' 또는 '전류 I와 임피던스 Z'만으로도 복소전력을 구할 수 있다.

① 전압 V와 임피던스 Z로 표현

$$S = \frac{1}{2} VI^* = \frac{1}{2} V \left(\frac{V}{Z} \right)^* = \frac{|V|^2}{2Z^*}$$

② 전류 I와 임피던스 Z로 표현

$$S = \frac{1}{2} VI^* = \frac{1}{2} (ZI)I^* = \frac{1}{2} Z|I|^2$$

③ 위 두 식의 의미 : 임피던스가 주어졌으며 전압, 전류 Phasor의 위상이 주어지지 않고 그 크기만 주어졌어도 평균전력과 무효전력을 모두 구할 수 있다.

피상전력과 역률

1 전력삼각도, 피상전력

① 복소전력 $S = P + jQ$는 복소수이므로 아래 그림과 같이 복소평면에 표시할 수 있다. 실수부는 평균전력을, 허수부는 무효전력을 나타낸다. 이처럼 복소평면상에 복소전력을 표시한 것을 전력삼각도라 한다.

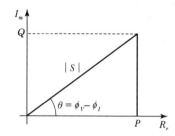

② 복소전력의 절댓값 $|S|$를 구하면

$$|S| = \sqrt{\frac{1}{2} VI \cos(\phi_V - \phi_I)^2 + \frac{1}{2} VI \sin(\phi_V - \phi_I)^2}$$

$$= \frac{1}{2} VI = \frac{V}{\sqrt{2}} \times \frac{I}{\sqrt{2}}$$

$$= V_{rms} I_{rms} [\text{VA}]$$

여기서 $V_{rms} \times I_{rms}$를 피상전력(겉보기 전력)이라 한다. 전압, 전류의 위상은 고려하지 않고 단순히 전압, 전류의 실횻값을 곱한 값이다.

2 역률

① 피상전력은 전류계, 전압계만 있으면 간단히 구할 수 있다. 그러나 피상전력이 곧 평균전력이나 무효전력을 의미하는 것은 아니다. 전력삼각도에 나타나 있는 것처럼 피상전력에는 열로 소비되는 평균전력과 열로 소비되지 않는 무효전력이 모두 포함되어 있다.

② 피상전력 중 회로에서 열로 소비되는 평균전력이 얼마인지 나타내기 위한 개념이 필요한데 이것을 역률(Power Factor)이라고 하며 다음과 같이 정의한다.

$$pf = \frac{\text{평균전력}}{\text{피상전력}} = \frac{\frac{1}{2} VI \cos(\phi_V - \phi_I)}{\frac{1}{2} VI} = \cos(\phi_V - \phi_I) = \cos\theta \text{(여기서, } \theta : \text{역률각도)}$$

③ 역률에 대비되는 개념으로서 피상전력에서 무효전력이 얼마인지 나타내기 위한 개념을 무효율(Reactive Factor)이라고 하며 다음과 같이 정의한다.

$$rf = \frac{무효전력}{피상전력} = \frac{\dfrac{1}{2} \, VI \sin(\phi_V - \phi_I)}{\dfrac{1}{2} \, VI} = \sin(\phi_V - \phi_I) = \sin\theta$$

④ 역률각도 θ는 임피던스의 위상각과 동일하다. ($\because \; \phi_V - \phi_I$)

⑤ 수동회로에서 평균전력 $P \geq 0$ 이므로 역률각도의 범위는 $-90° \leq \theta \leq 90°$이다.

⑥ $\theta > 0$인 경우(S가 1사분면에 위치)를 지상이라고 한다. 전류의 위상이 전압보다 느리기 때문이다.(Lagging Power Factor)

⑦ $\theta < 0$인 경우(S가 4사분면에 위치)를 진상이라고 한다. 전류의 위상이 전압보다 빠르기 때문이다.(Leading Power Factor)

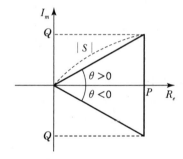

❸ 역률 및 무효율을 이용한 평균전력, 무효전력 표현

① 평균전력(유효전력)

$$P_{av} = \frac{1}{2} \, VI \cos(\phi_V - \phi_I) = V_{rms} \, I_{rms} \times \cos\theta = |S| \times pf \, [\text{W}]$$

② 무효전력

$$Q = \frac{1}{2} \, VI \sin(\phi_V - \phi_I) = V_{rms} \, I_{rms} \times \sin\theta = |S| \times rf \, [\text{W}]$$

>> 예제 ❶

문제 다음에 대해 각각의 역률 및 전력에 관한 조건을 이용하여 복소전력을 구하시오.
① 지상역률 0.8, 평균전력 8[W] 흡수
② 지상역률 0.6, 피상전력 15[VA] 흡수
③ 진상역률 0.8, 피상전력 6[VA] 흡수

풀이
① $S = 8 + j6[\text{VA}]$
② $S = 9 + j12[\text{VA}]$
③ $S = 4.8 - j3.6[\text{VA}]$

>> 예제 ❷

문제 어떤 전기 부하가 500[Vrms]로 동작한다. 이 부하는 지상역률 0.8로 8[kW]의 평균전력을 소비한다.
① 부하의 복소전력을 계산하시오.
② 부하의 임피던스를 계산하시오.

풀이
① $S = 8,000 + j6,000[\text{VA}]$
② $Z = 20 + j15[\Omega]$

● 실전문제 ELECTRIC ELECTRONICS

01 다음의 RL 직렬회로에 AC 100[V]를 가했을 때 소비전력을 구하여라. ($R=6[\Omega]$, $X=8[\Omega]$, RL 직렬회로)

① 1,000[W]   ② 800[W]

③ 600[W]   ④ 500[W]

⑤ 400[W]

02 다음 RLC 직렬회로에서 역률(Power Factor)은?($R=30[\Omega]$, $X_L=75[\Omega]$, $X_C=35[\Omega]$)

① 0.5   ② 0.6

③ 0.707   ④ 0.8

⑤ 0.9

03 어떤 부하의 피상전력 30[kVA], 무효전력 18[kVar]일 때 유효전력은?

① 12[kW]   ② 14[kW]

③ 16[kW]   ④ 18[kW]

⑤ 24[kW]

04 30[Ω]의 저항 R과 40[Ω]의 유도성 리액턴스 X_L이 200[V] 전원에 직렬로 연결되었다면 V_L은 얼마인가?

① 90[V]   ② 110[V]

③ 130[V]   ④ 160[V]

⑤ 180[V]

정답 01 ③ 02 ② 03 ⑤ 04 ④

05 그림과 같은 직렬 $R-X$ 회로에서 저항 $R = 40.0[\Omega]$이고 용량성 리액턴스 $X_C = -30.0[\Omega]$이다. $100\angle0°$의 교류전압이 인가될 때, 회로에 흐르는 실효전류(I_{rms})와 역률로 옳은 것은?

15년 국회직 9급

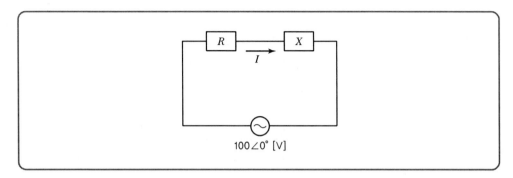

	I_{rms}[A]	역률		I_{rms}[A]	역률
①	2.0	0.6	②	2.0	0.8
③	2.5	0.75	④	2.5	0.6
⑤	2.5	0.8			

06 어떤 부하에 단상 교류전압 $v(t) = \sqrt{2}\,V\sin\omega t$[V]를 인가하여 부하에 공급되는 순시전력이 그림과 같이 변동할 때 부하의 종류는?

19년 지방직 9급

① R 부하
② $R-L$ 부하
③ $R-C$ 부하
④ $L-C$ 부하

07 $R-L-C$ 직렬회로에서 $R:X_L:X_C = 1:2:1$일 때, 역률은?

① $\dfrac{1}{\sqrt{2}}$
② $\dfrac{1}{2}$
③ $\sqrt{2}$
④ 1

08 그림은 교류 전압 $v(t) = 100\sqrt{2}\cos(120\pi t)$[V]가 인가된 RL 직렬회로이다. $R = 8$[Ω], $L = \dfrac{1}{20\pi}$[H]일 때, 계산된 값들이 옳은 것을 〈보기〉에서 모두 고른 것은?

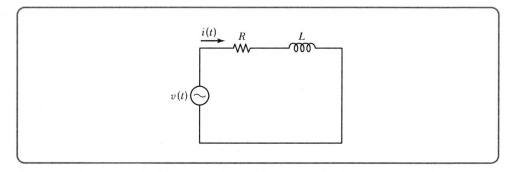

ㄱ. 역률 pf $= 0.8$
ㄴ. 회로에 공급되는 평균 전력 $P = 800$[W]
ㄷ. 인덕턴스에 공급되는 평균 전력 $P_L = 600$[W]
ㄹ. 저항에 공급되는 평균 전력 $P_R = 600$[W]

① ㄱ, ㄴ   ② ㄱ, ㄷ
③ ㄴ, ㄹ   ④ ㄱ, ㄴ, ㄷ

09 단상 교류회로에서 80[kW]의 유효전력이 역률 80[%](지상)로 부하에 공급되고 있을 때, 옳은 것은?

① 무효전력은 50[kVar]이다.
② 역률은 무효율보다 크다.
③ 피상전력은 $100\sqrt{2}$[kVA]이다.
④ 코일을 부하에 직렬로 추가하면 역률을 개선시킬 수 있다.

10 다음의 회로에서 입력전원 $v_{in}(t) = 5\sin 400t$[V]가 인가되었을 때의 역률(Power Factor)은?(단, $R = 25$[kΩ], $C = 0.1$[μF]이다.)   15년 서울시 9급

① 0.5   ② 1
③ $\dfrac{1}{\sqrt{3}}$ ④ $\dfrac{1}{\sqrt{2}}$

정답 **08** ① **09** ② **10** ④

11 RLC 직렬회로에서 전류 $i(t)$가 최대치를 갖기 위한 인덕턴스 L[mH]과 그때의 소비전력 [W] 값은?(단, 입력 전압 $v(t)$의 실효치는 120[V]이고, 각주파수 $\omega = 10^6$[rad/s]로 한다.)

	인덕턴스	소비전력			인덕턴스	소비전력
①	0.02	72		②	2	144
③	2	288		④	20	144

12 아래 회로에서 부하 Z_L에 최대전력을 전달하기 위한 Z_L[Ω]값으로 옳은 것은?

15년 국회직 9급

① $1 + j$ ② $1 - j$

③ $2 + j2$ ④ $2 - j2$

⑤ $1 + j2$

13 전력 증폭회로 출력단의 내부 복소 임피던스가 $10 + j5$[Ω]이다. 부하에 전달되는 전력이 최대가 되는 부하의 복소 임피던스[Ω]는?

① $10 + j5$ ② $10 - j5$ ③ $5 + j10$ ④ $5 - j10$

정답 **11** ④   **12** ③   **13** ②

14 아래의 교류회로에 $i(t) = 4\sin(\omega t - 30°)$[A]의 전류원을 주었을 때, 유효전력과 피상전력 [VA]을 옳게 나타낸 것은?

	유효전력	피상전력		유효전력	피상전력
①	48	64	②	48	112
③	64	80	④	64	112

15 어떤 회로에 $v(t) = 40\sin(\omega t + \theta)$[V]의 전압을 인가하면 $i(t) = 20\sin(\omega t + \theta - 30°)$[A] 의 전류가 흐른다. 이 회로에서 무효전력[Var]은?

① 200
② $200\sqrt{3}$
③ 400
④ $400\sqrt{3}$

16 $R - L - C$ 직렬회로에 200[V] 교류 전압을 인가하고 $R = 30$[Ω], $X_L = 70$[Ω], $X_C = 30$[Ω] 일 때, 유효전력[W]과 무효전력[Var]은?

	유효전력[W]	무효전력[Var]
①	200	600
②	480	640
③	600	200
④	640	480

정답 **14** ③ **15** ① **16** ②

E L E C T R I C   E L E C T R O N I C S

비정현파 교류 파형들의 해석

❶ 비사인파 교류의 발생

① 연속파 : 파형이 반주기 $\left(\dfrac{T}{2}\right)$의 전부에 걸쳐 지속

② 비연속파 : 파형의 지속 시간이 반주기 $\left(\dfrac{T}{2}\right)$ 보다 짧은 것 → 펄스(pulse)

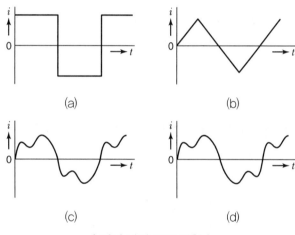

| 여러 가지 교류 파형 |

❷ 선형회로와 비선형회로

① 선형회로(Linear – Circuit) : 전압, 전류 특성이 직선으로 입력과 출력이 비례하는 회로
② 비선형회로(Non – Linear – Circuit) : 전압, 전류 특성이 비직선으로 입력과 출력이 비례하지 않아 일그러진 파형으로 되는 회로→ 비직선 일그러짐

③ 비사인파 교류의 성분

파형	고조파의 전개식
직사각형파	$v(t) = \dfrac{4}{\pi} V_m \left\{ \sin wt + \dfrac{1}{3}\sin 3wt + \dfrac{1}{5}\sin 5wt + \cdots + \dfrac{1}{2n-1}\sin(2n-1)wt + \cdots \right\}$
삼 각 파	$v(t) = \dfrac{8}{\pi^2} V_m \left\{ \sin wt - \dfrac{1}{9}\sin 3wt + \dfrac{1}{25}\sin 5wt + \cdots + \dfrac{(-1)^{n+1}}{(2n-1)^2}\sin(2n-1)wt + \cdots \right\}$
톱 날 파	$v(t) = \dfrac{2}{\pi} V_m \left\{ \sin wt - \dfrac{1}{2}\sin 2wt + \dfrac{1}{3}\sin 3wt - \dfrac{1}{4}\sin 4wt + \cdots + \dfrac{(-1)^{n+1}}{n}\sin nwt + \cdots \right\}$
반파정류파	$v(t) = V_m \left\{ \dfrac{1}{\pi} + \dfrac{1}{2}\sin wt - \dfrac{2}{\pi}\left(\dfrac{1}{3}\cos 2wt + \dfrac{1}{15}\cos 4wt + \cdots + \dfrac{1}{4n^2-1}\cos 2nwt + \cdots \right) \right\}$
전파정류파	$v(t) = \dfrac{2}{\pi} V_m \left\{ 1 - 2\left(\dfrac{1}{3}\cos 2wt + \dfrac{1}{15}\cos 4wt + \dfrac{1}{35}\cos 6wt + \cdots + \dfrac{1}{4n^2-1}\cos 2nwt + \cdots \right) \right\}$

>> 예제 ①

문제 다음 그림의 파형을 더했을 때 나타나는 파형을 예측해 보시오.

● 실전문제 ELECTRIC ELECTRONICS

01 다음 식으로 표현되는 비정현파 전압의 실횻값[V]은?

$$v = 2 + 5\sqrt{2}\sin\omega t + 4\sqrt{2}\sin(3\omega t) + 2\sqrt{2}\sin(5\omega t)\,[\text{V}]$$

① $13\sqrt{2}$ ② 11

③ 7   ④ 2

02 다음은 단자 전압이 $v(t) = 100\sin w_o t + 40\sin 2w_o t + 30\sin(3w_o t + 90°)$인 신호이다. 이 신호파의 일그러짐률은 얼마인가?

① 30   ② 40

③ 50   ④ 70

03 그림과 같은 주기적인 전압 파형에 포함되지 않은 고조파의 주파수[Hz]는? 19년 국가직 9급

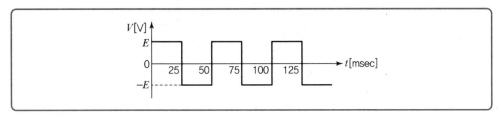

① 60   ② 100

③ 120   ④ 140

04 그림과 같은 구형파의 제 $(2n-1)$ 고조파의 진폭(A_1)과 기본파의 진폭(A_2)의 비$(\frac{A_1}{A_2})$는?

20년 국가직 9급

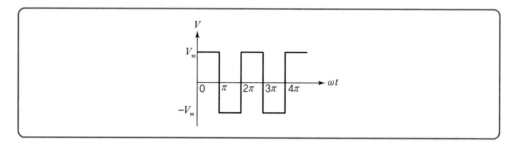

① $\dfrac{1}{2n-1}$

② $2n-1$

③ $\dfrac{\pi}{2n-1}$

④ $\dfrac{2n-1}{\pi}$

05 그림에서 $V=30[\text{V}]$, $T=20[\text{ms}]$일 때, 제3고조파의 주파수[Hz]와 최대 전압[V]은?

21년 지방직(경력) 9급

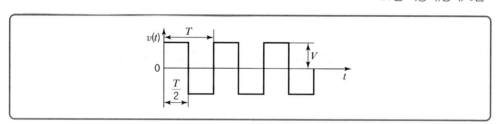

	주파수[Hz]	최대 전압[V]
①	50	6.4
②	50	10
③	150	12.7
④	150	17.9

06 비정현파는 푸리에 급수식 $f(t) = a_0 + \sum_{n=1}^{\infty} a_n \cos n\omega t + \sum_{n=1}^{\infty} b_n \sin n\omega t$로 표현할 수 있다. 그 림의 주기함수 파형을 푸리에 급수로 표현할 때 a_0는? 23년 지방직 9급

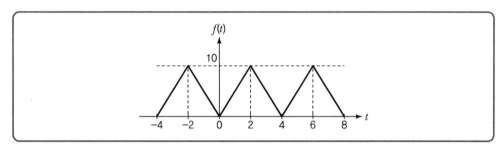

① 0 ② 4

③ 5 ④ 10

필터의 종류와 특성

■ 필터(Filter) 회로

① 수동필터 : RLC 수동소자를 이용하여 구성된 필터

② 능동필터 : 증폭기를 이용하여 구성된 필터

② 필터의 정의

원하는 신호는 통과시키고 원하지 않는 신호는 제거시키는 회로

① 원하는 신호 : 여기서는 원하는 주파수의 파

② 원하지 않는 신호 : 원하는 주파수를 제외한 나머지 주파수의 파(고조파, noise 등)

$$V_{out} = \frac{R_2}{R_1 + R_2} V_{in}$$

$V_{out} \cong V_{in}$: 입력신호가 출력으로 전달됨 : 신호가 통과됨

$V_{out} \cong 0$: 입력신호가 출력으로 전달 안 됨 : 신호가 제거됨

17 이상적 필터(Ideal Filter)

1 이상적인 필터의 특성

① 통과대역(Passband)과 저지 대역(Stopband)이 명확히 구분된다.(차단주파수 w_c)

② 통과대역이득이 일정하다.(이상적인 필터의 위상특성은 생략한다.)

2 종류(구분기준 : 주파수 응답의 크기 특성)

	주파수 응답의 크기 특성 $\|H(jw)\|$	입력 $x(t)$	출력 $y(t)$
저역 통과필터		$A\cos(w_1 t+\phi)$	$AK\cos(w_1 t+\theta)$
		$A\cos(w_2 t+\phi)$	0
		$A\cos(w_3 t+\phi)$	0
고역 통과필터		$A\cos(w_1 t+\phi)$	0
		$A\cos(w_2 t+\phi)$	$AK\cos(w_2 t+\theta)$
		$A\cos(w_3 t+\phi)$	$AK\cos(w_3 t+\theta)$
대역 통과필터		$A\cos(w_1 t+\phi)$	0
		$A\cos(w_2 t+\phi)$	$AK\cos(w_2 t+\theta)$
		$A\cos(w_3 t+\phi)$	0
대역 차단필터		$A\cos(w_1 t+\phi)$	$AK\cos(w_1 t+\theta)$
		$A\cos(w_2 t+\phi)$	0
		$A\cos(w_3 t+\phi)$	$AK\cos(w_3 t+\theta)$

실제 필터(Practical Filter)

1 개요

① 이상적 필터와 달리 실제 사용하는 필터는 그 주파수 응답의 크기함수가 주파수 w에 대해 연속이므로 통과대역과 저지대역이 명확히 나누어지지 않는다.

② 따라서 차단주파수를 어떻게 둘 것인지 기준이 필요하다.

③ 주파수 응답 크기의 최댓값 $|H(jw)|_{\max}$ 의 $\dfrac{1}{\sqrt{2}}$ 배가 되는 주파수를 차단주파수로 둔다.

④ 이 주파수를 3[dB] 주파수 또는 반전력 주파수(Half Power Frequency)라고도 한다.

㉠ $|H(jw)|_{\max} = K$, $|H(jw_C)| = \dfrac{K}{\sqrt{2}}$ 라고 하면 이들의 데시벨 값 차이는

$$K[\mathrm{dB}] - \frac{K}{\sqrt{2}}[\mathrm{dB}] = 20 \log K - 20 \log \frac{K}{\sqrt{2}}$$

$$= 20 \log K - 20 \log K + 20 \log \sqrt{2} = 20 \times \frac{1}{2} \log 2$$

$$= 10 \log 2 = 10 \times 0.3 = 3[\mathrm{dB}]$$

㉡ $S = \dfrac{1}{2} Z |I|^2 = \dfrac{|V|^2}{2Z^*}$ 에서 알 수 있는 바와 같이 정현파 정상상태 전력은 전압 또는 전류진폭의 제곱에 비례한다. 다음의 경우를 고려하자.

입력전압/전류	출력진폭	전력
$x(t) = A \cos(w_{\max} t + \phi)$	$A|H(jw)|_{\max} = AK$	$P \propto A^2 K^2$
$x(t) = A \cos(w_C t + \phi)$	$A|H(jw_C)| = A \times \dfrac{K}{\sqrt{2}} = \dfrac{AK}{\sqrt{2}}$	$P \propto \dfrac{A^2 K^2}{2}$

위 표에서 차단주파수에서 출력에 전달되는 전력은 출력진폭이 최대일 때(주파수 응답이 최대) 출력전력의 절반임을 알 수 있다.

2 필터의 차수와 종류

① 필터의 차수는 임의로 정할 수 있으며 전달함수의 분모다항식 차수가 필터 차수이다.

② 필터의 종류(저역, 고역, 대역)는 전달함수로부터 $|H(jw)|$ 를 그려서 판단할 수 있다.

③ 또한 전달함수의 분모, 분자 차수로도 판단 가능(분자 차수가 높을수록 저역 > 대역 > 고역 필터가 된다.)

3 종류

	주파수 응답의 크기 특성 $|H(jw)|$	전달함수의 형태 $H(s)$	
		1차 필터	2차 필터
저역 통과필터		$A\cos(w_1t+\phi)$	
		$A\cos(w_2t+\phi)$	0
		$A\cos(w_3t+\phi)$	
고역 통과필터		$A\cos(w_1t+\phi)$	
		$A\cos(w_2t+\phi)$	$AK\cos(w_2t+\theta)$
		$A\cos(w_3t+\phi)$	
대역 통과필터		$A\cos(w_1t+\phi)$	
		$A\cos(w_2t+\phi)$	
		$A\cos(w_3t+\phi)$	
대역 차단필터		$A\cos(w_1t+\phi)$	
		$A\cos(w_2t+\phi)$	
		$A\cos(w_3t+\phi)$	

4 RLC 회로를 이용한 필터 구성

① RC 회로를 이용

주파수	X_C
$f = 0$	$X_C = \infty$
$f = \infty$	$X_C = 0$

② RL 회로를 이용

주파수	X_L
$f = 0$	$X_L = 0$
$f = \infty$	$X_L = \infty$

③ RLC 직렬회로를 이용

주파수	X
$f = 0$	$X = \infty$
$f = f_0$	$X = 0$
$f = \infty$	$X = \infty$

④ RLC 병렬회로를 이용

주파수	X
$f = 0$	$X = 0$
$f = f_0$	$X = \infty$
$f = \infty$	$X = 0$

⑤ LC 회로를 이용

●실전문제 ELECTRIC ELECTRONICS

01 다음 LC 회로의 여파기의 종류는 무엇인가?

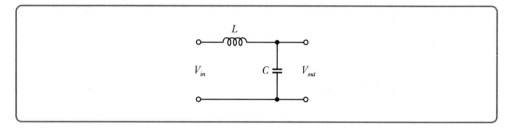

① 저역 여파기   ② 고역 여파기

③ 대역 통과 여파기   ④ 대역 소거 여파기

02 다음 회로의 특징으로 올바른 것은 무엇인가?

① 대역 통과 여파기이다.

② 통과 주파수의 중심 주파수는 $f = \dfrac{1}{2\pi LC}$ 이다.

③ 트랩회로에 많이 활용되고 있다.

④ R은 회로의 전류특정을 제한하는 요소로서 가능한 큰 값을 사용한다.

03 RL 직렬 부하회로에 $v(t) = \sqrt{2}\, V \sin nwt\,[\text{V}]$의 교류전압이 인가되었다. 교류전압의 차수가 $n = 1$에서 $n = 10$으로 변경되는 경우, 임피던스와 전류의 크기는 어떻게 달라지는가? (단, 과도현상은 무시한다.)

	임피던스	전류 크기		임피던스	전류 크기
①	증가	감소	②	감소	증가
③	증가	증가	④	감소	감소

04 주어진 회로에서 전달함수 $H(s) = \dfrac{V_2(s)}{V_1(s)}$의 필터 특성은 무엇인가?

① 저역통과필터(LPF) ② 고역통과필터(HPF)
③ 대역통과필터(BPF) ④ 대역저지필터(BRE)

05 다음 저역통과필터(Low Pass Filter) 회로에서 차단 주파수[Hz]는?

① $\dfrac{0.01}{2\pi}$ ② $\dfrac{0.1}{2\pi}$ ③ $\dfrac{1}{2\pi}$ ④ $\dfrac{10}{2\pi}$

⑤ $\dfrac{100}{2\pi}$

06 2차 필터의 일반식은 $H(s) = \dfrac{a_2 s^2 + a_1 s + a_0}{s^2 + b_1 s + b_0} = \dfrac{N(s)}{D(s)}$ 과 같다. 이 식에서 분자의 형태에

따라 필터의 주파수 선택 특성이 달라지는데 다음 중 옳지 않은 것은?

① 저역통과필터 : $N(s) = a_0$

② 고역통과필터 : $N(s) = a_2 s^2$

③ 대역통과필터 : $N(s) = a_1 s + a_0$

④ 대역제거필터 : $N(s) = a_2 (s^2 + b_0)$

07 다음 $R - C$ 회로에 대한 설명으로 옳은 것은?(단, 입력 전압 v_s의 주파수는 10[Hz]이다.)

① 차단주파수는 $\dfrac{1,000}{\pi}$ [Hz]이다.

② 이 회로는 고역 통과 필터이다.

③ 커패시터의 리액턴스는 $\dfrac{50}{\pi}$ [kΩ]이다.

④ 출력 전압 v_o에 대한 입력 전압 v_s의 비는 0.6이다.

08 그림 (a)와 같이 미지의 선형 시불변 회로에, 그림 (b)와 같은 주파수 스펙트럼을 갖는 입력전 압 $v_i(t)$를 인가했을 때 직류인 출력전압 $v_o(t)$를 얻었다면, 미지의 선형회로로 가장 적합한 것은?

(a)

(b)

①

②

③

④

09 아래 그림과 같이, 크기가 1[V]이고 주기가 T_p인 구형파를 중심 주파수가 $f_p(=1/T_p)$이고, 전달함수의 크기가 1인 대역통과 여파기의 입력신호로 인가할 때 여파기의 출력파형은 무엇인가?(단, $\dfrac{f_p}{2}<f_1<f_p<f_2<2f_p$로 가정한다.)

①

②

③

④

PART
06

과도현상

ELECTRIC ELECTRONICS

펄스 파형의 특성

1 과도현상 1(RC 회로)

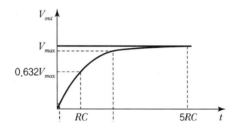

① 시정수(Time Constant) : 각 순시전압 또는 전류의 크기를 결정하는 요소로서, 충·방전의 동작 속도를 나타내는 지표가 된다.

$r = RC[\sec]$ 단, r는 시정수(RC 회로)

② 충전 시 정수 : 콘덴서가 충전할 때, $v_c = V(1 - e^{-1}) ≒ V(1 - 0.368) ≒ 0.632[\mathrm{V}]$로서, 전원전압 V의 약 63.2%가 될 때까지의 시간

③ 방전 시 정수 : 콘덴서가 방전할 때의 $v_c = Ve^{-1} = 0.368 V$로서, 전원전압 V가 36.8%까지 감소하는 시간

④ 완전 충방전 시간 : 시정수의 5배가 되면 최댓값의 99.3%까지 충·방전됨

⑤ 상승시간(Rising Time) : 실제의 펄스가 이상적 펄스와 진폭 V_m 의 10~90%까지 상승하는 데 걸리는 시간

$$t_r = 2.2RC = \frac{2.2}{2\pi f} \left(f = \frac{1}{2\pi RC}, \ RC = \frac{1}{2\pi f} \right)$$

2 과도현상 2(RLC 회로)

① **펄스파형** : 짧은 시간에 전압 또는 전류의 진폭이 sin 파와는 다르게 급격히 변화하는 파형

② **상승시간**(t_r : Rise Time) : 실제의 펄스가 이상적 펄스와 진폭 V_m 의 10~90%까지 상승하는 데 걸리는 시간

③ **지연시간**(t_d : Delay Time) : 이상적인 펄스의 상승시간으로부터 진폭의 10%까지 이르는 실제의 펄스 시간

④ **하강시간**(t_f : Fall Time) : 실제의 펄스가 이상적인 펄스의 진폭 V_m 의 90%에서 10%까지 내려가는 데 걸리는 시간

⑤ **펄스 폭**(t_w : Pulse Time) : 펄스 파형이 상승 및 하강의 진폭 V_m 의 50%가 되는 구간의 시간

⑥ **오버슈트**(Over Shoot) : 상승 파형에서 이상적 펄스파의 진폭 V_m 보다 높은 부분의 높이 : a

⑦ **언더슈트**(Under Shoot) : 하강 파형에서 이상적 펄스파의 기준 레벨보다 아랫부분의 높이 : d

⑧ **새그**(s, Sag) : 내려가는 부분의 정도 $\dfrac{c}{V_m} \times 100\%$ (저역 특성이 나쁘기 때문)

⑨ **링잉**(b, Ringing) : 펄스의 상승 부분에서 진동의 정도를 말하며, 높은 주파수에서 공진하기 때문에 생기는 현상

3 여러 가지 용어들

① **정상상태** : 전압, 전류 등이 일정한 값에 도달한 상태

② **과도상태** : 정상상태에 이르는 사이를 과도상태라 하고, 그 기간을 과도기간이라 함

③ **과도현상** : 과도기간에 나타나는 전류나 여러 가지 현상

④ **시상수** : RC 회로에 전압을 가하면, C에 전하가 충전되어 정상값의 63.2%에 도달할 때까지의 시간을 [sec]로 표시한 것으로 C와 R의 곱과 같음

● 실전문제 ELECTRIC ELECTRONICS

01 펄스 폭이 2[ms]이고, Duty Cycle이 40[%]인 구형파가 있다. 이 펄스의 반복 주파수는 얼마인가?

① 2,000[Hz]   ② 1,000[Hz]

③ 500[Hz]   ④ 200[Hz]

02 다음 그림과 같은 회로의 상승시간(Rise Time)은?

① 0.1초   ② 0.22초

③ 1초   ④ 2.2초

정답 **01** ④   **02** ④

③ 불연속함수의 유형

연속함수	불연속함수-1	불연속함수-2
$f(t)$ 그래프 (1, a)	$f(t)$ 그래프 (2, 1, a)	$f(t)$ 그래프 (2, 1, a)

④ 회로이론에서 함수의 연속 및 불연속의 표현

① $t = t_0$에서 연속인 함수 $f(t)$

    ㉠ $t \rightarrow t_0$일 때의 극한값이 존재

    ㉡ $t = t_0$의 좌측으로부터 취한 극한값을 $f(t_0 -)$ ➡ 좌극한

    ㉢ $t = t_0$의 우측으로부터 취한 극한값을 $f(t_0 +)$ ➡ 우극한

    ㉣ 연속이기 위해서는 좌극한과 우극한의 값이 같아야 함 ➡ $f(t_0 -) = f(t_0 +)$

    ㉤ 또 극한값과 $f(t_0)$가 같으므로, $f(t_0 -) = f(t_0) = f(t_0 +)$이다.

② $t = t_0$에서 불연속인 함수 $f(t)$

    ㉠ $t \rightarrow t_0$일 때의 극한값이 존재하지 않음

    ㉡ 좌극한과 우극한의 크기가 같지 않음 ➡ $f(t_0 -) \neq f(t_0 +)$

    ㉢ 이때 $f(t_0)$값은 정의되지 않아도 됨. 굳이 정의한다면 $f(t_0) = f(t_0 +)$로 두면 됨

》 예제 ①

문제 다음 함수들의 $t = t_0$에서의 연속 여부를 판단하고 불연속이면 $f(t_0+)$, $f(t_0-)$값을 각
각 구하여라.

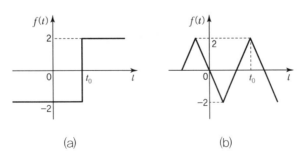

(a)   (b)

풀이

(a)=불연속, (b)=연속

CHAPTER 03 정상상태응답

1 강제응답, 고유응답

강제응답은 전원에 의한 응답이다. 고유응답은 회로의 자체적 특성에 의한 응답으로서 전원과 무관하게 존재하여 미분방정식을 풀면 늘 일정한 형태로 존재한다.

2 정상상태응답, 과도응답(Steady State Response, Transient Response)

고유응답은 시간이 경과함에 따라 0으로 수렴(소멸)하는 것과 크기가 증가하거나 진동하는 것 (발산)으로 나눌 수 있는데, 이 가운데 시간 경과에 따라 0으로 수렴하는 고유응답을 과도응답 이라고 한다. 과도응답이 있는 경우 회로에 전원을 걸어준 뒤 시간이 어느 정도 흐르면 고유응답 은 소멸하고 강제응답만 남아 있는 상태라고 할 수 있다.

3 정상상태의 종류

① 직류 정상상태
② 정현파(교류) 정상상태(Phasor 해석, 푸리에 급수 해석 등)

4 회로상 정상상태의 존재 여부

정상상태의 존재 여부는 우선 회로의 고유응답이 0으로 수렴하느냐를 따져보아야 한다. 일반적 으로 '정상상태응답＝강제응답'으로 생각하기 쉬운데 이 관계식이 항상 성립하는 것은 아니다. 정상상태가 존재하려면 우선 회로구동 후 일정시간이 경과하면 강제응답만이 남아 있어야 한 다. 그러나 고유응답이 0으로 수렴하지 않고 발산한다면 아무리 시간이 지나도 회로에는 고유, 강제응답이 모두 존재하게 된다. 결과적으로 고유응답이 0으로 수렴해야만 정상상태응답이 존 재할 수 있고 이때 정상상태응답은 미분방정식의 강제응답이 된다.

01 다음 회로에서 직류전압 $V_s = 10$[V]일 때, 정상상태에서의 전압 V_c[V]와 전류 I_R[mA]은?

	V_c	I_R			V_c	I_R
①	8	20		②	2	20
③	8	2		④	2	2

02 다음 회로에서 정상상태에 도달하였을 때, 인덕터와 커패시터에 저장된 에너지[J]의 합은?

① 2.6   ② 26

③ 260   ④ 2,600

03 다음 회로가 정상상태를 유지하는 중, $t = 0$에서 스위치 S를 닫았다. 이때 전류 i의 초기전류 $i_{(0+)}$[mA]는?

① 0

② 2

③ 10

④ 20

04 그림과 같은 교류 회로에 전압 $v(t) = 100\cos(2{,}000t)$[V]의 전원이 인가되었다. 정상상태 (Steady State)일 때 10[Ω] 저항에서 소비하는 평균전력[W]은? 20년 서울시 9급

① 100[W]

② 200[W]

③ 300[W]

④ 400[W]

RC 직렬회로의 펄스 응답

1 SW2로 일정시간을 유지한 후 ➡ SW1로 변환할 때(콘덴서 충전)

회로에서 SW1로 닫았을 경우, 닫는 순간 즉 $t = 0[\sec]$에서 $\dfrac{E}{R}$인 전류가 콘덴서에 흐른다. 시간이 경과됨에 따라 충전전류는 지수함수적으로 감소한다. 이것은 콘덴서가 직류전원에 대해서 처음 변할 때는 단락상태로 동작하다가 시간이 지남에 따라 개방상태로 변하기 때문이다.

① 충전전류 : $i = \dfrac{E}{R} e^{-\frac{t}{RC}} [\mathrm{A}]$

② 저항전압 : $v_R = R \cdot i = E e^{-\frac{t}{RC}} [\mathrm{V}]$

③ 콘덴서 전압 : $v_C = E - v_R = E - E e^{-\frac{t}{RC}} = E\left(1 - e^{-\frac{t}{RC}}\right)$

2 SW1로 일정시간을 유지한 후 ➡ SW2로 변환할 때(콘덴서 방전)

회로에서 콘덴서가 충분히 충전되고 난 후에 SW2로 닫게 되면($t = 0[\sec]$), 콘덴서에 충전되어 있던 전압이 R을 통해 방전되어, 콘덴서의 전압이 $E[\mathrm{V}]$를 시점으로 지수함수적으로 감소된다. 콘덴서에서 방전되는 전압만큼 R에서 소모하게 된다.

① 방전전류 : $i = -\dfrac{E}{R} e^{-\frac{t}{RC}} [\mathrm{A}]$

② 저항전압 : $v_R = R \cdot i = -E e^{-\frac{t}{RC}} [\mathrm{V}]$

③ 콘덴서 전압 : $v_C = -v_R = -E e^{-\frac{t}{RC}} [\mathrm{V}] \ (v_C + v_R = 0[\mathrm{V}])$

●실전문제 ELECTRIC ELECTRONICS

01 그림과 같은 회로에 Step 전압을 인가하면 출력전압은?(단, C는 미리 충전되어 있지 않은 상태이다.)

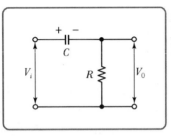

① 아무것도 나타나지 않는다.
② 같은 모양의 Step 전압이 나타난다.
③ 처음엔 입력과 같이 변했다가 지수적으로 감쇠한다.
④ 0부터 지수적으로 증가한다.

02 다음 단일 구형파를 그림과 같은 회로에 인가할 경우 출력에 나오는 출력 파형은?

①

②

③

④

정답 **01** ③ **02** ③

03 다음 회로에서 구형파의 입력을 가하는 경우 출력단의 전압 v_o 의 파형은?(단, $RC \gg \tau$ 이다.)

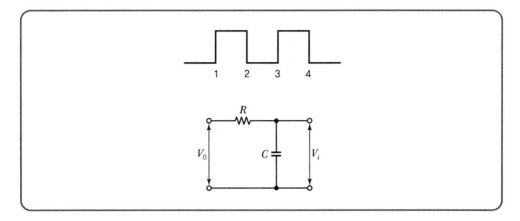

①

②

③

④

04 다음과 같은 RC 회로에 직류 기전력을 가했을 때 해당되지 않는 그림은?

① q

$Q=CE$

② i

$I=E/R$

③ q

$Q=CE$

④ V

$V=E$

05 다음 RC회로에서 $R = 50[\text{k}\Omega]$, $C = 1[\mu\text{F}]$ 일 때, 시상수 $\tau[\text{sec}]$는?

① 2×10^2

② 2×10^{-2}

③ 5×10^2

④ 5×10^{-2}

06 다음 회로에서 스위치를 움직일 때 충전시간(②)과 방전시간(①)에 대한 설명으로 옳은 것은?

18년 지방직 9급

① 방전보다 충전시간이 길다.

② 충전보다 방전시간이 길다.

③ 충전과 방전시간이 같다.

④ 전압 에너지에 따라서 충전과 방전시간이 달라진다.

07 다음 $R-C$ 직렬회로에서 $t=0$의 시점에 스위치 SW를 닫은 후, 회로에 흐르는 전류 $i_c(t)$[A] 의 파형은?(단, 콘덴서 C의 초기 충전 전하량은 0이다.)

①

②

③

④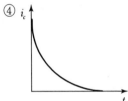

08 그림 (a)와 같이 RC 회로에 V_s의 크기를 갖는 직류전압을 인가하고 스위치를 On 시켰더니 콘덴서 양단의 전압 V_c가 그림 (b)와 같은 그래프를 나타내었다. 이 회로의 저항이 1,000[Ω]이라고 하면 콘덴서 C의 값은?

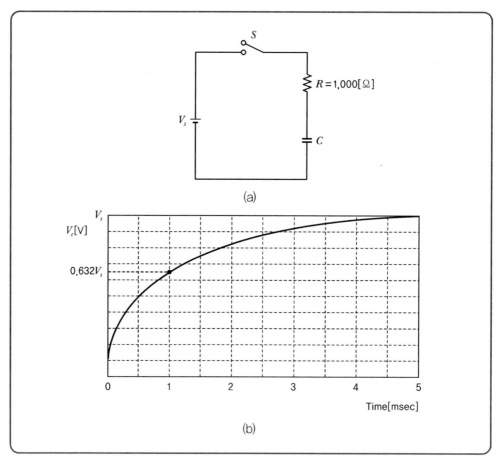

(a)

(b)

① 0.1[mF]   ② 1[mF]

③ 1[μF]   ④ 10[μF]

RL 직렬회로의 펄스 응답

🔳 SW2로 일정시간을 유지한 후 ➡ SW1로 변환할 때(코일 충전)

회로에서 스위치를 닫는 순간, 즉 $t = 0[\text{sec}]$에는 회로에 전류가 흐르지 않는다(코일이 개방의 형태로 동작). 시간이 경과됨에 따라 전류는 지수함수적으로 증가해 최종값인 $\dfrac{E}{R}$에 도달한다 (코일은 단락의 형태로 동작).

① 충전전류 : $i = \dfrac{E}{R}\left(1 - e^{-\frac{R}{L}t}\right)[\text{A}]$

② 저항전압 : $v_R = R \cdot i = E\left(1 - e^{-\frac{R}{L}t}\right)[\text{A}]$

③ 코일 전압 : $v_L = E - v_R = E - E\left(1 - e^{-\frac{R}{L}t}\right) = Ee^{-\frac{R}{L}t}[\text{V}],\ (v_L + v_R = E[\text{V}])$

🔳 SW1로 일정시간을 유지한 후 ➡ SW2로 변환할 때(코일 방전)

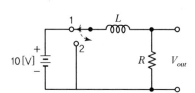

코일이 충분히 충전되고 난 후에 SW2를 닫게 되면, 코일에 충전되어 있던 전류가 R을 통해 방전되어, 코일의 전류가 $\dfrac{E}{R}$를 시점으로 지수함수적으로 감소된다.

① 방전전류 : $i = \dfrac{E}{R}\,e^{-\frac{R}{L}t}\ [\text{A}]$

② 저항전압 : $v_R = R \cdot i = Ee^{-\frac{R}{L}t}\ [\text{V}]$

③ 코일 전압 : $v_L = -v_R = -Ee^{-\frac{R}{L}t}\ [\text{V}]\,(v_L + v_R = 0\,[\text{V}])$

   ✳ 콘덴서 : 유전체에 전기장의 형태로 에너지 보존

   ✳ 코일 : 코일 주변 자기장의 형태로 에너지 보존

● 실전문제   ELECTRIC ELECTRONICS

01 RL 직렬회로의 시정수 T는 얼마인가?

① $\dfrac{wL}{R}$ ② $\dfrac{R}{wL}$ ③ $\dfrac{L}{R}$ ④ $\dfrac{R}{L}$

⑤ wLR

02 다음 회로에서 입력을 구형파로 인가하였을 때 출력파형이 틀린 것은?   07년 국가직 9급

| 입력파형 |

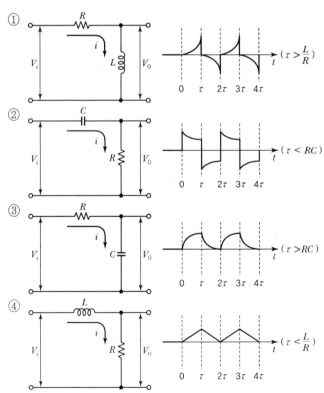

03 다음 회로에서 입력에 계단함수(Step Function)를 인가하였더니 V_o와 V_s가 그림과 같았다. $R = 1[\text{k}\Omega]$이라 할 때 L값으로 가장 적당한 것은?

① 500[H]　　　　　　　　　② 2[mH]

③ 44[mH]　　　　　　　　　④ 2[pH]

04 다음 회로에서 $t < 0$일 때 스위치가 'a' 위치에서 정상상태에 도달한 후 $t = 0$일 때 스위치를 'b'의 위치로 움직인다면, $t > 0$일 때 회로에 흐르는 전류 $I(t)$는?(단, τ는 회로의 시상수 (Time Constant)이다.)　　　　　　　　　　　　　　　　　　08년 국가직 9급

① $i(t) = E e^{\frac{-t}{\tau}}$　　　　　　　　② $i(t) = \left(\dfrac{E}{R}\right)\left(1 - e^{\frac{-t}{\tau}}\right)$

③ $i(t) = \left(\dfrac{E}{R}\right)\left(1 - 2e^{\frac{-t}{\tau}}\right)$　　　　　④ $i(t) = \left(-\dfrac{E}{R}\right)e^{\frac{-t}{\tau}}$

05 다음 회로에서 $t=0$에 스위치를 닫는다. $t>0$일 때 시정수(Time Constant)$[\mu s]$은?

10년 지방직 9급

① 1

② 2

③ 3

④ 4

06 다음 회로 (a), (b)에서 스위치 S_1, S_2를 동시에 닫았다. 이후 2초 경과 시 $(I_1 - I_2)$[A]로 가장 적절한 것은?(단, L과 C의 초기전류와 초기전압은 0이다.)

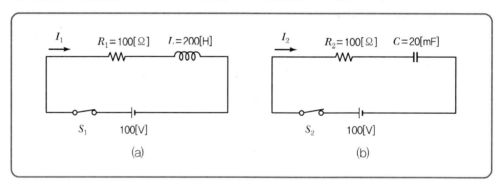

① 0.264

② 0.368

③ 0.632

④ 0.896

07 다음 회로에서 $t = 0$에서 스위치 SW를 닫을 때, $R - L$ 회로의 시정수 $T[s]$와 $i(t)$의 정상상태에서 전류[A]는?(단, 정상상태는 스위치를 닫은 후 시간이 오래 지난 상태를 의미한다.)

	시정수 $T[s]$	정상상태 전류[A]
①	1	1
②	1	3
③	3	1
④	3	3

08 $R - L$ 직렬 회로에 $t = 0$에서 일정 크기의 직류전압을 인가하였다. 저항과 인덕터의 전압, 전류 파형 중에서 $t > 0$ 이후에 그림과 같은 형태로 나타나는 것은?(단, 인덕터의 초기 전류는 0[A]이다.) 22년 지방직 9급

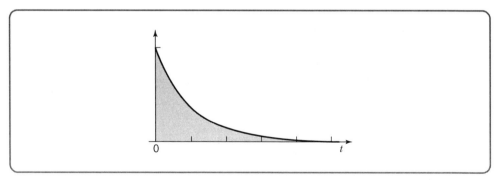

① 저항 R의 전류 파형   ② 저항 R의 전압 파형
③ 인덕터 L의 전류 파형   ④ 인덕터 L의 전압 파형

정답 **07** ④ **08** ④

지수함수의 이해

1 지수함수의 이해

① Ae^{-t} 형태의 파형

Ae^{-t} 형태		파형
t	e^{-t}	
$t=0$	$e^{-0}=1$	
$t=1$	$e^{-1}=\dfrac{1}{e}=0.368$	
$t=5$	$e^{-5}=\dfrac{1}{e^5}=0.007$	
$t=\infty$	$e^{-\infty}=0$	

② $A(1-e^{-t})$ 형태의 파형

$A(1-e^{-t})$ 형태		파형
t	$(1-e^{-t})$	
$t=0$	$1-1=0$	
$t=1$	$1-0.368=0.632$	
$t=5$	$1-0.007=0.993$	
$t=\infty$	$1-0=1$	

③ 시정수에 따른 파형의 변화

지수 형태			파형
RC	$e^{-\frac{t}{RC}}$	$\left(1-e^{-\frac{t}{RC}}\right)$	
$RC=1$	$t=1 \rightarrow e^{-1}=0.368$	$1-0.368=0.632$	
$RC=5$	$t=5 \rightarrow e^{-1}=0.368$	$1-0.368=0.632$	
$RC=10$	$t=10 \rightarrow e^{-1}=0.368$	$1-0.368=0.632$	

●실전문제

E L E C T R I C   E L E C T R O N I C S

01 완전방전상태인 $0.01[\mu F]$의 커패시터와 $5[M\Omega]$의 저항 그리고 $100[V]$ 전원이 직렬로 연결 되었다. $50[msec]$ 후에 저항에 걸리는 전압[V]은?   09년 국가직 9급

① 13.5   ② 36.8   ③ 63.2   ④ 86.5

02 다음 회로의 시정수를 구하시오. (단, $R = 10[k\Omega]$, $C = 1[\mu F]$ 이다.)

① 0.01[ms]   ② 0.022[ms]
③ 1[ms]   ④ 2.2[ms]
⑤ 10[ms]

03 다음 회로에서 스위치가 OFF될 때 회로의 방전 시정수는 얼마인가?(단, $R_1 = R_2 = 1[k\Omega]$, $C = 1[\mu F]$)

① 0.5[ms]   ② 1[ms]
③ 1.5[ms]   ④ 2[ms]
⑤ 2.5[ms]

04 다음 R−L 회로에서 $t = 0$인 시점에서 스위치(SW)를 닫았을 때에 대한 설명으로 옳은 것은?

12년 국가직 9급

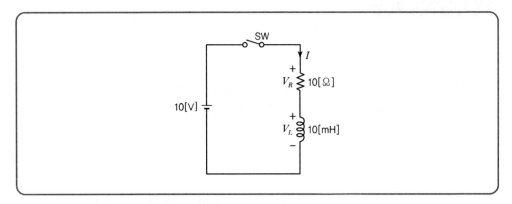

① 회로에 흐르는 초기 전류($t = 0^+$)는 1[A]이다.

② 회로의 시정수는 10[ms]이다.

③ 최종적($t = \infty$)으로 V_R 양단의 전압은 10[V]이다.

④ 최초($t = 0^+$)의 V_L 양단의 전압은 0[V]이다.

05 R−L 직렬회로의 양단 $t = 0$인 순간에 직류전압 E[V]를 인가하였다. t초 후 상태에 대한 설명으로 옳지 않은 것은?(단, L의 초기전류는 0이다.)

09년 지방직 9급

① 회로의 시정수는 전원 인가 시간 t와는 무관하게 일정하다.

② t가 무한한 경우에 저항 R의 단자전압 $v_R(t)$은 E로 수렴한다.

③ 회로의 전류 $i(t) = \dfrac{E}{R}\left(1 - e^{-\frac{L}{R}t}\right)$이다.

④ 인덕턴스 L의 단자전압 $v_L(t) = Ee^{-\frac{R}{L}t}$이다.

정답 **04** ③ **05** ③

미/적분회로의 이해

1 다음 회로들을 보고 시정수에 따른 저항(R), 콘덴서(C), 코일(L) 각각의 전압을 파형으로 그려 보시오.

① V_R, V_C

② V_R, V_L

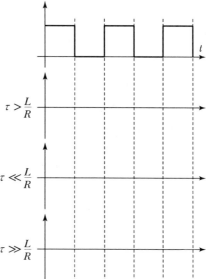

2 다음 파형을 미분과 적분으로 나타내시오.

3 적분회로(Integral Circuit)

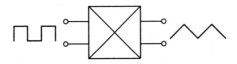

① 적분이란 더한다는 뜻으로 면적을 생각하면 된다. 입력파형에 대해서 적분된 형태의 출력파형은 다소 차이가 있긴 하나 시정수가 펄스 폭보다 훨씬 큰 경우의 출력파형에 근접된다.
② 시간에 비례하는 전압(또는 전류)파형, 즉 톱날파의 신호를 지연시키는 회로에 쓰인다.
③ $RC \gg \tau$, $\dfrac{L}{R} \gg \tau$ (τ는 펄스 폭이고, RC, L/R는 시정수)

4 미분회로(Differential Circuit)

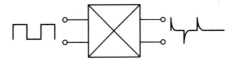

① 미분이란 접선의 기울기로 입력파형이 실제의 펄스모양처럼 상승부와 하강부에 급상승하는 혹은 급하강하는 기울기가 있다고 보면, 입력파형의 미분된 형태는 시정수가 펄수 폭보다 훨씬 작은 경우의 출력파형이 될 것이다.
② 직사각형파로부터 펄스 폭이 좁은 트리거(Trigger) 펄스를 얻는 데 자주 쓰인다.
③ $RC \ll \tau$, $\dfrac{L}{R} \ll \tau$ (τ는 펄스 폭이고, RC, L/R는 시정수)

● 실전문제   ELECTRIC ELECTRONICS

01 다음 중 미분기로 사용할 수 있는 회로는?

① 저역통과 RC 회로 ② 고역통과 RC 회로
③ 대역통과 RC 회로 ④ 대역소거 RC 회로

02 삼각파의 미분 출력파형은?

① 정현파   ② 여현파   ③ 삼각파   ④ 구형파

03 적분회로를 사용할 수 있는 회로는?

① 저역통과 RC 회로 ② 고역통과 RC 회로
③ 대역통과 RC 회로 ④ 대역소거 RC 회로

04 다음은 1차 RC 고역통과필터(High－Pass Filter)에 인가한 입력 펄스 파형과 그때 얻어진 출력파형을 그린 것이다. 필터의 차단주파수 f_c와 인가한 펄스 파형의 주기(T)의 관계로 옳은 것은?

08년 국가직 9급

① $\dfrac{1}{2\pi f_c} \ll T$ ② $\dfrac{1}{2\pi f_c} \approx T$ ③ $\dfrac{1}{2\pi f_c} \gg T$ ④ 관계없다.

05 다음 회로에서 기전력 E를 가하고 S.W를 ON하였을 때 저항 양단의 전압 V_R은 t초 후에 어떻게 표시되는가?

06 다음의 RL 회로에 있어서 스위치 S를 넣는 순간의 기전력 E에서 t초 후 회로에 흐르는 전류 i는 어떻게 표시되는가?

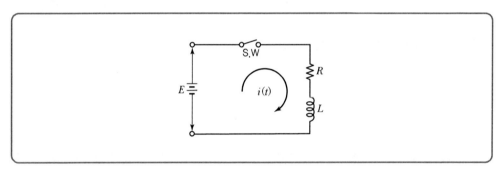

① $\dfrac{E}{R}e^{-\frac{R}{L}t}$

② $\dfrac{E}{R}e^{-\frac{L}{R}t}$

③ $\dfrac{E}{R}\left(1-e^{-\frac{L}{R}t}\right)$

④ $\dfrac{E}{R}\left(1-e^{-\frac{R}{L}t}\right)$

07 다음 회로에서 기전력 E를 가하고 S.W를 ON하였을 때 콘덴서 양단의 전압 V_C은 $t=1$초 후에 어떻게 표시되는가?(단, $E=50[V]$, $R=100[k\Omega]$, $C=100[\mu F]$이다.) 08년 경기도 9급

① $50(1-e^{-10})[V]$

② $50(1-e^{-0.1})[V]$

③ $50(e^{-10})[V]$

④ $50(e^{-0.1})[V]$

08 다음 회로가 $t<0$일 때 스위치를 닫은 상태로 정상상태에 도달한 후, $t=0$에서 스위치를 개방할 때 출력신호는?(단, V는 직류전원이다.) 09년 국가직 9급

① $v_o = \dfrac{R_2 V}{R_1 + R_2}$

② $v_o = \dfrac{R_2 V}{R_1 + R_2} e^{-\frac{t}{R_3 C}}$

③ $v_o = \dfrac{R_2 V}{R_1 + R_2} e^{-\frac{t}{(R_1 + R_3)C}}$

④ $v_o = \dfrac{R_2 V}{R_1 + R_2} e^{-\frac{t}{(R_2 + R_3)C}}$

09 다음의 CR 회로에서 지수함수적으로 증가하는 경우는 어느 것인가?

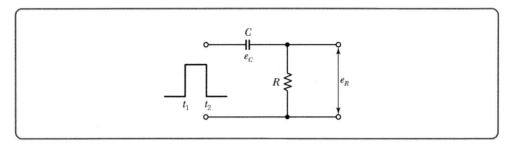

① t_1에서의 E_C　　　　　　　② t_1에서의 E_R

③ t_2에서의 E_C　　　　　　　④ t_2에서의 E_R+E_C

10 그림의 회로에 $t=0$에서 직류전압 $V=50[\text{V}]$를 인가할 때, 정상상태 전류 $I[\text{A}]$는?(단, 회로의 시정수는 $2[\text{ms}]$, 인덕터의 초기전류는 $0[\text{A}]$이다.)　　　　19년 지방직 9급

① 12.5　　　　　　　　　　② 25

③ 35　　　　　　　　　　　④ 50

11 그림과 같은 회로에서 스위치를 B에 접속하여 오랜 시간이 경과한 후에 $t=0$에서 A로 전환하였다. $t=0^+$에서 커패시터에 흐르는 전류 $i(0^+)[\text{mA}]$와 $t=2$에서 커패시터와 직렬로 결합된 저항 양단의 전압 $v(2)[\text{V}]$은?　　　　19년 지방직 9급

	$i(0^+)$[mA]	$v(2)$[V]		$i(0^+)$[mA]	$v(2)$[V]
①	0	약 74	②	0	약 126
③	1	약 74	④	1	약 126

12 그림의 회로에서 $t=0$일 때, 스위치 SW를 닫았다. 시정수 τ[s]는? 20년 지방직 9급

① $\dfrac{1}{2}$

② $\dfrac{2}{3}$

③ 1

④ 2

13 그림과 같은 $R-C$회로에서 입력 전압이 $V_{in}(t)$로 주어질 때, 커패시터 C의 양단 전압 $V_C(t)$와 $V_{in}(t)$ 간의 관계식으로 가장 옳은 것은?(단, 회로에서 저항의 저항 값은 R[Ω], 커패시터의 정전용량은 C[F]이다.)

① $V_C(t) = \dfrac{1}{RC}\dfrac{dV_i(t)}{dt} + V_i(t)$

② $V_C(t) = RC\dfrac{dV_i(t)}{dt} + V_i(t)$

③ $V_i(t) = \dfrac{1}{RC}\dfrac{dV_C(t)}{dt} + V_C(t)$

④ $V_i(t) = RC\dfrac{dV_C(t)}{dt} + V_C(t)$

시정수(Time Constant)

1 시정수의 정의 및 물리적 의미

① 1차 회로에서 직류전원을 인가한 경우 회로의 전압, 전류는 다음의 형태를 가진다.

$$y(t) = A + Be^{-\frac{t}{\tau}} \ (A, \ B는 \ 상수)$$

② 상기 식에서 A는 강제응답, $Be^{-\frac{t}{\tau}}$는 고유응답이다.

③ 고유응답이 초깃값(B)의 $\frac{1}{e}$배가 되는 데 걸리는 시간(τ)를 시상수라고 하며,
고유응답이 감쇠하는 정도를 나타내는 데 사용된다.

④ $t = \tau, \ 2\tau, \ 3\tau, \ 4\tau, \ 5\tau[\sec]$일 때 고유응답의 크기를 구하면 다음과 같다.

시간 t	$Be^{\frac{t}{\tau}}$	$Be^{-\frac{t}{\tau}}$	$B\left(1 - e^{-\frac{t}{\tau}}\right)$
0	1	B	
τ			
2τ			
3τ			
4τ			
5τ			
∞			

2 시정수 구하는 법

① 회로 내의 독립전원을 제거한다(전류원 개방 / 전압원 단락).

② 회로를 $L-R$ 또는 $C-R$ 부분으로 나눈다.

③ 상기 ②에서 나눈 각 부분에 대해 등가인덕턴스, 등가저항, 등가커패시턴스를 구한다.

→ $L_{eq} - R_{eq}$ 또는 $C_{eq} - R_{eq}$

④ $\tau = \dfrac{L_{eq}}{R_{eq}}$ 또는 $\tau = R_{eq}C_{eq}$를 이용하여 시정수를 계산한다.

3 $\tau > 0$일 때 상수 A, B의 물리적 의미

① $t = \infty$일 때

$$y(\infty) = A + Be^{-\infty} = A \quad \therefore A = y(\infty)$$

② $t = t_0$일 때(t_0는 초기시간)

$$y(t_0) = A + Be^{-\frac{t_0}{\tau}} = y(\infty) + Be^{-\frac{t_0}{\tau}} \quad \therefore B = \{y(t_0) - y(\infty)\}e^{\frac{t_0}{\tau}}$$

③ 상기 결과들을 원래 식에 대입하면 다음과 같다.

$$y(t) = y(\infty) + \{y(t_0) - y(\infty)\}e^{-\frac{t-t_0}{\tau}}$$

④ 즉, 직류전원이 인가된 1차 회로의 응답은 미분방정식 대신 초깃값 $y(t_0)$, 최종값 $y(\infty)$, 시상수 τ만으로 구할 수 있다.

>> 예제 ①

문제 다음 두 회로의 시상수 τ_1, τ_2를 각각 구하시오.

풀이
① $\tau_1 = 1[\sec]$
② $\tau_2 = 6[\sec]$

≫ 예제 ❷

문제 다음 회로를 보고, 스위치 OFF 시와 스위치 ON 시의 각각의 시정수를 구하시오.

풀이

① $ON = (R_1 /\!/ R_2) + R_3) C$

　$OFF = (R_2 + R_3) C$

② $ON = \dfrac{0.1}{5} = 0.02 [\sec]$

　$OFF = \dfrac{0.1}{15} [\sec]$

③ $ON = \dfrac{4}{1} = 4 [\sec]$

　$OFF = \dfrac{4}{2} = 2 [\sec]$

PART
07

2포트
회로의
이해

CHAPTER 01

ELECTRIC ELECTRONICS

2포트 회로

1 기본회로도 및 전제조건

① 각 포트에서 +단자로 들어가는 전류와 −단자에서 나오는 전류가 동일하다.(포트 조건)
② 회로 내부에 독립전원이 존재하지 않는다.
③ 회로 내부의 초기 저장 에너지가 0[J]이다.

2포트 파라미터

■1 z – parameter(임피던스 파라미터)

① 포트전압전류 관계식

㉠ $V_1 = z_{11}I_1 + z_{12}I_2$, $V_2 = z_{21}I_1 + z_{22}I_2$

㉡ z_{11}을 구하는 방법

- 식의 양변을 I_1로 나눈다. → $\dfrac{V_1}{I_1} = z_{11} + z_{12}\dfrac{I_2}{I_1}$

- 이때 우변에는 z_{12}에 의한 효과가 존재하는데$\left(z_{12}\dfrac{I_2}{I_1}\ \text{항} \right)$ 이는 $I_2 = 0$ (즉, 포트2 개방)으로 두고 제거한다.

- 따라서, z_{11}은 다음과 같이 표현한다.

$$z_{11} = \left. \dfrac{V_1}{I_1} \right|_{I_2 = 0}$$

- 위 수식을 보는 방법은 '출력포트(포트2)를 강제 개방시킨 상태에서 입력전류 I_1에 대한 입력전압 V_1의 비'를 뜻한다.

② 같은 방법으로 나머지 파라미터들도 아래와 같이 표현할 수 있다. $I_1 = 0$는 입력포트(포트1)를 강제 개방시킨 것을 뜻한다.

$$z_{11} = \left. \dfrac{V_1}{I_1} \right|_{I_2 = 0} \qquad\qquad z_{12} = \left. \dfrac{V_1}{I_2} \right|_{I_1 = 0}$$

$$z_{21} = \left. \dfrac{V_2}{I_1} \right|_{I_2 = 0} \qquad\qquad z_{22} = \left. \dfrac{V_2}{I_2} \right|_{I_1 = 0}$$

2 y – parameter(어드미턴스 파라미터)

① 포트전압전류 관계식

㉠ $I_1 = y_{11} V_1 + y_{12} V_2$, $I_2 = y_{21} V_1 + y_{22} V_2$

㉡ y_{11}을 구하는 방법

- 식의 양변을 V_1로 나눈다. $\rightarrow \dfrac{I_1}{V_1} = y_{11} + y_{12} \dfrac{V_2}{V_1}$

- 이때 우변에는 y_{12}에 의한 효과가 존재하는데 $\left(y_{12} \dfrac{V_2}{V_1} \text{ 항} \right)$ 이는 $V_2 = 0$(즉, 포트2 단락)으로 두고 제거한다.

- 따라서, y_{11}은 다음과 같이 표현한다.

$$y_{11} = \left. \dfrac{I_1}{V_1} \right|_{V_2 = 0}$$

- 위 수식은 '출력포트(포트2)를 강제 단락시킨 상태에서 입력전압 V_1에 대한 입력전류 I_1의 비'를 뜻한다.

② 같은 방법으로 나머지 파라미터들도 아래와 같이 표현할 수 있다. $V_1 = 0$은 입력포트 (포트1)를 강제 단락시킨 것을 뜻한다.

$$y_{11} = \left. \dfrac{I_1}{V_1} \right|_{V_2 = 0} \qquad\qquad y_{12} = \left. \dfrac{I_1}{V_2} \right|_{V_1 = 0}$$

$$y_{21} = \left. \dfrac{I_2}{V_1} \right|_{V_2 = 0} \qquad\qquad y_{22} = \left. \dfrac{I_2}{V_2} \right|_{V_1 = 0}$$

3 a – parameter(전송 파라미터, t – parameter 또는 ABCD – parameter)

① $V_1 = a_{11} V_2 - a_{12} I_2$, $I_1 = a_{21} V_2 - a_{22} I_2$

② 물리적 의미

$$a_{11} = \left. \dfrac{V_1}{V_1} \right|_{I_2 = 0} \qquad\qquad a_{12} = - \left. \dfrac{V_1}{V_2} \right|_{V_2 = 0}$$

$$a_{21} = \left. \dfrac{I_1}{V_2} \right|_{I_2 = 0} \qquad\qquad a_{22} = - \left. \dfrac{I_1}{I_2} \right|_{V_2 = 0}$$

4 h − parameter(하이브리드 파라미터)

① $V_1 = h_{11}I_1 + h_{12}V_2$, $I_2 = h_{21}I_1 + h_{22}V_2$

② 물리적 의미

$$h_{11} = \left.\frac{V_1}{I_1}\right|_{V_2=0} \qquad h_{12} = \left.\frac{V_1}{V_2}\right|_{I_1=0}$$

$$h_{21} = \left.\frac{I_2}{I_1}\right|_{V_2=0} \qquad h_{22} = \left.\frac{I_2}{V_2}\right|_{I_1=0}$$

5 전송 파라미터(ABCD parameter)

① $V_1 = AV_2 + BI_2$

② $I_1 = CV_2 + DI_2$

③ $A = \left.\dfrac{V_1}{V_2}\right|_{I_2=0}$ → 출력을 개방했을 때 전압이득

④ $B = \left.\dfrac{V_1}{I_2}\right|_{V_2=0}$ → 출력을 단락했을 때 전달 임피던스

⑤ $C = \left.\dfrac{I_1}{V_2}\right|_{I_2=0}$ → 출력을 개방했을 때 전달 어드미턴스

⑥ $D = \left.\dfrac{I_1}{I_2}\right|_{V_2=0}$ → 출력을 단락했을 때 전류이득

⑦ 기본회로에서 ABCD parameter 값들

	A	B	C	D
Z (직렬)	1	Z	0	1
Z (병렬)	1	0	$\dfrac{1}{Z}$	1
Z_1, Z_2	$1 + \dfrac{Z_1}{Z_2}$	Z_1	$\dfrac{1}{Z_2}$	1

	A	B	C	D
Z_2 series, Z_1 shunt circuit	1	Z_2	$\dfrac{1}{Z_1}$	$1+\dfrac{Z_2}{Z_1}$
Z_1, Z_3 series, Z_2 shunt (T) circuit	$1+\dfrac{Z_1}{Z_2}$	$\dfrac{Z_1 Z_2 + Z_2 Z_3 + Z_3 Z_1}{Z_2}$	$\dfrac{1}{Z_2}$	$1+\dfrac{Z_3}{Z_2}$
Z_2 series, Z_1, Z_3 shunt (π) circuit	$1+\dfrac{Z_2}{Z_3}$	Z_2	$\dfrac{Z_1 + Z_2 + Z_3}{Z_1 Z_3}$	$1+\dfrac{Z_2}{Z_1}$

● 실전문제 ELECTRIC ELECTRONICS

01 다음 그림과 같은 T형 4단자망 회로에서 4단자 정수 A와 C를 나타낸 것으로 옳은 것은?

09년 지방직 9급

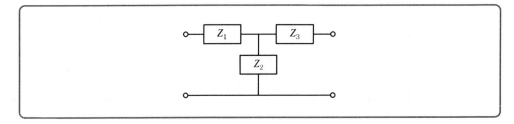

① $A = 1 + \dfrac{Z_1}{Z_2}, \quad C = \dfrac{1}{Z_2}$

② $A = 1 + \dfrac{Z_1}{Z_3}, \quad C = \dfrac{1}{Z_3}$

③ $A = 1 + \dfrac{Z_2}{Z_1}, \quad C = \dfrac{1}{Z_2}$

④ $A = 1 + \dfrac{Z_1}{Z_2}, \quad C = \dfrac{1}{Z_3}$

02 다음 회로의 임피던스 파라미터(Z parameter)로 옳은 것은?

14년 서울시 9급

① $Z_{11} = 24[\Omega], \ Z_{21} = 8[\Omega], \ Z_{12} = 8[\Omega], \ Z_{22} = 8[\Omega]$

② $Z_{11} = 8[\Omega], \ Z_{21} = 8[\Omega], \ Z_{12} = 8[\Omega], \ Z_{22} = 24[\Omega]$

③ $Z_{11} = 16[\Omega], \ Z_{21} = 8[\Omega], \ Z_{12} = 8[\Omega], \ Z_{22} = 32[\Omega]$

④ $Z_{11} = 32[\Omega], \ Z_{21} = 8[\Omega], \ Z_{12} = 8[\Omega], \ Z_{22} = 16[\Omega]$

⑤ $Z_{11} = 32[\Omega], \ Z_{21} = 8[\Omega], \ Z_{12} = 8[\Omega], \ Z_{22} = 32[\Omega]$

03 다음 회로에서 임피던스 파라미터[Ω]는 얼마인가?(단, $R_1 = 2[\Omega]$, $R_2 = 4[\Omega]$, $R_3 = 3[\Omega]$ 이다.)

14년 국회직 9급

① $\begin{bmatrix} 2 & 4 \\ 4 & 3 \end{bmatrix}$

② $\begin{bmatrix} 4 & 6 \\ 7 & 4 \end{bmatrix}$

③ $\begin{bmatrix} 6 & 4 \\ 4 & 7 \end{bmatrix}$

④ $\begin{bmatrix} 4 & 7 \\ 6 & 4 \end{bmatrix}$

⑤ $\begin{bmatrix} 7 & 4 \\ 4 & 6 \end{bmatrix}$

04 그림과 같은 2포트 회로망에서 임피던스 파라미터(Z – parameter)는?

① $Z_{11} = 2 - j4[\Omega]$, $Z_{12} = -j4[\Omega]$, $Z_{21} = -j4[\Omega]$, $Z_{22} = -j2[\Omega]$

② $Z_{11} = 2 - j4[\Omega]$, $Z_{12} = -j4[\Omega]$, $Z_{21} = -j4[\Omega]$, $Z_{22} = j2[\Omega]$

③ $Z_{11} = 2 - j4[\Omega]$, $Z_{12} = -j4[\Omega]$, $Z_{21} = j4[\Omega]$, $Z_{22} = j2[\Omega]$

④ $Z_{11} = 2 - j4[\Omega]$, $Z_{12} = j4[\Omega]$, $Z_{21} = j4[\Omega]$, $Z_{22} = j2[\Omega]$

05 다음 2 - 포트 회로망의 z - 파라미터에서 z_{11}은? 12년 국가직 7급

① 1

② $1 + \dfrac{2}{s}$

③ $\dfrac{2}{s}$

④ $s + \dfrac{2}{s}$

06 y - 파라미터 $[y] = \begin{bmatrix} \dfrac{1}{2} & -\dfrac{1}{4} \\ -\dfrac{1}{4} & \dfrac{3}{8} \end{bmatrix}$ 를 갖는 회로가 있다. 이 회로를 저항만으로 나타낸 등가회

로로 옳은 것은?

①

②

③

④

07 아래 회로에 대한 4단자 파라미터 행렬이 다음 식으로 주어질 때, 파라미터 A와 D를 구하면?

08년 국가직 9급

$$\begin{bmatrix} V_1 \\ I_1 \end{bmatrix} = \begin{bmatrix} A & B \\ C & D \end{bmatrix} \begin{bmatrix} V_2 \\ I_2 \end{bmatrix}$$

① 3, 6   ② 4, 12

③ 6, 3   ④ 12, 4

08 다음 회로에 대한 전송 파라미터 행렬이 아래 식으로 주어질 때, 파라미터 A와 D는?

12년 국가직 9급

$$\begin{bmatrix} V_1 \\ I_1 \end{bmatrix} = \begin{bmatrix} A & B \\ C & D \end{bmatrix} \begin{bmatrix} V_2 \\ -I_2 \end{bmatrix}$$

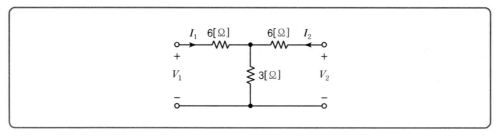

	A	D			A	D
①	3	2		②	3	3
③	4	3		④	4	4

09 아래 회로망의 전송파라미터 중 파라미터 A는?

① 4+jw

② 2+jw

③ 1+jw

④ 1+j2w

10 아래 회로의 h-파라미터 값을 h_{11}, h_{12}, h_{21}, h_{22}의 순서로 바르게 나열한 것은?

① 10, 1, −1, 5

② 10, 1, −1, 0.2

③ 10, −1, 1, 5

④ 10, −1, 1, 0.2

11 다음 2포트 회로망에서 입출력 전압 및 전류 관계를 $V_1 = A V_2 - B I_2$와 $I_1 = C V_2 - D I_2$로 표현할 때, $A + B + C + D$ 값은?

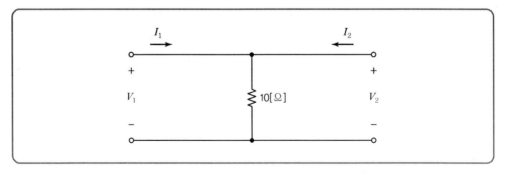

① 0.1

② 2.1

③ 10.1

④ 11.1

정답 09 ④ 10 ② 11 ②

12 다음 회로의 전송파라미터 $[A,\ B,\ C,\ D$ 정수$]$로 옳은 것은? 15년 국회직 9급

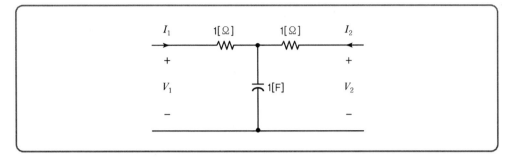

① $\begin{pmatrix} 1+j\omega & 2+j\omega \\ j\omega & 1+j\omega \end{pmatrix}$

② $\begin{pmatrix} j\omega & 2+j\omega \\ 1+j\omega & 1+j\omega \end{pmatrix}$

③ $\begin{pmatrix} 1+j\omega & 1+j\omega \\ j\omega & 1+j\omega \end{pmatrix}$

④ $\begin{pmatrix} 1+j\omega & 1+j\omega \\ j\omega & 2+j\omega \end{pmatrix}$

⑤ $\begin{pmatrix} 1+j\omega & 2+j\omega \\ 2+j\omega & 1+j\omega \end{pmatrix}$

13 그림과 같은 4단자 회로망을 전송파라미터(ABCD 파라미터)의 관계로 4단자 정수의 특징을 나타내는 $A,\ B,\ C,\ D$ 값으로 순서대로 나열한 것은?(단, 출력 측을 개방하니 $V_1 = 12[\text{V}]$, $I_1 = 2[\text{A}]$, $V_2 = 4[\text{V}]$였고, 출력 측을 단락하니 $V_1 = 16[\text{V}]$, $I_1 = 4[\text{A}]$, $I_2 = 8[\text{A}]$였다.) 22년 군무원 9급

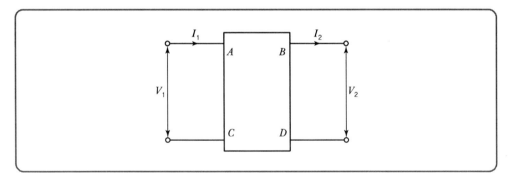

① 3, 8, 0.5, 2

② 3, 2, 0.5, 0.5

③ 0.5, 0.5, 3, 8

④ 2, 3, 8, 0.5

PART

08

라플라스
변환

라플라스 변환의 개요

1 정의

① t에 관한 함수 $f(t)$의 라플라스 변환(복소함수) $F(s)$는 다음과 같다.

$$F(s) = \mathcal{L}\,[f(t)] = \int_{0-}^{\infty} f(t)\,e^{-st}\,dt$$

② 위 적분에서 하한은 $0-$ 외에 0, $0+$로 두기도 하는데 하한을 $0-$로 두면 $t = 0$에서 불연속 문제가 저절로 해결되므로 편리하다.

③ 라플라스 변환은 $t \geqq 0$에서 정의되므로 (두 함수 $f(t)$, $g(t)$에 대해)

　㉠ $t < 0$인 영역에서 $f(t) \neq g(t)$이어도

　㉡ $t \geqq 0$인 영역에서　$f(t) = g(t)$이면

　㉢ $F(s) = G(s)$이다.

즉, 라플라스변환이 정의되는 구간에서 어느 두 함수가 같으면 각 함수의 라플라스 변환은 서로 같다.

　예 $1 \neq u(t)\ (-\infty < t < \infty)$이지만 $1 = u(t)\ (t \geqq 0)$이므로

$$\mathcal{L}\,[1] = \mathcal{L}\,[u(t)] = \frac{1}{s}$$

2 역라플라스 변환(Inverse Laplace Transform)

① $F(s)$로부터 거꾸로 $f(t)$를 구하는 과정이며 다음과 같다.

$$f(t) = \mathcal{L}^{-1}[F(s)] = \frac{1}{2\pi j} \int_{c-j\infty}^{c+j\infty} F(s)\,e^{st}\,ds$$

② 위 적분을 계산하려면 복소함수의 경로적분에 관한 지식이 필요하다. 그래서 실제로는 적분을 이용하여 역변환하지 않고, 중요한 몇 가지 역변환 공식을 암기해서 역변환에 활용하는 것이 편리하다.

③ 시간영역 해석 vs. s영역 해석(라플라스 변환 해석)

계단함수 및 임펄스함수

	계단함수(Step Function)	임펄스함수(Impulse Function)
정의	$u(t) = \begin{cases} 1, & t > 0 \\ ?, & t = 0 \\ 0, & t < 0 \end{cases}$ 	$\delta(t) = \begin{cases} \infty, & t = 0 \\ 0, & t \neq 0 \end{cases}$ $\displaystyle\int_{-\infty}^{\infty} \delta(t)dt = \int_{0-}^{0+} \delta(t)dt = 1$
성질	$K\,u(t)$: 증폭, 선형성	$K\,\delta(t)$: 증폭, 선형성
	$u(-t)$: 대칭	$\delta(-t) = \delta(t)$, 우함수
		y축 대칭(우함수)
	$u(t-t_0)$: 이동	$\delta(t-t_0)$: 이동
	펄스함수 : $u(t-t_1) - u(t-t_2),\ t_1 < t_2$	선별성(Sifting Property)
		$f(t)\delta(t-t_0) = f(t_0)\delta(t-t_0)$
상호 관계	\multicolumn{2}{} $\displaystyle\int_{-\infty}^{t} \delta(x)dx = \begin{cases} 0, & t < 0 \\ 1, & t > 0 \end{cases}$ 이므로 $\displaystyle\int_{-\infty}^{t} \delta(x)dx = u(t)$ 양변을 미분하면 $\delta(t) = \dfrac{du(t)}{dt}$	

주요 함수의 라플라스 변환

	$f(t)/f(t)u(t)$	$F(s)$	유 도 과 정
1	$\delta(t)$	1	$\mathcal{L}[\delta(t)] = \int_{0-}^{\infty} \delta(t)e^{-st}\,dt = \int_{0-}^{\infty}\delta(t)\,dt$ $= \int_{0-}^{0+}\delta(t)\,dt = 1$
2	1 $u(t)$	$\dfrac{1}{s}$	$\mathcal{L}[1] = \int_{0-}^{\infty} e^{-st}\,dt = -\dfrac{1}{s}[e^{-st}]_0^{\infty} = -\dfrac{1}{s}(0-1) = \dfrac{1}{s}$
3	t $t\,u(t)$	$\dfrac{1}{s^2}$	$\mathcal{L}[t] = \int_{0-}^{\infty} te^{-st}\,dt = -\dfrac{1}{s}[te^{-st}]_0^{\infty} + \dfrac{1}{s}\int_{0-}^{\infty} e^{-st}\,dt$ $= -\dfrac{1}{s}(\infty e^{-\infty s} - 0) - \dfrac{1}{s^2}[e^{-st}]_0^{\infty}$ $= \dfrac{1}{s^2}$
4	e^{-at} $e^{-at}u(t)$	$\dfrac{1}{s+a}$	$\mathcal{L}[e^{-at}] = \int_0^{\infty} e^{-at}e^{-st}\,dt = \int_{0-}^{\infty} e^{-(a+s)t}\,dt$ $= -\dfrac{1}{s+a}[e^{-(a+s)t}]_0^{\infty} = -\dfrac{1}{s+a}(0-1) = \dfrac{1}{s+a}$
5	$\sin wt$ $\sin wt\,u(t)$	$\dfrac{w}{s^2+w^2}$	㉠ $\mathcal{L}[e^{jwt}] = \mathcal{L}[\cos wt + j\sin wt]$ $= \mathcal{L}[\cos wt] + j\mathcal{L}[\sin wt]$
6	$\cos wt$ $\cos wt\,u(t)$	$\dfrac{s}{s^2+w^2}$	㉡ $\mathcal{L}[e^{jwt}] = \dfrac{1}{s-jw} = \dfrac{s+jw}{s^2+w^2} = \dfrac{s}{s^2+w^2} + j\dfrac{w}{s^2+w^2}$ ㉢ 위 ㉠, ㉡식에 의해서 $\mathcal{L}[\cos wt] = \dfrac{s}{s^2+w^2}$, $\mathcal{L}[\sin wt] = \dfrac{w}{s^2+w^2}$
7	$e^{-at}\sin wt$ $e^{-at}\sin wt\,u(t)$	$\dfrac{w}{(s+a)^2+w^2}$	㉠ $\mathcal{L}[e^{(-a+jw)t}] = \mathcal{L}[e^{-at}e^{jwt}]$ $= \mathcal{L}[e^{-at}(\cos wt + j\sin wt)]$ $= \mathcal{L}[e^{-at}\cos wt] + j\,\mathcal{L}[e^{-at}\sin wt]$ ㉡ $\mathcal{L}[e^{(-a+jw)t}] = \dfrac{1}{s+a-jw} = \dfrac{s+a+jw}{(s+a)^2+w^2}$ $= \dfrac{s+a}{(s+a)^2+w^2} + j\dfrac{w}{(s+a)^2+w^2}$
8	$e^{-at}\cos wt$ $e^{-at}\cos wt\,u(t)$	$\dfrac{s+a}{(s+a)^2+w^2}$	㉢ 위 ㉠, ㉡식에 의해서 $\mathcal{L}[e^{-at}\cos wt] = \dfrac{s+a}{(s+a)^2+w^2}$ $\mathcal{L}[e^{-at}\sin wt] = \dfrac{w}{(s+a)^2+w^2}$

04 주요 연산의 라플라스 변환

	$f(t)$	$F(s)$	유 도 과 정
1	$Kf(t)$	$KF(s)$	$\mathcal{L}[Kf(t)] = \int_{0-}^{\infty} KF(t)e^{-st}\,dt = K\int_{0-}^{\infty} f(t)e^{-st}\,dt$ $\qquad = KF(s)$
2	$f_1(t) \pm f_2(t)$	$F_1(s) \pm F_2(s)$	$\mathcal{L}[f_1(t) \pm f_2(t)] = \int_{0-}^{\infty} (f_1(t) \pm f_2(t))e^{-st}\,dt$ $\qquad = \int_{0-}^{\infty} f_1(t)e^{-st}dt \pm \int_{0-}^{\infty} f_2(t)e^{-st}dt$ $\qquad = F_1(s) \pm F_2(s)$
3	$\dfrac{df(t)}{dt}$	$sF(s) - f(0-)$	$\mathcal{L}[f'(t)] = \int_{0-}^{\infty} f'(t)e^{-st}\,dt$ $\qquad = [f(t)e^{-st}]_{0-}^{\infty} + \int_{0-}^{\infty} f(t)se^{-st}dt$ $\qquad = f(\infty)e^{-\infty s} - f(0-)e^{0} + s\int_{0-}^{\infty} f(t)e^{-st}dt$ $\qquad = sF(s) - f(0-)$
4	$\dfrac{d^2 f(t)}{dt^2}$	$s^2 F(s)$ $- f(0-)s$ $- f'(0-)$	위 3의 결과를 이용하면 $\mathcal{L}[f''(t)] = s(sF(s) - f(0-) - f'(0-))$ $\qquad = s^2 F(s) - f(0-)s - f'(0-)$
5	$f(t-a)$ ㉠ $a \geq 0$ ㉡ $t < 0$일 때 $\quad f(t) = 0$	$F(s)e^{-as}$	㉠ $F(s) = \int_{0-}^{\infty} f(t)e^{-st}\,dt$ ㉡ $\dfrac{d}{ds}F(s) = -\int_{0-}^{\infty} tf(t)e^{-st}\,dt = -\mathcal{L}[tf(t)]$ ㉢ $\dfrac{d^2}{ds^2}F(s) = \int_{0-}^{\infty} t^2 f(t)e^{-st}\,dt = +\mathcal{L}[t^2 f(t)]$
6	$tf(t)$	$-\dfrac{d}{ds}F(s)$	㉣ $\dfrac{d^n}{ds^n}F(s) = (-1)^n \mathcal{L}[t^n f(t)]$ $\qquad \mathcal{L}[t^n f(t)] = (-1)^n \dfrac{d^n}{ds^n}F(s)$
7	$t^n f(t)$ $(n \geq 0)$	$(-1)^n \dfrac{d^n}{ds^n}F(s)$ $(n \geq 0)$	$\mathcal{L}\left[\int_{0-}^{t} f(x)dx\right] = \int_{0-}^{\infty} \left(\int_{0-}^{t} f(x)dx\right)e^{-st}\,dx$ $\qquad = -\dfrac{1}{s}[(\int_{0-}^{t} f(x)dx)\,e^{-st}]_{0}^{\infty} + \dfrac{1}{s}\int_{0-}^{\infty} f(t)e^{-st}dt$
8	$\int_{0-}^{t} f(x)\,dx$	$\dfrac{F(s)}{s}$	$\qquad = \dfrac{1}{s}[(\int_{0-}^{0-} f(x)dx)\,e^{0} - (\int_{0-}^{\infty} f(x)dx)\,e^{-\infty s}] + \dfrac{F(s)}{s}$ $\qquad = \dfrac{F(s)}{s}$

≫ 예제 ❶

문제 $F(s) = \dfrac{2s+1}{s^2+1}$ 의 역라플라스 신호 $f(t)$는?

① $f(t) = 2\sin t + \cos t$ ② $f(t) = \sin t + 2\cos t$

③ $f(t) = 2\sin t - \cos t$ ④ $f(t) = \sin t - 2\cos t$

≫ 예제 ❷

문제 다음 식으로 주어진 $V(s)$의 역라플라스 신호 $v(t)$값은?

$$V(s) = \frac{2s^2 + 4s + 14}{s^3 + 3s^2 + s + 3}$$

① $4\sin t + 2e^{-3t}$ ② $4\cos t + e^{-3t}$

③ $4\sin t + e^{-3t}$ ④ $4\cos t + 2e^{-3t}$

부분분수 전개법

1 기본전제조건

"분모 차수가 분자 차수보다 큰 경우에 적용된다."

따라서 $F(s)$의 분자 차수가 분모 차수 이상이면 다항식의 나눗셈을 이용해 분자 차수를 분모보다 작게 만들어서 사용한다.

2 전개형태

① 분해 후 각 항의 분자 차수는 분모 차수보다 1이 작게 한다.

$$\frac{2s^2 + 5s + 6}{(s+1)(s+3)(s+2)^2} = \frac{A}{s+1} + \frac{B}{s+3} + \frac{Cs+D}{(s+2)^2}$$

② 실수의 중복극점을 가지는 항은 위 ①의 형태로도 가능하지만 다음과 같은 형태로 전개하는 것이 편리하다.

$$\frac{2s^2 + 5s + 6}{(s+1)(s+3)(s+2)^2} = \frac{A}{s+1} + \frac{B}{s+3} + \frac{C_1}{s+2} + \frac{D_1}{(s+2)^2}$$

③ 복소수의 극점을 가지는 항은 위 ①의 형태로 전개하는 것이 편리하다.

$$\frac{2s^2 + 2s + 9}{(s+2)(s^2 + 5s + 2)} = \frac{A}{s+2} + \frac{Bs+c}{s^2 + 5s + 2}$$

$$\frac{s^6 + 2s^5 + 3s^4 + 4s^3 + 5s^2 + 6s + 7}{s^2(s+2)(s^2 + 2s + 4)^2} = \frac{A}{s} + \frac{B}{s^2} + \frac{C}{s+2} + \frac{Ds^3 + Es^2 + Fs + G}{(s^2 + 2s + 4)^2}$$

3 전개방법(계수 A, B, C, D 등의 결정방법)

① 계수비교법

㉠ $\dfrac{s^2 + 2s + 3}{(s+1)(s+2)(s+3)} = \dfrac{A}{s+1} + \dfrac{B}{s+2} + \dfrac{C}{s+3}$

$$= \frac{(A+B+C)s^2 + (5A+4B+3C)s + 6A+3B+2C}{(s+1)(s+2)(s+3)}$$

㉡ 연립방정식 $A+B+C=1$, $5A+4B+3C=2$, $6A+3B+2C=3$을 푼다.

② 인수가리기법(헤비사이드의 cover-up 방법)

구하려는 계수의 분모를 양변에 곱하고 그 분모가 0이 되는 s를 대입한다.

$$\frac{s^2+2s+3}{(s+1)(s+2)(s+3)}=\frac{A}{s+1}+\frac{B}{s+2}+\frac{C}{s+3} \text{ 에서}$$

㉠ $A=\left.\frac{s^2+2s+3}{(s+2)(s+3)}\right|_{s=-1}=\frac{2}{2}=1$

㉡ $B=\left.\frac{s^2+2s+3}{(s+1)(s+3)}\right|_{s=-2}=-3$

㉢ $C=\left.\frac{s^2+2s+3}{(s+1)(s+2)}\right|_{s=-3}=\frac{6}{2}=3$

③ 반복빼기법

이미 그 계수 값을 알고 있는 항을 좌변에서 뺀 후, 분모곱하기를 이용해 구한다.

$$\frac{s^2+1}{(s+1)^2(s+2)}=\frac{A}{s+2}+\frac{B}{(s+1)}+\frac{C}{(s+1)^2} \text{ 에서}$$

㉠ $C=\left.\frac{(s^2+1)}{s+2}\right|_{s=-1}=2$

㉡ $A=\left.\frac{(s^2+1)}{(s+1)^2}\right|_{s=-2}=5$

㉢ $\frac{s^2+1}{(s+1)^2(s+2)}-\frac{5}{s+2}-\frac{2}{(s+1)^2}=\frac{-4}{s+1}=\frac{B}{s+1}$ $\qquad \therefore B=-4$

④ 반복미분법

중복극점을 갖는 항의 여러 미정계수를 반복미분 및 분모곱하기를 이용해 구한다.

$$\frac{s^2+1}{(s+1)^2(s+2)}=\frac{A}{s+2}+\frac{B}{(s+1)}+\frac{C}{(s+1)^2} \text{ 에서}$$

㉠ $C=\left.\frac{(s^2+1)}{s+2}\right|_{s=-1}=2$ 그리고 $A=\left.\frac{(s^2+1)}{(s+1)^2}\right|_{s=-2}=5$

㉡ 주어진 식의 양변에 $(s+1)^2$을 곱하면 $\frac{s^2+1}{s+2}=\frac{(s+1)^2}{s+2}A+(s+1)B+C$

㉢ 상기 ㉡의 식을 s로 미분하면 $\frac{s^2+4s-1}{(s+2)^2}=\frac{(s-1)(s+3)}{(s+2)^2}A+B$

㉣ $\therefore B=\left.\frac{s^2+4s-1}{(s+2)^2}\right|_{s=-1}=-4$

》예제 ❶

문제 $F(s) = \dfrac{2s+1}{s^2+1}$ 의 역라플라스 신호 $f(t)$는?

① $f(t) = 2\sin t + \cos t$

② $f(t) = \sin t + 2\cos t$

③ $f(t) = 2\sin t - \cos t$

④ $f(t) = \sin t - 2\cos t$

》예제 ❷

문제 다음 함수 $F(s) = \dfrac{3}{(s+1)^2(s+2)}$ 의 라플라스 역변환으로 옳은 것은?

① $f(t) = \dfrac{3}{2}[(t-1)e^{-2t} + e^{-t}]$

② $f(t) = \dfrac{3}{2}[(t-1)e^{-t} + e^{-2t}]$

③ $f(t) = 3[(t-1)e^{-2t} + e^{-t}]$

④ $f(t) = 3[(t-1)e^{-t} + e^{-2t}]$

2차식 복소수근

분모의 이차식이 복소수근을 갖는 경우 라플라스 역변환을 한다.

1 기본형태

① 요령

$$F(s) = \frac{ps+q}{s^2+\alpha s+\beta} = \frac{ps+q}{(s+a)^2+w^2}$$ 의 형태인 경우 아래와 같이 분자의 계수를 적당히

조절하여 라플라스 변환 형태가 되도록 한다.

② $$F(s) = \frac{ps+q}{(s+a)^2+w^2} = \frac{p(s+a-a)+q}{(s+a)^2+w^2} = \frac{p(s+a)+q-ap}{(s+a)^2+w^2}$$

$$= \frac{p(s+a)}{(s+a)^2+w^2} + \frac{q-ap}{(s+a)^2+w^2}$$

$$= p \times \frac{(s+a)}{(s+a)^2+w^2} + \frac{q-ap}{w} \times \frac{w}{(s+a)^2+w^2}$$

③ $$f(t) = pe^{-at}\cos wt + \frac{q-ap}{w}e^{-at}\sin wt$$

>> 예제 **1**

문제 $$\left(\frac{1}{S^2+2S+5}\right)$$ 의 역라플라스 변환을 구하면 다음 중 무엇인가?　　11년 국회직 9급

① $e^{-t}\sin(2t)$

② $\frac{1}{2}e^{-t}\sin(t)$

③ $\frac{1}{2}e^{-t}\sin(2t)$

④ $e^{-t}\sin(t)$

⑤ $2e^{-t}\sin(2t)$

≫ 예제 ❷

문제 다음 라플라스 변환함수의 역변환 $f(t)$를 구하시오.

$$F(s) = \frac{3s+7}{s^2+2s+5}$$

≫ 예제 ❸

문제 다음 라플라스 변환함수의 역변환 $f(t)$를 구하시오.

$$F(s) = \frac{s}{(s+1)(s^2+2s+2)}$$

풀이

1. 부분분수 전개

① $F(s) = \dfrac{s}{(s+1)(s^2+2s+2)} = \dfrac{A}{s+1} + \dfrac{B_S+C}{s^2+2s+2}$ 에서

$A = \dfrac{s}{s^2+2s+2}\Big|_{s=-1} = -1$

② $\dfrac{B_S+C}{s^2+2s+2} = \dfrac{s}{(s+1)(s^2+2s+2)} + \dfrac{1}{s+1} = \dfrac{s^2+3s+2}{(s+1)(s^2+2s+2)}$

$\qquad\qquad = \dfrac{s}{(s+1)(s^2+2s+2)} + \dfrac{1}{s+1} = \dfrac{s^2+3s+2}{(s+1)(s^2+2s+2)} = \dfrac{s+2}{s^2+2s+2}$

③ $\therefore F(s) = \dfrac{-1}{s+1} + \dfrac{s+2}{s^2+2s+2}$

2. 역변환

① $F(s) = \dfrac{-1}{s+1} + \dfrac{s+1}{(s+1)^2+1} + \dfrac{1}{(s+1)^2+1}$

② $f(t) = e^{-t} + e^{-t}\cos t + e^{-t}\sin t$

초기값 / 최종값 정리

1 개요

① 라플라스 변환 함수 $F(s)$ 가 주어진 경우 그 역변환 $f(t)$의 초기값 $f(0+)$ 및 최종값 $f(\infty)$ 을 구하는 순서

    ㉠ $F(s)$의 부분분수전개   ㉡ $F(s)$의 역변환 $f(t)$ 계산

    ㉢ $f(t)$에 $t = 0+$, $t = \infty$를 각각 대입

    결론 : 불편하다.

② 초기값 정리(Initial Value Theorem), 최종값 정리(Final Value Theorem)를 이용하면, $f(0+)$ 및 $f(\infty)$의 값만 구하고자 할 때는 위 과정 ①, ②를 거치지 않고도 $F(s)$로부터 바로 $f(0+)$ 및 $f(\infty)$의 값을 바로 구할 수 있다.

초기값 정리 및 최종값 정리

내용	초기값 정리(Initial Value Theorem)	최종값 정리(Final Value Theorem)
	$f(0+) = \lim_{s \to \infty} s F(s)$	$f(\infty) = \lim_{s \to 0} s F(s)$

≫ 예제 ❶

문제 $F(s) = \dfrac{s + 10}{s(s^2 + 2s + 5)}$ 일 때, $f(t)$의 최종값은?   14년 서울시 9급

① 0   ② 1   ③ 2   ④ 3

⑤ ∞

≫ 예제 ❷

문제 다음 Laplace 변환에 대응되는 시간함수의 초기값과 최종값은 얼마인가? 15년 서울시 9급

$$F(s) = \frac{10(s+2)}{s(s^2 + 3s + 4)}$$

① $f(0) = 5$, $f(\infty) = 0$ ② $f(0) = 0$, $f(\infty) = 0$

③ $f(0) = 0$, $f(\infty) = 5$ ④ $f(0) = 5$, $f(\infty) = 5$

● 실전문제 ELECTRIC ELECTRONICS

01 다음 LC회로의 전달함수 $[H(s) = V_o(s) / V_i(s)]$ 식으로 옳은 것은?

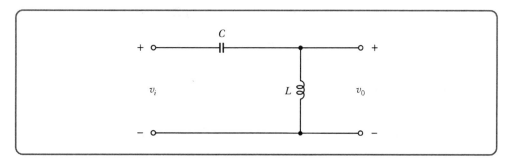

① $\dfrac{s^2}{s^2 + LC}$ ② $\dfrac{s^2}{s^2 + \dfrac{1}{LC}}$ ③ $\dfrac{\dfrac{1}{LC}}{s^2 + \dfrac{1}{LC}}$ ④ $\dfrac{s^2}{s^2 + \dfrac{L}{C}}$

⑤ $\dfrac{\dfrac{L}{C}}{s^2 + \dfrac{L}{C}}$

02 다음 신호 $f(t)$를 라플라스 변환(Lapplace Transform)한 것으로 옳은 것은?

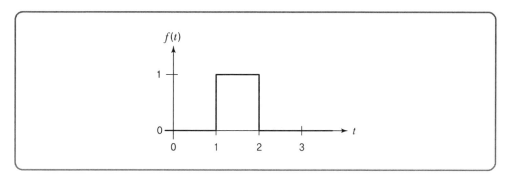

① $F(s) = \dfrac{e^{-s}}{s} - \dfrac{e^{-2s}}{s}$ ② $F(s) = \dfrac{1}{s+1} - \dfrac{1}{s+2}$

③ $F(s) = e^{-s} - e^{2s}$ ④ $F(s) = \dfrac{e^{-s}}{s+1} - \dfrac{e^{-2s}}{s+2}$

03 그림과 같은 $R-L$회로에서 입력 전압 $V_i(t)$와 저항 양단의 전압 $V_R(t)$에 대한 Laplace 변환을 각각 $V_i(s)$, $V_R(s)$라 할 때, 전달함수 $H(s) = \dfrac{V_R(s)}{V_i(s)}$를 구한 것으로 가장 옳은 것은?(단, 초기 조건은 모두 0이라고 가정한다.)

① $H(s) = \dfrac{R}{R+Ls}$

② $H(s) = \dfrac{1}{R+Ls}$

③ $H(s) = \dfrac{L}{R+Ls}$

④ $H(s) = \dfrac{s}{R+Ls}$

04 다음 회로의 전달함수가 $\dfrac{V_o(s)}{V_i(s)} = \dfrac{5s}{s^2+5s+10}$ 가 되기 위한 $L[\mathrm{H}]$ 과 $C[\mathrm{F}]$의 값은?

① $L=1$, $C=0.05$

② $L=1$, $C=0.5$

③ $L=2$, $C=0.05$

④ $L=2$, $C=0.5$

05 다음 전달함수를 갖는 시스템의 단위 임펄스응답으로 옳은 것은?

$$G(s) = \dfrac{2s+5}{s^2+4s+5}$$

① $e^{-2t}(\cos t + 2\sin t)$

② $e^{-2t}(\cos t - 2\sin t)$

③ $e^{-2t}(2\cos t + \sin t)$

④ $e^{-2t}(2\cos t - \sin t)$

정답 **03** ① **04** ③ **05** ③

06 선형 시불변 시스템의 입력이 $e^{-t}u(t)$일 때 출력은 $10e^{-t}\cos(2t)u(t)$이다. 시스템의 전달함수는?(단, $u(t)$는 단위계단함수이고 시스템의 초기조건은 0이다.) 23년 국가직 9급

① $\dfrac{5(s+1)}{s^2+2s+5}$

② $\dfrac{5(s+1)^2}{s^2+2s+5}$

③ $\dfrac{10(s+1)}{s^2+2s+5}$

④ $\dfrac{10(s+1)^2}{s^2+2s+5}$

07 $F(s) = \dfrac{1}{(s+1)^2(s+2)}$ 의 라플라스 역변환에 대응되는 시간함수 $f(t)$는?

21년 국회직 9급

① $f(t) = e^{-t} + te^{-t} + e^{-2t}$

② $f(t) = e^{-t} - te^{-t} - e^{-2t}$

③ $f(t) = -e^{-t} + e^{-2t}$

④ $f(t) = -e^{-t} + te^{-t} + e^{-2t}$

⑤ $f(t) = -e^{t} + te^{t} + e^{2t}$

PART

09

기출 및
예상문제

기출 및 예상문제

01 원자핵에 대한 설명 중 틀린 것은?

① 양자의 전하량과 전자의 전하량은 그 크기가 같다.

② 원자핵이 원자질량의 대부분을 차지한다.

③ 원자핵은 양자와 전자로 구성되어 있다.

④ 원자번호는 양자의 숫자와 같다.

02 전자볼트(Electron Volt)의 설명으로 적합하지 않은 것은?

① 전자의 전하량×1[V]이다.

② $1[eV] = 1.6 \times 10^{-19}[J]$이다.

③ 일(Work) 혹은 에너지(Energy)의 단위이다.

④ 전자의 가속도 크기이다.

03 도선의 반지름이 2배로 늘어나면 그 저항은 어떻게 되는가?

① 4배로 늘어난다.   ② 2배로 늘어난다.

③ 1/4로 줄어든다.   ④ 1/2로 줄어든다.

04 처음에 정지해 있던 전자가 전압 25[V]의 전극 사이를 운동할 때의 속도는?(단, 전자의 비전하는 $1.76 \times 10^{11}[C/kg]$)

① 약 $2.9 \times 10^5[m/sec]$ ② 약 $3 \times 10^5[m/sec]$

③ 약 $3 \times 10^6[m/sec]$ ④ 약 $2.5 \times 10^6[m/sec]$

05 전자의 운동질량이 정지질량의 $\sqrt{2}$ 배가 될 때 전자의 운동 속도는?

① $0.75 \times 10^8[m/sec]$ ② $1.50 \times 10^8[m/sec]$

③ $2.12 \times 10^8[m/sec]$ ④ $2.60 \times 10^8[m/sec]$

정답 **01** ③   **02** ④   **03** ③   **04** ③   **05** ③

06 전자의 운동속도가 $1.50 \times 10^8 [\text{m/sec}]$이다. 이때 전자의 운동질량은 정지질량의 몇 배가 되는가?

① $\dfrac{\sqrt{3}}{2}$ 　　　　② $\dfrac{2}{\sqrt{3}}$ 　　　　③ 2 　　　　④ $\dfrac{1}{\sqrt{2}}$

⑤ $\sqrt{2}$

07 속도 v로 등속도 직선운동을 하고 있는 전자가 균일한 자장 B안으로 B와 수직인 방향으로 입사할 때 자장 안에서의 이 전자의 운동은?

① 직선운동이다.　　　　　　　　② 원운동이다.

③ 포물선 운동이다.　　　　　　　④ 등가속도 직선운동이다.

08 다음 그림을 키르호프의 전류법칙을 이용해서 표현하면?

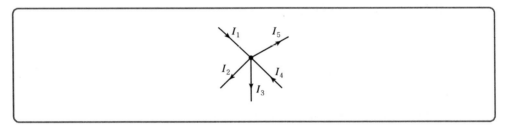

① $I_1 + I_2 = I_3 + I_4 + I_5$　　　　② $I_1 + I_3 = I_2 + I_4 + I_5$

③ $I_1 + I_4 = I_2 + I_3 + I_5$　　　　④ $I_1 + I_5 = I_2 + I_3 + I_4$

09 다음 회로에서 a, b 사이의 단자전압 $E_{ab}[\text{V}]$는?

① 3　　　　　② 6　　　　　③ 12　　　　　④ 24

10 다음 회로에서 3[Ω]의 저항에 흐르는 전류(I_2)는 얼마인가?

① 2 　　　　② −2 　　　　③ 4 　　　　④ −4

11 두 전하의 거리를 3배로 하고 각각의 전하를 2배로 할 때 이 두 전하 사이의 힘은?

① 2/3 　　　　② 4/3 　　　　③ 2/9 　　　　④ 4/9

12 다음의 회로에 흐르는 전체 전류를 구하면?

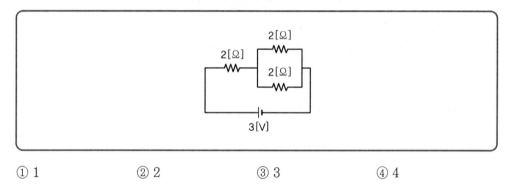

① 1 　　　　② 2 　　　　③ 3 　　　　④ 4

13 다음과 같은 회로에서 휘트스톤 브릿지가 평형이 되었다. 이때, R_x 값을 구하면?
(단, $R_1 = 25[\Omega]$, $R_2 = 50[\Omega]$, $R_3 = 40[\Omega]$, $R_a = 10[\Omega]$)

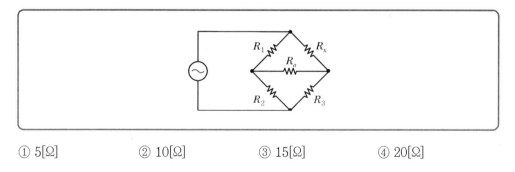

① 5[Ω] 　　　　② 10[Ω] 　　　　③ 15[Ω] 　　　　④ 20[Ω]

14 유전율의 단위는 무엇인가?

① [F/m]   ② [H]

③ [F]   ④ [H/m]

15 평행판 간격 l, 면적 A, 유전율 ε인 콘덴서의 정전용량은?

① $\dfrac{1}{\varepsilon A}$ [F]   ② $\dfrac{A}{\varepsilon l}$ [F]

③ $\dfrac{\varepsilon A}{l}$ [F]   ④ $\dfrac{\varepsilon l}{A}$ [F]

16 다음 중 정전용량의 특성에 관한 설명으로 잘못된 것은?

① 전위 1[V]를 올리기 위해 1[C]의 전하가 사용될 때 정전용량은 1[F]이다.

② 유전체의 유전율을 증가시키면 정전용량은 증가한다.

③ 콘덴서 전극의 면적을 증가시키면 정전용량은 증가한다.

④ 콘덴서 전극 사이의 간격을 증가시키면 정전용량은 증가한다.

17 다음 회로의 합성정전용량은 5[μF]이다. C_A의 정전용량은 몇 [μF]인가?

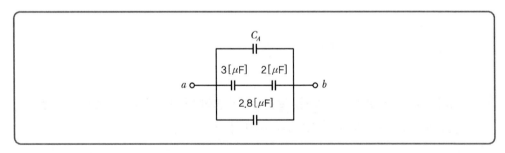

① 1   ② 2

③ 3   ④ 4

18 다음 회로에서 합성정전용량은 얼마인가?

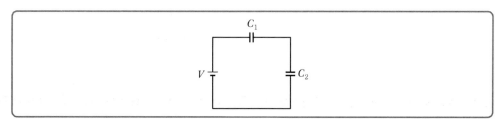

① $C_1 + C_2$

② $C_1 \times C_2$

③ $\dfrac{C_1 \times C_2}{C_1 + C_2}$

④ $\dfrac{C_1 + C_2}{C_1 \times C_2}$

19 다음 회로의 합성용량 C_0를 구하면?

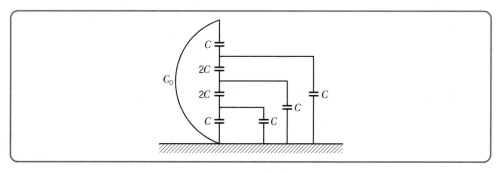

① $\dfrac{3}{2}C$

② $\dfrac{2}{3}C$

③ $\dfrac{5}{2}C$

④ $\dfrac{5}{6}C$

20 그림과 같은 인덕터 전체의 자기 인덕턴스 $L[\mathrm{H}]$은?

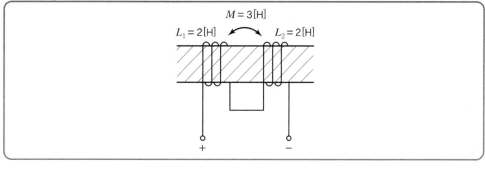

① 1

② 3

③ 7

④ 10

정답 **18** ③ **19** ② **20** ④

21 $E[V/m]$의 전계의 세기에 $Q[C]$의 전하를 놓았을 때 이에 작용하는 정전력의 크기 $F[N]$는?

① $Q = E/F$
② $Q = FE$
③ $F = E/Q$
④ $F = QE$

22 평행한 두 도체에 같은 방향의 전류를 흘렸을 때 두 도체 사이에 작용하는 힘은 어떻게 될까?

① 반발력
② 힘은 0이다.
③ 흡인력
④ $I/2\pi r$의 힘

23 자체 인덕턴스 L_1, L_2, 상호 인덕턴스 M인 코일을 반대방향으로 직렬연결하면 합성인덕턴스는?

① $L_1 + L_2 + M$
② $L_1 + L_2 - M$
③ $L_2 + L_2 + 2M$
④ $L_1 + L_2 - 2M$

24 자기장 내에서 전류가 흐르고 있는 도체가 받는 힘의 방향은?

① 플레밍의 왼손법칙에 의하여 결정한다.
② 암페어의 오른손법칙에 의하여 결정한다.
③ 플레밍의 오른손법칙에 의하여 결정한다.
④ 맥스웰의 왼손법칙에 의하여 결정한다.

25 비오 – 사바르 법칙은 다음 중 어떤 관계를 나타내는가?

① 전류와 자장의 세기
② 전위와 자장
③ 기자력과 자속 밀도
④ 기자력과 자장

26 다음 중 유도기전력의 방향을 결정하는 법칙은?

① 앙페르의 오른나사법칙
② 비오 – 사바르의 법칙
③ 플레밍의 왼손법칙
④ 렌츠의 법칙

정답 **21** ④ **22** ③ **23** ④ **24** ① **25** ① **26** ④

27 최댓값 V_m 인 정현파 교류의 반파 정류된 출력 파형을 직류 전압계로 측정할 때 전압계의 지시 값은 몇 [V]인가?

① $\dfrac{V_m}{\sqrt{2}}$

② $\dfrac{V_m}{2}$

③ $\dfrac{V_m}{\pi}$

④ $\dfrac{2V_m}{\pi}$

28 1[μF]인 콘덴서가 60[Hz]인 전원에 대한 용량 리액턴스의 값은?

① 2,753[Ω]

② 2,653[Ω]

③ 2,600[Ω]

④ 2,500[Ω]

29 순시값이 $i = I_m \sin(wt - \theta)$ 인 정현파 전류의 실효값은?

① $\dfrac{2}{\pi} I_m$

② $\dfrac{I_m}{\sqrt{2}}$

③ $\dfrac{\pi}{2} I_m$

④ $\sqrt{2}\, I_m$

30 그림과 같은 정현파에서 $v = V_m \sin(wt + \theta)$ 의 주기 T를 옳게 표시한 것은?

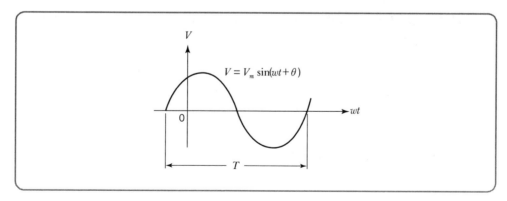

① $2\pi w$

② $2\pi f$

③ $\dfrac{w}{2\pi}$

④ $\dfrac{2\pi}{w}$

정답 **27** ③ **28** ② **29** ② **30** ④

31 다음 전압의 순시값 표현에서 주파수는 얼마인가?

$$v(t) = 100\sin(100\pi t - 5\pi)[\text{V}]$$

① $100\pi[\text{Hz}]$

② $100[\text{Hz}]$

③ $50\pi[\text{Hz}]$

④ $50[\text{Hz}]$

32 파고율이 1.414인 것은 어떤 파인가?

① 반파 정류파

② 전파 정류파

③ 직사각형파

④ 삼각파

33 삼각파의 파형률은 얼마인가?

① 1.155

② 1

③ 1.414

④ 2

34 정현파 교류의 평균값에 어떠한 수를 곱하면 실효값을 얻을 수 있는가?

① $\dfrac{2\sqrt{2}}{\pi}$

② $\dfrac{\sqrt{3}}{2}$

③ $\dfrac{2}{\sqrt{3}}$

④ $\dfrac{\pi}{2\sqrt{2}}$

35 어떤 소자에 전압 $v = 125\sin 377t[\text{V}]$를 인가하니 전류 $i = 50\cos 377t[\text{V}]$가 흘렀다. 이 소자는 무엇인가?

① 순저항

② 저항과 용량 리액턴스

③ 용량 리액턴스

④ 유도 리액턴스

36 콘덴서만의 회로에서 전압과 전류 사이의 위상 관계는?

① 전압이 전류보다 180° 앞선다.

② 전압이 전류보다 180° 뒤진다.

③ 전압이 전류보다 90° 앞선다.

④ 전압이 전류보다 90° 뒤진다.

정답 **31** ④ **32** ② **33** ① **34** ④ **35** ③ **36** ④

37 RCL 직렬회로에서 공진이 된 경우, 전압과 전류의 위상관계는 어떻게 되는가?

① 전압이 전류보다 90° 앞선다.　　　② 전압이 전류보다 90° 뒤진다.

③ 전압이 전류보다 180° 앞선다.　　④ 전압과 전류는 동상이다.

38 $e_1 = E_m \sin\left(wt + \dfrac{\pi}{6}\right)[\text{V}]$, $e_2 = E_m \cos\left(wt - \dfrac{\pi}{6}\right)[\text{V}]$일 때 이 두 전압 사이의 위상차는?

① 0°　　　　　② 30°　　　　　③ 60°　　　　　④ 90°

39 $v = V_m \sin(wt + 30°)$ 와 $i = I_m \cos(wt - 100°)$의 위상차는 몇 도인가?

① 40　　　　　② 70　　　　　③ 130　　　　　④ 210

40 $i = I_m \sin(wt - 15°)[\text{A}]$인 정현파에서 wt가 다음 중 어느 값일 때 순시값이 실효값과 같은가?

① 30°　　　　　② 45°　　　　　③ 60°　　　　　④ 90°

41 $Z = 6 - j\,8[\Omega]$의 임피던스는 일반적으로 어떤 회로이며, 역률은 얼마인가?

① RL 직렬회로, $\cos\theta = 0.6$　　　② RC 직렬회로, $\cos\theta = 0.6$

③ RL 직렬회로, $\cos\theta = 0.8$　　　④ RC 직렬회로, $\cos\theta = 0.8$

42 직렬회로에서 각 소자의 전압이 그림과 같다면 a, b 양단에 인가한 교류전압은 몇 [V]인가?

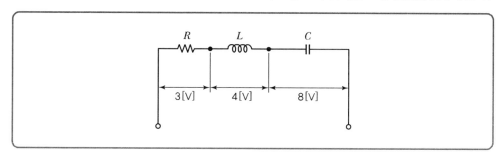

① 2.5　　　　　② 7.5　　　　　③ 5　　　　　④ 10

정답　**37** ④　**38** ②　**39** ①　**40** ③　**41** ②　**42** ③

43 전압 200[V], 전류 50[A]로 6[kW]의 전력을 소비하는 회로의 리액턴스[Ω]는?

① 3.2   ② 2.4

③ 6.2   ④ 4.4

44 $R = 8[\Omega]$, $X_L = 6[\Omega]$이 직렬로 연결된 회로에 10[V]의 전압을 가할 때 소비되는 전력은 몇 [W]인가?

① 6[W]   ② 8[W]

③ 14[W]   ④ 24[W]

45 $e(t) = 100\sin(wt + 60°)[\mathrm{V}]$, $i(t) = 2\sin(wt + 30°)[\mathrm{A}]$일 때 평균전력은 몇 [W]인가?

① 50   ② $50\sqrt{3}$

③ 100   ④ $100\sqrt{3}$

46 역률이 0.5인 RL 직렬회로의 전압과 전류의 위상차는 몇 도인가?

① 0°   ② 45°

③ 60°   ④ 90°

47 10[Ω]의 저항과 10[Ω]의 리액턴스가 병렬로 연결되어 있을 때 역률은?

① 1   ② $\dfrac{1}{\sqrt{2}}$

③ $\dfrac{1}{\sqrt{3}}$ ④ 0

48 $v(t) = 150\sin wt[\mathrm{V}]$이고, $i(t) = 6\sin wt[A]$일 때 평균전력[W]은 얼마인가?

① 400[W]   ② 450[W]

③ 500[W]   ④ 550[W]

정답   **43** ①   **44** ②   **45** ②   **46** ③   **47** ②   **48** ②

49 22[kVA]의 부하가 역률 0.8이라면, 무효전력[kVar]은?

① 16.6   ② 17.6

③ 15.2   ④ 13.2

50 다음에 설명하는 관계가 잘못된 것은 무엇인가?

① 고유저항(ρ)의 역수는 도전율(σ)이다.

② 임피던스(Z)의 역수는 어드미턴스(Y)이다.

③ 리액턴스(X)의 역수는 서셉턴스(B)이다.

④ 주기(T)의 역수는 주파수(f)이다.

⑤ 인덕턴스(L)의 역수는 컨덕턴스(G)이다.

51 어떤 전압계의 측정범위를 100배로 하자면 배율기의 저항은 전압계 내부저항의 몇 배로 하여 야 하는가?

① 10   ② 50

③ 99   ④ 100

⑤ 200

52 50[V]의 전압계로 150[V]의 전압을 측정하려면 몇 [kΩ]의 저항을 외부에 접속해야 하는가? (단, 전압계의 내부저항은 5[kΩ]이다.)

① 5[kΩ]   ② 10[kΩ]

③ 15[kΩ]   ④ 20[kΩ]

⑤ 25[kΩ]

53 내부저항이 90[Ω], 최대지시치가 1[mA]인 직류 전류계로 최대치 10[mA]를 측정하기 위한 분류기의 저항치는 얼마인가?

① 90[Ω]   ② 10[Ω]

③ 90[Ω]   ④ 100[Ω]

⑤ 900[Ω]

정답   **49** ④   **50** ⑤   **51** ③   **52** ②   **53** ②

54 분류기를 사용하여 전류를 측정하는 경우 전류계의 내부 저항 0.12[Ω], 분류기의 저항이 0.03[Ω]이면 그 배율은 얼마인가?

① 3배   ② 4배
③ 5배   ④ 6배
⑤ 7배

55 어떤 부하에 흐르는 전류와 전압강하를 측정하려고 한다 전류계와 전압계의 접속방법은?

① 전류계와 전압계를 부하에 모두 직렬로 접속한다.
② 전류계와 전압계를 부하에 모두 병렬로 접속한다.
③ 전류계는 부하에 직렬, 전압계는 부하에 병렬로 접속한다.
④ 전류계는 부하에 병렬, 전압계는 부하에 직렬로 접속한다.
⑤ 부하와 내부저항의 크기에 따라서 접속방법이 달라진다.

56 그림에서 전류계의 지시를 1[A], 전압계의 지시를 100[V]라 하면 저항 R의 값은 얼마인가?
(단, 전류계의 내부저항은 2[Ω], 전압계의 내부저항은 1,000[Ω]이다.)

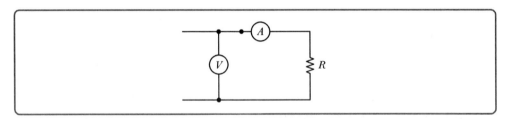

① 500[Ω]   ② 102[Ω]
③ 100[Ω]   ④ 98[Ω]
⑤ 90[Ω]

57 100[V], 500[W]용 전열기에 90[V]를 가했을 때의 전력은 몇 [W]인가?

① 20[W]   ② 40.5[W]
③ 45.5[W]   ④ 405[W]
⑤ 455[W]

58 100[V], 500[W] 니크롬선이 1/3의 길이에서 끊어졌기 때문에 나머지 2/3의 길이를 이용하여 사용하였다. 이 때의 소비전력은 얼마인가?

① 20[W]
② 333[W]
③ 500[W]
④ 667[W]
⑤ 750[W]

59 1마력[HP]은 몇 [W]인가?

① 666[W]
② 746[W]
③ 812[W]
④ 865[W]
⑤ 899[W]

60 1[kWh]는 몇 [kcal]인가?

① 746[kcal]
② 780[kcal]
③ 860[kcal]
④ 900[kcal]
⑤ 3,600[kcal]

61 굵기가 일정한 어떤 도체가 있다. 체적은 변하지 않고 지름이 1/2로 되게 잡아 늘였다면 저항은 몇 배가 되는가?

① 1/4배
② 2배
③ 4배
④ 8배
⑤ 16배

62 연동선으로 만든 코일의 저항이 30[℃]에서 1.6[Ω]이었다. 70[℃]에서는 얼마인가?

① 1.8[Ω]
② 1.9[Ω]
③ 2.0[Ω]
④ 2.1[Ω]
⑤ 5.6[Ω]

63 기전력이 E[V]이고, 내부저항이 r[Ω]인 전지에 부하저항이 R[Ω]을 접속했을 때 흐르는 전류 I는 몇 [A]인가?

① $I = \dfrac{E}{R+r}$

② $I = \dfrac{rE}{R+r}$

③ $I = \dfrac{RE}{R+r}$

④ $I = \dfrac{E}{R-r}$

⑤ $I = \dfrac{rE}{R-r}$

64 두 종류의 금속의 접합부에 전류를 흘리면 전류의 방향에 따라 줄열 이외의 열의 발생 또는 흡수현상이 생기는 것을 무엇이라 하는가?

① 옴의 법칙

② 제벡 효과

③ 열전효과

④ 펠티어 효과

⑤ 피에조 효과

65 기전력이 E, 내부저항이 r인 건전지가 n개 직렬로 연결되었을 때 내부 저항과 기전력은 얼마인가?

① $nE,\ r/n$

② $E/n,\ r/n$

③ $E,\ r/n$

④ $nE,\ nr$

⑤ $E/n,\ nr$

66 전류에 의한 자계의 세기와 관계가 있는 것은?

① Ohm의 법칙

② Lenz의 법칙

③ Kirchhoff의 법칙

④ Biot–Savart의 법칙

⑤ 플레밍의 왼손 법칙

67 자속밀도의 단위는 무엇인가?

① [Wb]

② [Wb/m]

③ [Wb/m^2]

④ [AT/m]

⑤ [H/m]

68 무한장 직선 도선에서 50[cm] 떨어진 점의 자장의 세기가 100[AT/m]일 때 이 도선에 흐르는 전류[A]는 얼마인가?

① 63.7

② 157

③ 31.8

④ 314

⑤ 637

69 철심을 넣은 평균 반지름 20[cm]인 환상 솔레노이드에 10[A]의 전류를 통하여 내부 자장의 세기를 1,000[AT/m]로 하려면 코일의 권수는 약 몇 회인가?

① 126

② 250

③ 500

④ 800

⑤ 1,000

70 다음은 전기회로와 자기회로의 대응관계를 나타낸 것이다. 잘못된 것은?

① 기자력 F ↔ 기전력 E

② 자속밀도 B ↔ 전속밀도 D

③ 자기저항 R ↔ 전기저항 R

④ 투자율 μ ↔ 고유저항 ρ

⑤ 자하량 m ↔ 전하량 Q

71 자기저항(Magnetic Reluctance)의 역수를 무엇이라 하는가?

① 지멘스(Siemens)

② 리액턴스(Reactance)

③ 퍼미언스(Permeance)

④ 컨덕턴스(Conductance)

⑤ 어드미턴스(Admittance)

72 변압기의 원리는 어느 현상(법칙)을 이용한 것인가?

① 옴의 법칙

② 전자유도 원리

③ 공진현상

④ 키르히호프의 법칙

⑤ 중첩의 법칙

73 어떤 코일에 직류 10[A]가 흐를 때, 축적된 에너지가 50[J]이라면 코일의 자기 인덕턴스는 몇 [H]인가?

① 0.5
② 1
③ 1.5
④ 2.0
⑤ 5.0

74 엘라스턴스(Elastance)는 무엇과 같은 단위인가?

① 전위차×전기량
② 전위차/전기량
③ 1/(전위차×전기량)
④ 전기량/전위차
⑤ 전위차

75 콘덴서의 정전용량이 일정할 때 여기에 축적된 에너지를 2배로 하려면 몇 배의 전압으로 충전해야 되는가?

① 2배
② 4배
③ $\sqrt{2}$ 배
④ 1배
⑤ $\dfrac{1}{4}$

76 두 종류의 금속을 접촉시킬 때 양쪽의 온도가 같아도 한쪽 전자가 다른 쪽으로 이동하여 각각 정(+), 부(−)로 대전하여 전위차가 생기는 현상은?

① 볼타 효과
② 펠티어 효과
③ 홀 효과
④ 제벡 효과
⑤ 톰슨 효과

77 $R = 4[\Omega]$, $X_L = 5[\Omega]$, $X_C = 8[\Omega]$의 직렬회로에 100[V]의 교류전압을 가할 때 이 회로에 흐르는 전류[A]는?

① 5
② 10
③ 20
④ 40
⑤ 50

정답 **73** ② **74** ② **75** ③ **76** ① **77** ③

78 교류에서 $P = VI\cos\phi$는 무엇을 나타내는 것인가?

① 피상전력을 나타낸다.　　　　　② 무효전력을 나타낸다.

③ 유효전력을 나타낸다.　　　　　④ 순시전력을 나타낸다.

⑤ 최대전력을 나타낸다.

79 다음의 RL 직렬회로에 AC 100[V]를 가했을 때 소비전력을 구하여라. ($R = 6[\Omega]$, $X = 8[\Omega]$, RL 직렬회로)

① 1,000[W]　　　　　　　　　② 800[W]

③ 600[W]　　　　　　　　　　④ 500[W]

⑤ 400[W]

80 다음 RLC 직렬회로에서 역률(Power Factor)은?($R = 30[\Omega]$, $X_L = 75[\Omega]$, $X_C = 35[\Omega]$)

① 0.5　　　　　　　　　　　　② 0.6

③ 0.707　　　　　　　　　　　④ 0.8

⑤ 0.9

81 어떤 부하의 피상전력 30[kVA], 무효전력 18[kVar]일 때 유효전력은?

① 12[kW]　　　　　　　　　　② 14[kW]

③ 16[kW]　　　　　　　　　　④ 18[kW]

⑤ 24[kW]

82 전자의 비전하(比電荷)[C/kg]는?

① 1.759[C/kg]　　　　　　　② 5.686×10^{12}[C/kg]

③ 1.759×10^{11}[C/kg]　　　④ 1.759×10^{10}[C/kg]

⑤ 1.759×10^{9}[C/kg]

83 전자가 운동하고 있을 때 전자의 정지 질량을 m_0, 전자의 속도를 $v[\text{m/s}]$로서 빛의 속도(약 $3 \times 10^8 [\text{m/s}]$)라 하면 전자의 질량 m은 어떻게 표시되는가?

① $m = \dfrac{m_0}{\sqrt{1 - \left(\dfrac{v}{c}\right)^2}}$ 　　　　　② $m = \dfrac{m_0}{\sqrt{1 - \left(\dfrac{c}{v}\right)^2}}$

③ $m = \dfrac{\sqrt{1 - \left(\dfrac{v}{c}\right)^2}}{m_0}$ 　　　　　④ $m = \dfrac{\sqrt{1 - \left(\dfrac{c}{v}\right)^2}}{m_0}$

⑤ $m = \dfrac{\sqrt{\left(\dfrac{c}{v}\right)^2 - 1}}{m_0}$

84 초음파를 이용하여 강물의 깊이를 측정하려고 한다. 반사파가 도달하기까지 0.5초 걸렸을 때 강물의 깊이는 몇 $[\text{m}]$인가?(단, 강물에서 초음파의 속도는 $1,400[\text{m/sec}]$라 한다.)

① $70[\text{m}]$ 　　　② $230[\text{m}]$ 　　　③ $350[\text{m}]$ 　　　④ $700[\text{m}]$
⑤ $1,400[\text{m}]$

85 $1[\text{V}]$는 다음 중 어느 값과 같은가?

① $1[\text{Wb/m}]$ 　　　② $1[\Omega/\text{m}]$ 　　　③ $1[\text{C/Wb}]$ 　　　④ $1[\text{J/C}]$
⑤ $1[\text{V/m}]$

86 굵기가 일정한 어떤 도체가 있다. 체적은 변하지 않고 지름이 1/3로 되게 잡아 늘였다. 다음 중 바르게 설명한 것은?

> ㉠ 도선의 단면적이 1/3로 감소했다.
> ㉡ 도선의 길이는 3배 증가했다.
> ㉢ 도선의 저항은 9배 증가했다.
> ㉣ 도선의 저항은 1/9로 감소했다.

① 모두 틀림 　　　　　　　　② ㉠, ㉡, ㉢
③ ㉠, ㉡, ㉣ 　　　　　　　　④ ㉢

87 RL 직렬회로에 $v(t) = 100\sin(10^4 t + \theta_1)$[V]의 전압을 가할 때 $i(t) = 20\sin(10^4 t + \theta_2)$[A]의 전류가 흘렀다. $R = 3$[Ω] 일 때 인덕턴스 L의 값은?

① $L = 4$[mH]   ② $L = 40$[mH]   ③ $L = 0.4$[mH]   ④ $L = 0.04$[mH]

88 다음 그림에서 저역통과 여파기는?

89 그림과 같은 회로에서 저항 10[Ω]의 지로를 흐르는 전류는 몇 [A]인가?

① 1   ② 2   ③ 3   ④ 6

90 다음 회로에서 $t = 0$에서 스위치를 열었다. 이때 시정수는 몇 [μs]인가?

① 10   ② 20   ③ 30   ④ 40

91 그림과 같은 4단자 회로망에서 4단자 정수를 나타낼 때 A값은?(단. A는 개방 역방향 전압이득임)

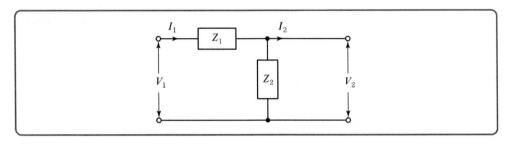

① Z_1 ② 1   ③ $\dfrac{1}{Z_2}$ ④ $1 + \dfrac{Z_1}{Z_2}$

92 그림과 같은 회로에서 테브냉 등가 전압은?

① 10.5[V]   ② 14[V]   ③ 19.5[V]   ④ 21[V]

93 페이저도가 다음 그림과 같이 주어졌을 때 이 페이저도에 일치하는 등가 임피던스는?

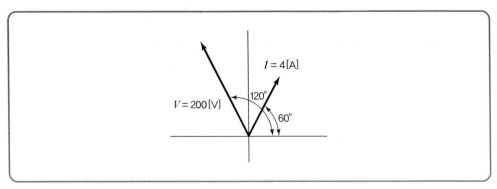

① $30 + j40$ ② $25 - j43.3$

③ $25 + j43.3$ ④ $30 - j40$

94 내부저항이 5[kΩ]인 전압계가 최고 50[V]의 측정값을 가진다. 이 전압계를 이용해서 500[V]까지 측정 가능하게 하려면, 전압계 외부에 몇 [kΩ]의 저항을 직렬로 달아야 하는가?

① 0.5[kΩ]   ② 10[kΩ]   ③ 45[kΩ]   ④ 50[kΩ]

95 다음 병렬공진회로에서 공진 주파수 f_o을 구하는 식은?

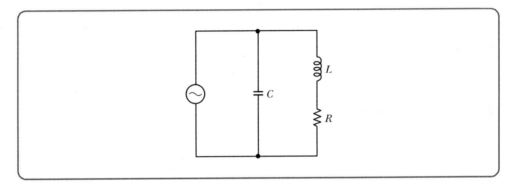

① $2\pi f_o = \dfrac{1}{LC}$ ② $2\pi f_o = \sqrt{\dfrac{1}{LC}}$

③ $2\pi f_o = \sqrt{\dfrac{1}{LC} - \left(\dfrac{R}{L}\right)^2}$ ④ $2\pi f_o = \sqrt{\dfrac{1}{LC} - \left(\dfrac{R}{C}\right)^2}$

96 그림과 같은 톱날파의 실효치는?

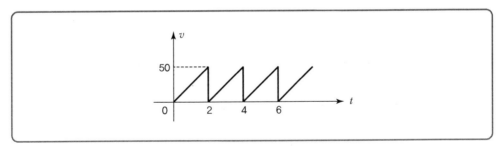

① 12.5   ② 25

③ 28.9   ④ 35.4

97 그림의 회로에서 저항 0.2[Ω]에 흐르는 전류는 몇 [A]인가?

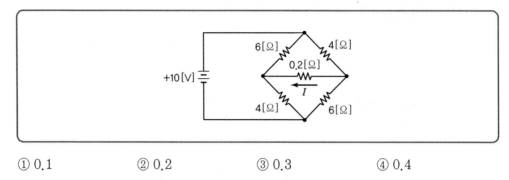

① 0.1   ② 0.2   ③ 0.3   ④ 0.4

98 다음과 같은 회로에서 테브냉 등가회로를 나타내시오.

99 정지해 있는 전자에 전압이 가해지면 전자는 운동을 한다. 이 전자의 운동속도는 얼마인가?
(단, m은 전자의 질량이고, e는 전자의 전하량이다.)   08년 경기도 9급

① $v = \sqrt{\dfrac{eV}{m}}$ ② $v = \sqrt{\dfrac{eV}{m^2}}$ ③ $v = \sqrt{\dfrac{2eV}{m}}$ ④ $v = \sqrt{\dfrac{2eV}{m^2}}$

정답 **97** ④   **98** ②   **99** ③

100 다음 회로의 V_i를 입력전압, V_o를 출력전압이라 할 때 전달함수를 구하시오.

08년 경기도 9급

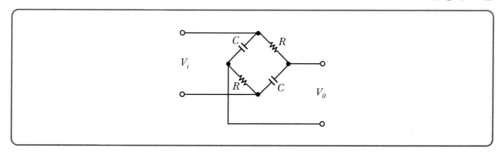

① $\dfrac{RCS-1}{RCS+1}$

② $\dfrac{1-RCS}{1+RCS}$

③ $\dfrac{RCS+1}{RCS-1}$

④ $\dfrac{1+RCS}{1-RCS}$

101 다음 회로에서 테브냉 등가전압과 등가저항을 구하시오.

08년 경기도 9급

① $V_{TH}=3\,[\text{V}]$, $R_{TH}=4\,[\text{k}\Omega]$

② $V_{TH}=4\,[\text{V}]$, $R_{TH}=12\,[\text{k}\Omega]$

③ $V_{TH}=6\,[\text{V}]$, $R_{TH}=12\,[\text{k}\Omega]$

④ $V_{TH}=12\,[\text{V}]$, $R_{TH}=4\,[\text{k}\Omega]$

102 LC 공진회로와 RC 공진회로가 있다. 여기서 C를 반으로 줄이면, 발진주파수의 변화량은 얼마인가?

08년 경기도 9급

① LC 회로 : 2배 증가, RC 회로 : $\sqrt{2}$ 배 증가

② LC 회로 : $\sqrt{2}$ 배 증가, RC 회로 : 2배 증가

③ LC 회로 : 2배 감소, RC 회로 : $\sqrt{2}$ 배 감소

④ LC 회로 : $\sqrt{2}$ 배 감소, RC 회로 : 2배 감소

정답 **100** ② **101** ③ **102** ②

103 다음 그림과 같은 회로에서 저항 0.66[Ω]에 흐르는 전류는 몇 [A]인가?

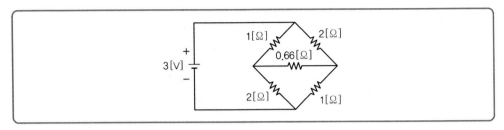

① 0.5[A]

② 1[A]

③ 1.33[A]

④ 1.5[A]

⑤ 2[A]

104 다음 설명 중 고정된 자계 내에 있는 도체를 운동시켰을 때 유도전압이 가장 강한 경우는 어느 것인가?

① 도체가 자계와 수직인 경우

② 도체가 자계와 평형인 경우

③ 도체가 자계와 30도 각을 이룬 경우

④ 도체가 자계와 반대방향인 경우

⑤ 운동방향과 상관없고, 속도의 크기에만 상관된다.

105 저항 $R = 2[[kΩ]]$과 인덕턴스가 $L = 2[H]$인 코일이 직렬로 연결된 회로에 $w = 1[rad/s]$의 교류전압을 넣었을 때 이 회로에 흐르는 전류 페이저의 위상은?

① 30   ② -30 ③ 45   ④ -45

⑤ 90

106 저항값이 각각 $R_1 = 1[MΩ]$, $R_2 = 4[MΩ]$인 두 개의 저항이 직렬로 연결되어 있고 전원 전압이 10[V]인 저항회로에서 저항 R_2를 10[MΩ]의 테스터로 측정하였을 경우 테스터에 나타나는 전압은 몇 [V]인가?

① 5.0[V]

② 6.5[V]

③ 6.9[V]

④ 7.4[V]

⑤ 8.0[V]

107 다음 그림과 같은 회로에서 저항에 걸리는 전압의 크기가 최소가 되는 전원주파수는 몇 [Hz]
인가?

① 4π ② 2π

③ π ④ $1/2\pi$

⑤ $1/4\pi$

108 그림과 같은 4단자망 회로에서 어드미턴스 파라미터(y – parameter)의 입력 단락 시 출력
어드미턴스 Y_{22}는?   09년 지방직 9급

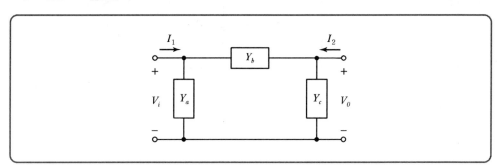

① $Y_b - Y_c$ ② $Y_a - Y_b$

③ $Y_b + Y_c$ ④ $Y_a + Y_b$

109 1차 코일의 권선 수는 200이고 2차 코일의 권선 수는 600인 변압기가 있다. 1차 코일에
100[V]의 전압이 걸릴 때 소비전력이 600[W]였다면, 2차 코일에 흐르는 전류[A]는?

09년 지방직 9급

① 10   ② 20

③ 1   ④ 2

110 전기회로의 측정에 관한 설명 중 옳지 않은 것은?   09년 지방직 9급

① 전압계는 측정하고자 하는 회로소자에 병렬로 연결해야 하고, 전류계는 측정하고자 하는 회로소자에 직렬로 연결해야 한다.

② 우수한 전압계는 매우 큰 내부저항을 가져야 하고, 우수한 전류계는 매우 작은 내부저항을 가져야 한다.

③ 멀티미터의 선택 스위치를 AC에 두고 정현파 신호를 측정하면 그 값은 실효값을 나타낸다.

④ 오실로스코프는 측정하고자 하는 신호가 일정한 주파수를 가질 때 사용하는 전압계/전류계이다.

111 다음 회로가 정상상태에 도달하였을 때, 저항 2[Ω]을 통해 흐르는 전류값[A]은?(단, 10[V]는 직류전원이다.)   09년 지방직 9급

① 2   ② 0

③ 1   ④ 5

112 다음 회로에서 4[Ω] 저항 양단의 전압[V]은?   09년 지방직 9급

① 5   ② 6

③ 8   ④ 12

정답 **110** ④ **111** ② **112** ③

113 커패시터와 인덕터의 특징을 설명한 것으로 옳지 않은 것은?　　09년 국가직 9급

① 커패시터와 인덕터는 전기에너지 저장능력을 가진 소자이다.
② DC 정상상태에서 커패시터는 개방회로처럼 보이고 인덕터는 단락회로처럼 보인다.
③ 실제의 커패시터와 인덕터에는 누설전류가 존재한다.
④ 커패시터 양단의 전압은 커패시터에 흐르는 전류의 변화율에 비례한다.

114 $R = 50[\Omega]$, $L = 10[\text{mH}]$인 RLC 직렬공진회로를 이용하여 주파수가 $500[\text{kHz}]$인 신호를 얻기 위한 동조회로를 구성하고자 할 때 커패시터 용량 C는?(단, $\dfrac{1}{4\pi^2} = 0.025$로 하여 계산하라.)　　09년 국가직 9급

① 10[pF]　　　② 100[pF]　　　③ 10[μF]　　　④ 100[μF]

115 다음 그림과 같은 첨두치 전압(Peak – To – Peak Voltage)이 20[V]인 60[Hz]의 정현파가 20[Ω] 저항기에 인가되었다면, 저항기에서 소비되는 평균전력[W]은?　　08년 국가직 9급

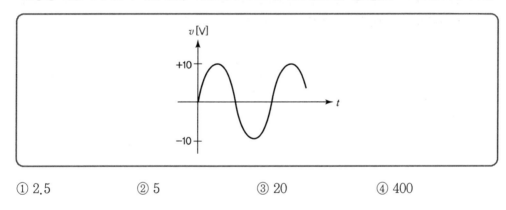

① 2.5　　　② 5　　　③ 20　　　④ 400

116 RLC 직렬 공진회로와 RLC 병렬 공진회로의 특징을 설명한 것으로 옳지 않은 것은?

08년 국가직 9급

① 직렬 공진회로의 경우에 용량성(Capacitive) 리액턴스가 유도성(Inductive) 리액턴스보다 크면 전체 리액턴스 성분의 값은 음(−)이 된다.
② 전압원으로 구동되는 직렬 공진회로의 경우에 공진 주파수에서 전류가 최대가 된다.
③ 전류원으로 구동되는 병렬 공진회로의 경우에 공진 주파수에서 어드미턴스가 최대가 된다.
④ 공진회로의 대역폭이 넓을수록 양호도(Q : Quality Factor)는 작아진다.

정답 113 ④　114 ①　115 ①　116 ③

117 다음 회로가 정상상태에 도달하였을 때, 2[Ω]의 저항을 통해 흐르는 전류 I [A]는?

08년 국가직 9급

① 1

② 2

③ 3

④ 4

118 저항의 크기가 20[Ω]인 아래와 같은 원기둥 모양의 저항이 있다. 이 저항의 끝을 잡고 길이를 2배로 늘이면 저항값[Ω]은?(단, 저항을 늘이더라도 부피는 일정하게 유지되며, 늘어난 후에도 원기둥 모양이 되고, 재질의 성질은 변하지 않는다고 가정한다.)　08년 국가직 9급

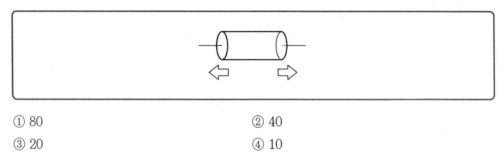

① 80

② 40

③ 20

④ 10

119 저항값이 6[Ω]인 세 개의 저항들을 남김없이 모두 사용하여 여러 가지의 합성저항 값을 얻고자 한다. 직렬연결과 병렬연결 방법을 여러 가지로 조합해 보면 네 가지의 합성 저항값을 얻을 수 있다. 이 방법으로 얻을 수 없는 저항값[Ω]은?　08년 국가직 9급

① 2

② 4

③ 9

④ 12

120 다음 회로에서 전송 파라미터(ABCD 파라미터)의 단락회로 역방향 전달 임피던스 $\left(-\dfrac{V_1}{I_2}\ \Big|\ V_2=0\right)$ 는?

① $1+jw$ ② jw ③ $2+jw$ ④ $4+j2w$

121 다음 회로에서 6[Ω] 저항을 통해 흐르는 전류 I[A]는?

① 3   ② 2.5   ③ 2   ④ 1

122 다음 그림에서 $a-b$ 두 단자 간에 나타나는 전압[V]은?

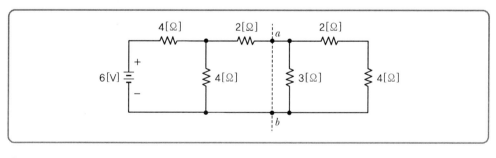

① 1   ② 2   ③ 3   ④ 4

정답 **120** ④ **121** ③ **122** ①

123 저항값과 코일값이 같다. 공진주파수가 높은 순으로 나열하시오. (단, 면적은 A=B, B>C, 도체판의 간격은 A<B, B=C 이다.) 08년 서울시 9급

① (A)−(B)−(C) ② (A)−(C)−(B)
③ (C)−(A)−(B) ④ (B)−(A)−(C)
⑤ (C)−(B)−(A)

124 최대 전력 전달을 위한 R_L의 값은? 08년 서울시 9급

① 6[Ω] ② 7[Ω] ③ 8[Ω] ④ 9[Ω]
⑤ 10[Ω]

125 $q' = 2q$일 때, 다음 그림과 같은 조건에서 $E: E'$의 비율은 얼마인가? 08년 서울시 9급

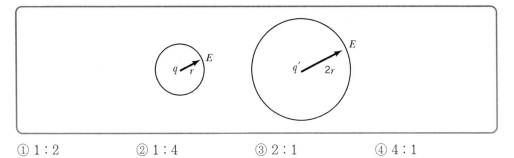

① 1:2 ② 1:4 ③ 2:1 ④ 4:1
⑤ $\sqrt{2}$: 1

126 무한도선에서 전류가 다음과 같이 흐르고 있다. 그림 (b)의 자계의 세기는 얼마인가?

08년 서울시 9급

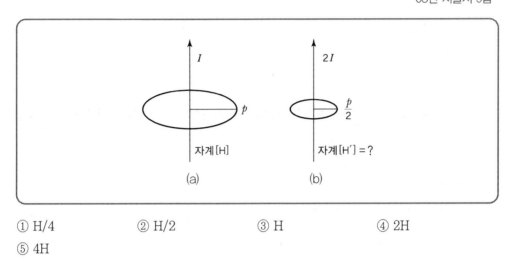

① H/4   ② H/2   ③ H   ④ 2H

⑤ 4H

127 저항, 인덕터, 커패시터에 관한 설명 중 옳지 않은 것은?

09년 국회직 9급

① 저항은 전력을 소모하는 소자이다.

② 인덕터는 자기장에 에너지를 저장한다.

③ 커패시터는 전기장에 에너지를 저장한다.

④ 커패시터에 흐르는 전류 파형은 불연속일 수 있다.

⑤ 인덕터에 흐르는 전류 파형은 불연속일 수 있다.

128 그림과 같은 환상 솔레노이드 내부에서 자계의 세기는?(단, 단위는 [AT/m]이며, 평균 반경 $R = 10$[cm], 권선수 $N = 100$회, 전류 $I = 2$[A]이라 가정한다.)

09년 국회직 9급

① 159   ② 238   ③ 318   ④ 477

⑤ 512

정답 **126** ⑤   **127** ⑤   **128** ③

129 $L = 20[\text{mH}]$이고 주파수가 $1,000[\text{Hz}]$일 때, L의 리액턴스는 얼마인가?

① $10\pi[\Omega]$ ② $20\pi[\Omega]$

③ $30\pi[\Omega]$ ④ $40\pi[\Omega]$

⑤ $60\pi[\Omega]$

130 다음 회로를 R에서 바라볼 때의 Thevenin 등가전압 $V_{th}[\text{V}]$과 등가저항 $R_{th}[\text{k}\Omega]$은?

09년 국회직 9급

① $V_{th}=1$, $R_{th}=3.3$

② $V_{th}=2$, $R_{th}=2.2$

③ $V_{th}=2$, $R_{th}=3.3$

④ $V_{th}=4$, $R_{th}=4.4$

⑤ $V_{th}=3$, $R_{th}=1.1$

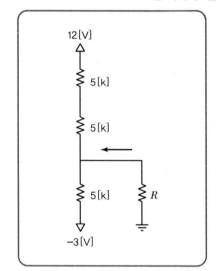

131 다음 회로에서 $i[\text{A}]$는?

09년 국회직 9급

① 0   ② 1

③ 2   ④ 3

⑤ 4

정답 **129** ④   **130** ③   **131** ②

132 사다리형 회로의 단자 ab에서 본 합성저항(R_{ab}[Ω]) 값은?(그림에서 R은 저항, G는 컨덕턴 스를 의미하여, $R_1 = 1$[Ω], $R_3 = 1/3$[Ω], $R_5 = 0.5$[Ω], $G_2 = 3$[℧], $G_4 = 4$[℧]이다.)

09년 국회직 9급

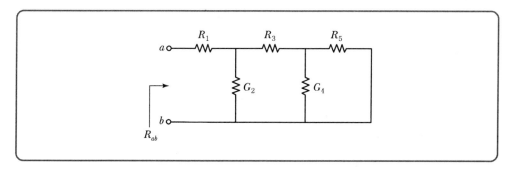

① $\dfrac{6}{5}$ ② $\dfrac{4}{3}$ ③ $\dfrac{5}{3}$ ④ $\dfrac{7}{3}$

⑤ $\dfrac{7}{4}$

133 다음 회로에서 R_3에 흐르는 전류는 얼마인가?

(단, $V = 6$[V], $I = 6$[mA], $R_1 = R_2 = 4$[kΩ]이다.)

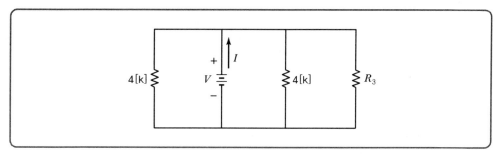

① 1.5[mA]   ② 2[mA]

③ 2.5[mA]   ④ 3[mA]

⑤ 4[mA]

134 다음 회로에서 전류와 전압의 위상차는 얼마인가?(단, 입력신호의 각속도는 2,000[rad/sec]이다.)

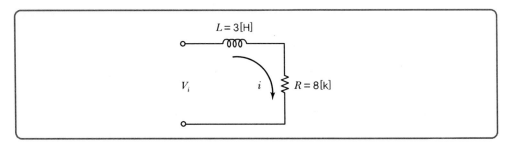

① 전류가 90도 늦다.　　　　② 전류가 53도 늦다.

③ 전류가 37도 늦다.　　　　④ 전류가 30도 늦다.

⑤ 동상이다.

135 다음 회로의 입력 어드미턴스는 얼마인가?(단, 각속도는 1,000[rad/sec]이다.)

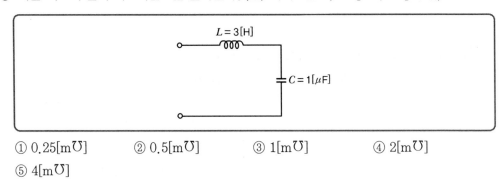

① 0.25[m℧]　　② 0.5[m℧]　　③ 1[m℧]　　④ 2[m℧]

⑤ 4[m℧]

136 다음 회로를 보고 지시하는 부분의 전류(I_L)를 구하시오.

① 0[mA]　　② 1m[A]　　③ 2[mA]　　④ 2.5[mA]

⑤ 5[mA]

정답　**134** ③　**135** ②　**136** ⑤

137 다음 그림 (a)의 회로를 테브냉(Thevenin) 등가회로를 이용하여 그림 (b)의 회로와 같이 변형하였을 때, 그림 (b)의 회로에서 $V_{TH}[V]$값과 $R_{TH}[\Omega]$ 값은?

(a)   (b)

	$V_{TH}[V]$	$R_{TH}[\Omega]$
①	8	9
②	8	16
③	12	9
④	12	16

138 아래의 RLC 병렬 공진회로에 대한 설명으로 옳지 않은 것은?

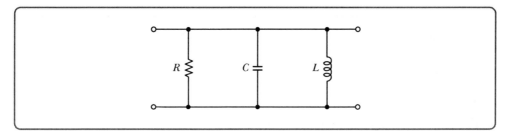

① 공진 주파수는 $f_0 = \dfrac{1}{2\pi\sqrt{LC}}$ 이다.

② 대역폭은 $BW = \dfrac{w_0}{Q}$ 이다.

③ 선택도는 $Q = \dfrac{2\pi f_0 L}{R}$ 이다.

④ 공진 주파수에서 전체 임피던스의 크기는 최대이다.

139 다음 그림과 같은 회로가 있다. 이때 전력원에서 소모되는 전력이 P_0이다. 이때, 저항 1개가 제거가 되었다. 이때 전체 소모되는 전력은 어떻게 변화를 하는가?

① 변화 없다.　　　　　　　　　　② 25[%] 증가
③ 25[%] 감소　　　　　　　　　　④ 20[%] 감소

140 다음 회로에서 저항 5[Ω]에 흐르는 전류는?

① 10[A]　　　　　　　　　　② 11.5[A]
③ 12.5[A]　　　　　　　　　④ 14[A]

141 RLC 직렬회로에 대한 설명이다. 잘못된 것은 무엇인가?

① 직렬공진 시 임피던스는 실수이다.
② 직렬공진 시 전류는 최대가 된다.
③ L과 C의 전압은 0이 된다.
④ 공진 주파수는 $w = \dfrac{1}{\sqrt{LC}}$ 가 된다.

142 60[μF]의 콘덴서에 3[V]의 전압이 충전되어 있다. 이 콘덴서를 보관해 두었는데, 누설전류가 50[nA]이다. 이 콘덴서가 완전히 방전되기까지 걸리는 시간은 얼마인가?

① 3,600초   ② 1,200초   ③ 600초   ④ 400초

143 다음 회로에서 최대 전력을 전달하기 위한 부하저항 값은 얼마인가?(단, $R_1 = R_2 = 2$[Ω]이다.)

① 1   ② 2   ③ 3   ④ 4

144 어떤 단상 회로에 220[Vrms] 전압이 걸릴 때 10[Arms]의 전류가 흐르고, 전류가 전압보다 60°의 위상이 뒤진다고 할 때 회로에서 소비되는 전력으로 옳은 것은?

① 2,200[W]   ② 1,600[W]   ③ 1,100[W]   ④ 800[W]

145 다음 저역통과 필터(Low Pass Filter) 회로에서 차단 주파수[Hz]는?

① $\dfrac{0.01}{2\pi}$ ② $\dfrac{0.1}{2\pi}$ ③ $\dfrac{1}{2\pi}$ ④ $\dfrac{10}{2\pi}$

⑤ $\dfrac{100}{2\pi}$

146 누설자속이 없을 때 권수 N_1회인 1차 코일의 자기 인덕턴스 L_1, 권수 N_2회인 2차 코일의 자기 인덕턴스 L_2와 두 코일 사이의 상호 인덕턴스 M의 관계는?

① $\sqrt{L_1 \cdot L_2} = M^2$ 　　　　　　② $\dfrac{1}{\sqrt{L_1 \cdot L_2}} = M^2$

③ $\sqrt{L_1 \cdot L_2} = M$ 　　　　　　④ $L_1 \cdot L_2 = M$

⑤ $\dfrac{1}{\sqrt{L_1 \cdot L_2}} = M$

147 어떤 전지에 10[Ω]의 저항을 연결하면 5[A]의 전류가 흐르고 15[Ω]의 저항을 연결하면 4[A]의 전류가 흐른다. 이 전지의 내부 저항[Ω] 및 기전력[V]은?

① 5, 100 　　　　② 10, 100 　　　　③ 5, 200 　　　　④ 10, 200

⑤ 550

148 다음 그림과 같은 회로에 직류 전압 100[V]를 인가힐 때 저항 10[Ω]의 양단에 걸리는 전압 [V] 및 전류 I_1[A]는?

① 40[V], 6[A] 　　　　　　② 60[V], 6[A]

③ 40[V], 4[A] 　　　　　　④ 60[V], 4[A]

⑤ 60[V], 10[A]

149 $F(s) = \dfrac{s+10}{s(s^2+2s+5)}$ 일 때, $f(t)$의 최종값은?

① 0 　　　　② 1 　　　　③ 2 　　　　④ 3

⑤ ∞

150 다음 회로에서 부하로 전달되는 전력이 최대가 되는 최대 전력 전달 조건을 만족하는 부하 저항 $R_L[\Omega]$은?

① 25

② 30

③ 50

④ 150

⑤ 180

151 아래 그림과 같은 회로에 $V_1 = 9[V]$의 직류전압을 인가한 후, 내부저항이 80[kΩ]인 전압계로 저항 R_2 양단의 전압을 측정하였다. 측정 전압과 실제 전압[V]의 차이는?(단, $R_1 = 10[kΩ]$, $R_2 = 20[kΩ]$임)

① $\dfrac{1}{13}$

② $\dfrac{5}{16}$

③ 1

④ $\dfrac{1}{2}$

⑤ $\dfrac{6}{13}$

152 다음 회로에서 V_{xy}의 값은 얼마인가?

① 6[V]　　　　② 10[V]　　　　③ 14[V]　　　　④ 16[V]
⑤ 20[V]

153 다음 회로에서 부하저항 R_L이 최대전력 전달 조건을 만족하는 저항값을 가질 때 부하저항 R_L에서 소비되는 최대전력[W]은?

① 8.25　　　　　　　　　　② 9.25
③ 10.25　　　　　　　　　　④ 11.25

154 다음 회로에서 저항에 걸리는 전압 V_1과 V_2의 값 [V]은?

① 7, 6　　　　　　　　　　② 7, 10
③ 8, 6　　　　　　　　　　④ 8, 10

정답　**152** ①　**153** ④　**154** ①

155 다음 그림과 같이 전지를 접속하였을 때, 단자 3과 5 사이의 전위차 V_{35}[V]는?

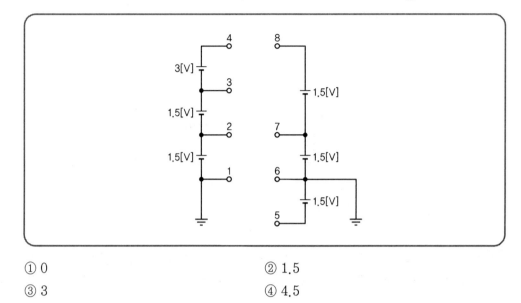

① 0

② 1.5

③ 3

④ 4.5

156 서로 다른 저항 R_1과 R_2에 대해 각각 전류 − 전압 특성을 측정하였을 때 다음과 같은 결과를 얻었다. 동일한 전압일 때 각 저항에서 소모되는 전력의 비 $P_1 : P_2$는?

① 2 : 1

② 3 : 1

③ 4 : 1

④ 9 : 1

157 다음 회로에서 전압 V가 일정하고, 스위치 SW를 닫은 후 전류 I가 닫기 전 전류의 2배가 되는 저항값 $R[\Omega]$은?

① 1   ② 1.5   ③ 2   ④ 2.5

158 용량의 3개의 콘덴서 C가 직렬로 접속되어 있는 경우의 합성 정전용량이 $1[\mu F]$일 때, 다음 회로와 같이 3개의 콘덴서 C를 직·병렬로 연결했을 때의 합성 정전용량$[\mu F]$은?

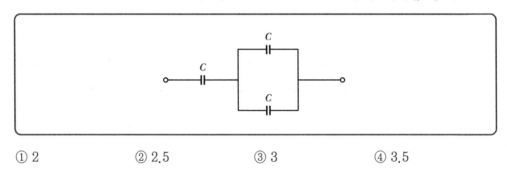

① 2   ② 2.5   ③ 3   ④ 3.5

159 다음 회로에서 전압 $V_3[\text{V}]$는?

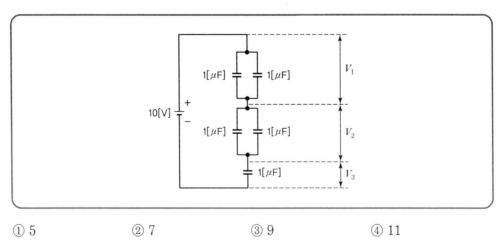

① 5   ② 7   ③ 9   ④ 11

160 그림과 같은 색띠 저항에 10[V]의 직류전원을 연결하면 이 저항에서 5분간 소모되는 에너지 [J]는 얼마인가?(단, 금색이 의미하는 저항값의 오차는 무시한다.)

색상	검정	갈색	빨강	주황	노랑	녹색	파랑	보라	회색	흰색
숫자	0	1	2	3	4	5	6	7	8	9

① 0.5 　　　　② 30 　　　　③ 50 　　　　④ 300

161 다음 그림의 회로에서 열려 있던 스위치(SW)를 닫을 때 저항 1[Ω]에서 일어나는 변화 중 옳은 것은?

① 회로 전체 저항은 1[Ω] 증가한다.　　② 1[Ω]을 흐르는 전류는 1.5[A] 증가한다.
③ 1[Ω]에서 소비되는 전력은 7[W] 증가한다.　④ 1[Ω] 양단의 전압은 3[V] 증가한다.

162 아래 표는 단면의 모양이 같고 밀도가 균일한 두 도선 A와 B에 관한 것이다. 도선 A와 B의 비저항을 각각 ρ_A와 ρ_B라 할 때, $\dfrac{\rho_B}{\rho_A}$는?

	길이[m]	단면적[mm²]	저항[Ω]
도선 A	3	2	3
도선 B	5	1	4

① $\dfrac{2}{5}$ 　　　　② $\dfrac{5}{8}$ 　　　　③ $\dfrac{9}{10}$ 　　　　④ $\dfrac{40}{9}$

정답 　160 ② 　161 ③ 　162 ①

163 기전력이 1.5[V]인 동일한 건전지 4개를 직렬로 연결하고, 여기에 10[Ω]의 부하저항을 연결하면 0.5[A]의 전류가 흐른다. 건전지 1개의 내부저항[Ω]은?

① 0.5

② 2

③ 6

④ 12

164 기전력 1.5[V], 내부저항 0.2[Ω]인 전지가 100개 있다. 이것들을 모두 직렬과 병렬을 조합하여 0.8[Ω]의 부하저항을 연결할 경우의 부하에 최대전력을 전달하기 위한 건전지 연결방법은?

① 100개 모두 직렬로 연결

② 50개씩 직렬로 2개 병렬

③ 25개씩 직렬로 4개 병렬

④ 20개씩 직렬로 5개 병렬

165 12[V] 배터리 용량이 48[Ah]라고 한다. 만약 배터리가 완전 충전되어 있을 때 90[W], 12[V]의 전구를 연결한다면 이론적으로 전구를 켤 수 있는 최대 시간은?

① 36분

② 60시간

③ 1시간 40분

④ 6시간 24분

166 다음의 회로에서 $R_1 = 30[Ω]$, $R_2 = 10[Ω]$, $R_3 = 15[Ω]$, $R_4 = 5[Ω]$일 때 최대전력을 소모하는 저항은?(단, G는 검류계이다.)

① R_1

② R_2

③ R_3

④ R_4

167 다음은 각각 무엇의 단위인가?

| ⊙ [C/s] | ⓛ [J/s] | ⓒ [C/V] | ⓔ [J/C] |

	⊙	ⓛ	ⓒ	ⓔ
①	커패시턴스	전류	전압	전력
②	전압	전력	커패시턴스	전류
③	전류	커패시턴스	전력	전압
④	전류	전력	커패시턴스	전압
⑤	커패시턴스	전압	전류	전력

168 다음 회로에 3[A]의 전류가 흐를 때, 단자 $a - b$ 사이의 전압 V_{ab}[V]는?

① 6   ② 12   ③ 18   ④ 24

169 다음 회로에서 저항 10[Ω]에 흐르는 전류 I_1이 0[A]일 때, 저항 R에 흐르는 전류 i[A]는?

① 0.5   ② 1   ③ 1.5   ④ 2

정답   167 ④   168 ②   169 ①

170 다음 회로에서 소모되는 전력이 12[W]일 때, 직류전원의 전압[V]은?

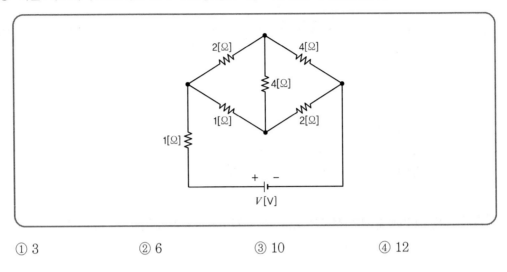

① 3　　　　　　② 6　　　　　　③ 10　　　　　　④ 12

171 그림 (a)와 그림 (b)를 이용하여 그림 (c)의 전류값 I[A]를 구하면?(단, N은 전원을 포함한 임의의 저항회로이다.)

① 0.25　　　　　② 0.5　　　　　③ 1　　　　　　④ 2

172 다음 회로를 테브난 등가회로로 나타낼 때 등가전압(V_{Th})으로 옳은 것은? 16년 국회직 9급

	$V_{Th}[\text{V}]$	$R_{Th}[\text{k}\Omega]$			$V_{Th}[\text{V}]$	$R_{Th}[\text{k}\Omega]$
①	1	1	②		1	2/3
③	2	1	④		2	2/3
⑤	2	1/3				

173 다음 회로에서 2[kΩ]에 흐르는 전류 I_o 값이 옳은 것은?　　　　15년 국회직 9급

① 4[mA]　　　　　　　　　② 5[mA]

③ 6[mA]　　　　　　　　　④ 7[mA]

⑤ 8[mA]

174 다음 회로에서 종속전류원 양단에 걸리는 전압 V[V]는?

① 10　　　　　　　　　　② 15

③ 30　　　　　　　　　　④ 45

175 다음 회로에서 저항 6[Ω]의 양단 전압이 5[V]일 때, 전압 V_g[V]는?

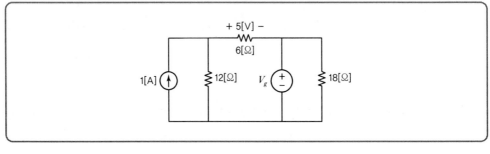

① 7   ② −7   ③ 5   ④ 3

⑤ −3

176 다음 회로에서 3[Ω]에 흐르는 전류 i_o[A]는?

① −3   ② 3   ③ −4   ④ 4

177 다음 회로의 60[Ω]에 흐르는 전류 I[A]는?

① 0.3   ② 0.2   ③ 1.5   ④ 0.25

178 세 개의 양(+)전하와 하나의 음(−)전하가 그림과 같이 정사각형의 꼭짓점 $A \sim D$에 놓여 있다. 정사각형의 중심 O에서 전기장의 방향은?

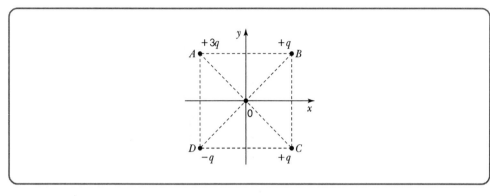

① +방향　　　　② −x방향　　　　③ +y방향　　　　④ −y방향

179 동일한 두 도체구 A와 B가 각각 전하량 +3Q와 −Q로 대전되어 그림과 같이 r만큼 떨어져 있을 때, A와 B 사이에 작용하는 전기력의 크기는 F이다. A와 B를 접촉시켰다가 다시 r만큼 분리했을 때, A와 B 사이에 작용하는 전기력의 크기는 F의 몇 배인가?

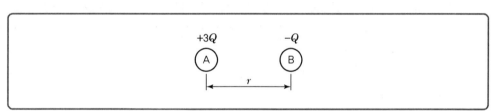

① $\dfrac{1}{3}$　　　　　　　　　　　　② $\dfrac{1}{2}$

③ 2　　　　　　　　　　　　　　④ 3

180 무한하고 균일한 평판전하에 의한 전계의 세기에 대한 설명으로 옳은 것은?

① 전계의 세기는 평판으로부터의 거리에 무관하다.
② 전계의 세기는 평판으로부터의 거리에 반비례한다.
③ 전계의 세기는 평판으로부터의 거리의 제곱에 비례한다.
④ 전계의 세기는 평판으로부터의 거리에 비례한다.

정답 **178** ④ **179** ① **180** ①

181 그림과 같이, 두 개의 무한히 큰 절연체 판이 단위면적당 전하밀도가 σ로 균일하게 대전되어 있다. 두 판 사이(영역 II)에서 전기장의 크기와 방향은?

① $\dfrac{\sigma}{2\varepsilon_0}$, 왼쪽(←) ② $\dfrac{\sigma}{2\varepsilon_0}$, 오른쪽(→)

③ $\dfrac{\sigma}{\varepsilon_0}$, 왼쪽(←) ④ $\dfrac{\sigma}{\varepsilon_0}$, 오른쪽(→)

182 다음 (a)는 반지름 $2r$을 갖는 두 원형 극판 사이에 한 가지 종류의 유전체가 채워져 있는 콘덴서이다. (b)는 (a)와 동일한 크기의 원형 극판 사이에 중심으로부터 반지름 r인 영역 부분을 (a)의 경우보다 유전율이 2배인 유전체로 채우고 나머지 부분에는 (a)와 동일한 유전체로 채워놓은 콘덴서이다. (b)의 정전용량은 (a)와 비교하여 어떠한가?(단, (a)와 (b)의 극판 간격 d는 동일하다.)

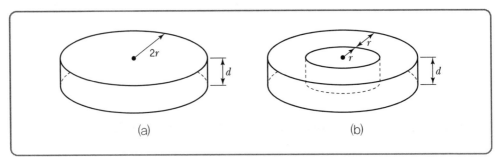

(a) (b)

① 15.7[%] 증가한다. ② 25[%] 증가한다.
③ 31.4[%] 증가한다. ④ 50[%] 증가한다.

183 공기 중에서 거리가 d만큼 떨어진 면적이 A인 두 도체 판으로 된 축전기의 전기용량은 $C_0 = \varepsilon_0 A/d$이다. 여기에서 ε_0는 공기의 유전율이다. 만일 이 축전기에 그림과 같이 유전 상수(Dielectric Constant)가 $k = 2$이고 두께가 $d/3$인 유전체를 삽입하였다면 이 축전기의 전기용량은 C_0의 몇 배인가?(단, 유전체의 유전율은 $\varepsilon = k\varepsilon_0$이다.)

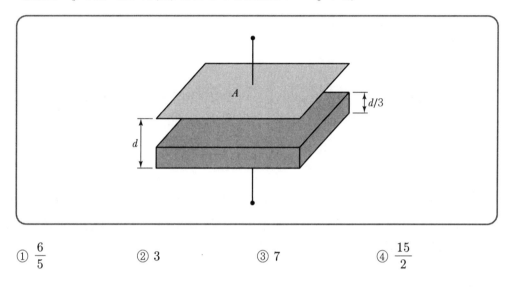

① $\dfrac{6}{5}$　　　　② 3　　　　③ 7　　　　④ $\dfrac{15}{2}$

184 그림 (a)는 극판 사이의 간격이 d, 극판 사이 물질의 유전율이 ε, 그리고 극판의 면적이 A일 때 전기용량이 C인 평행판 축전기를 나타낸 그림이다. 그림 (a)의 축전기에서 $\dfrac{d}{2}$의 간격에는 유전율 2ε의 유전물질로 채우고 나머지 $\dfrac{d}{2}$의 간격에는 미지의 유전물질을 그림 (b)와 같이 채웠더니 이 축전기의 전기용량이 $\dfrac{8}{3}C$가 되었다. 미지의 유전물질의 유전율은?(단, 축전기의 평행판과 유전체 모두에서 경계영역 효과는 무시한다.)

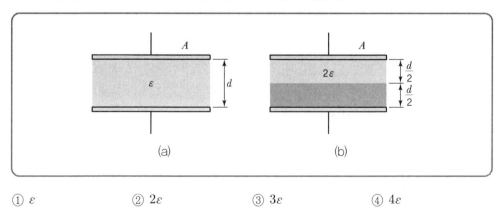

① ε　　　　② 2ε　　　　③ 3ε　　　　④ 4ε

정답　**183** ①　**184** ④

185 동일한 두 개의 축전기 A, B가 있다. A에는 10[V], B에는 20[V]를 가하여 축전시켰다. 두 축전기에 저장된 전하량의 비(Q_A/Q_B)와 전기에너지의 비(W_A/W_B)는?

	Q_A/Q_B	W_A/W_B			Q_A/Q_B	W_A/W_B
①	$\dfrac{1}{2}$	$\dfrac{1}{2}$	②		$\dfrac{1}{2}$	$\dfrac{1}{4}$
③	2	2	④		2	4

186 철심 코어에 권선 수 10인 코일이 있다. 이 코일에 전류 10[A]를 흘릴 때, 철심을 통과하는 자속이 0.001[Wb]이라면 이 코일의 인덕턴스[mH]는?

① 100   ② 10   ③ 1   ④ 0.1

187 자체 인덕턴스가 L_1, L_2인 2개의 코일을 그림 (a), (b)와 같이 직렬로 접속하여 두 코일 간의 상호인덕턴스 M을 측정하고자 한다. 두 코일이 정방향일 때의 합성인덕턴스가 24[mH], 역방향일 때의 합성인덕턴스가 12[mH]라면 상호인덕턴스 M[mH]은?

① 3   ② 6   ③ 12   ④ 24

188 환상철심에 두 코일을 감았을 때, 각 코일의 자기인덕턴스는 $L_1 = 10$[mH], $L_2 = 10$[mH] 이다. 두 코일의 결합계수 k가 0.5일 때, 두 코일의 직렬접속을 통해서 얻을 수 있는 합성인 덕턴스의 최댓값[mH]과 최솟값[mH]은?

	최댓값	최솟값			최댓값	최솟값
①	30	10	②		30	5
③	20	10	④		20	5

189 다음 그림은 자석 또는 코일이 속력 v로 운동하는 경우를 나타낸다. 이때 코일에 흐르는 전류의 방향이 나머지 세 경우와 반대인 것은?

① 자석을 아래 방향으로 움직이는 경우

② 코일을 아래 방향으로 움직이는 경우

③ 자석을 위쪽 방향으로 움직이는 경우

④ 코일을 위쪽 방향으로 움직이는 경우

190 그림과 같이 수직 방향으로 균일한 세기의 자기장에 평평한 고리 모양의 도선이 놓여 있다. 자기장과 수직한 고리 모양 도선의 내부 면적은 1[m²]이다. 0.5초 동안 자기장의 세기가 1T에서 2T로 일정한 비율로 증가한다면, 저항이 2[Ω]인 이 도선에 흐르는 유도 전류의 크기[A]와 방향은?

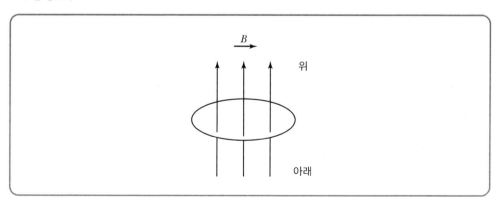

	전류의 크기[A]	방향
①	1	위에서 볼 때 시계 반대방향
②	2	위에서 볼 때 시계 반대방향
③	1	위에서 볼 때 시계방향
④	2	위에서 볼 때 시계방향

191 다음 그림과 같이 자극(N, S) 사이에 있는 도체에 전류 I[A]가 흐를 때, 도체가 받는 힘은 어느 방향인가?

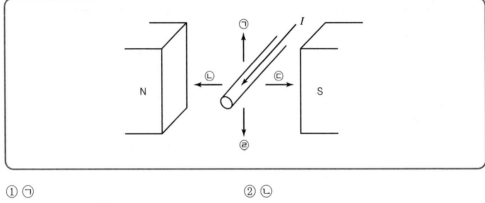

① ㉠

② ㉡

③ ㉢

④ ㉣

192 무한장 직선 전류 2[A]로부터 $\frac{1}{2\pi}$[m] 의 거리에 있는 점의 자계의 세기[A/m]는?

① 2π

② $\frac{1}{2\pi}$

③ 1

④ 2

193 반경이 a인 무한히 긴 직선 도체에 전류 I가 균일하게 흐르고 있다. 도체의 중심에서 $\frac{a}{2}$ 떨어진 곳의 자계세기가 H_0일 때, 도체의 중심에서 $2a$ 떨어진 곳의 자계세기는?

① $\frac{H_0}{4}$

② $\frac{H_0}{2}$

③ H_0

④ $2H_0$

정답 **191** ① **192** ④ **193** ③

194 전기회로와 자기회로의 대응 관계 중 옳지 않은 것은?

① 전기저항과 자기저항

② 전류와 자속

③ 기전력과 기자력

④ 유전율과 투자율

195 진공 중에서 주파수 12[MHz]인 전자파의 파장은 몇 [m] 인가?   14년 서울시 7급

① 0.04

② 0.25

③ 0.4

④ 25

⑤ 40

196 다음은 오실로스코프 화면에 나타난 구형파이다. 이 파형의 주파수 및 진폭으로 옳은 것은?   16년 국회직 9급

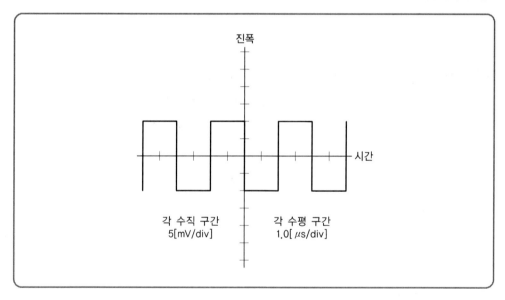

	주파수[kHz]	진폭[mV]			주파수[kHz]	진폭[mV]
①	200	10		②	200	20
③	250	10		④	250	20
⑤	400	10				

197 교류 전압 $v(t) = 200\sin120\pi t$[V]의 평균값[V]과 주파수[Hz]는?(단, 평균값은 순시값이 0으로 되는 순간부터 다음 0으로 되기까지의 양의 반주기에 대한 순시값의 평균이다.)

	평균값[V]	주파수[Hz]		평균값[V]	주파수[Hz]
①	$\dfrac{200}{\pi}$	50	②	$\dfrac{200}{\pi}$	60
③	$\dfrac{400}{\pi}$	50	④	$\dfrac{400}{\pi}$	60

198 교류전압 $v(t) = 100\sqrt{2}\sin377t$[V]에 대한 설명으로 옳지 않은 것은?

① 실효전압은 100[V]이다.

② 전압의 각주파수는 377[rad/sec]이다.

③ 전압에 1[Ω]의 저항을 직렬 연결하면 흐르는 전류의 실횻값은 $100\sqrt{2}$[A]이다.

④ 인덕턴스와 저항이 직렬 연결된 회로에 전압이 인가되면 전류가 전압보다 뒤진다.

199 다음과 같은 정현파 전압 v와 전류 i로 주어진 회로에 대한 설명으로 옳은 것은?

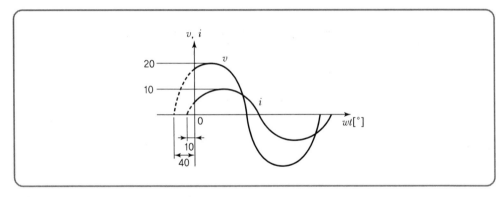

① 전압과 전류의 위상차는 40°이다.

② 교류전압 $v = 20\sin(wt - 40°)$이다.

③ 교류전류 $i = 10\sqrt{2}\sin(wt + 10°)$이다.

④ 임피던스 $\dot{Z} = 2\angle30°$이다.

200 다음 식으로 표현되는 비정현파 전압의 실횻값[V]은?

$$v = 2 + 5\sqrt{2}\sin\omega t + 4\sqrt{2}\sin(3\omega t) + 2\sqrt{2}\sin(5\omega t)\,[\text{V}]$$

① $13\sqrt{2}$ ② 11

③ 7 ④ 2

201 교류회로의 전압 $\dot{V}$와 전류 $\dot{I}$가 다음 벡터도와 같이 주어졌을 때, 임피던스 $\dot{Z}$[Ω]는?

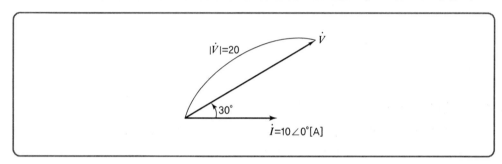

① $\sqrt{3} - j$ ② $\sqrt{3} + j$

③ $1 + j\sqrt{3}$ ④ $1 - j\sqrt{3}$

202 다음과 같은 회로에서 $v(t) = 10\cos(\omega t + 60°)$[V]이고 $Z = 5\angle 30°$[Ω]이다. 전류 $i(t)$[A] 의 식을 시간의 함수로 나타내면 옳은 것은? 15년 국회직 9급

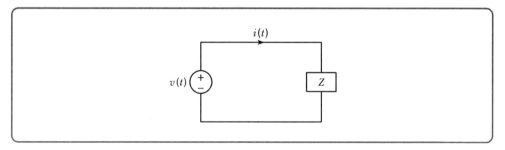

① $i(t) = \dfrac{1}{2}\cos(\omega t - 30°)$ ② $i(t) = 2\cos(\omega t + 30°)$

③ $i(t) = \dfrac{1}{2}\cos(\omega t - 90°)$ ④ $i(t) = 2\cos(\omega t + 90°)$

⑤ $i(t) = \dfrac{1}{2}\cos(\omega t + 60°)$

203 교류 전원의 진동수(주파수)가 증가할 때, 회로에 흐르는 실효 전류가 감소하게 되는 것만을 모두 고른 것은?(단, 교류 전원의 실효 전압은 일정하다.)

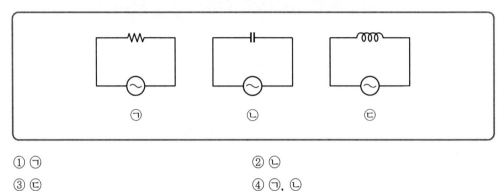

① ㉠

② ㉡

③ ㉢

④ ㉠, ㉡

204 다음은 직렬 RL회로이다. $v(t) = 10\cos(\omega t + 40°)[\text{V}]$이고, $i(t) = 2\cos(\omega t + 10°)[\text{mA}]$ 일 때, 저항 R과 인덕턴스 L은?(단, $\omega = 2 \times 10^6[\text{rad/sec}]$이다.)　　15년 국가직 9급

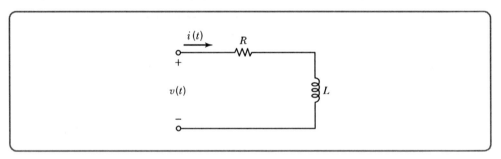

	$R[\Omega]$	$L[\text{mH}]$
①	$2,500\sqrt{3}$	1.25
②	2,500	1.25
③	$2,500\sqrt{3}$	12.5
④	2,500	12.5

205 RL 직렬회로에서 전원 $v(t)$를 인가하였을 때 회로에 흐르는 전류 $i(t)$가 그림과 같이 측정되었다. 이때 $R[\Omega]$ 및 $L[\mathrm{mH}]$의 값으로 가장 가까운 것은?

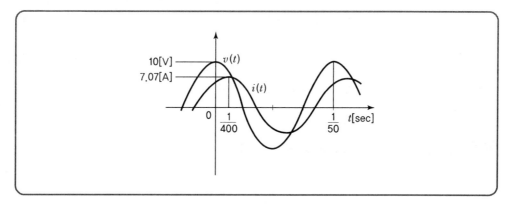

	R	L			R	L
①	1	2.2		②	1	3.2
③	1.4	2.2		④	1.4	3.2

206 다음 회로에서 $V = 96[\mathrm{V}]$, $R = 8[\Omega]$, $X_L = 6[\Omega]$일 때, 전체 전류 $I[\mathrm{A}]$는?

① 38

② 28

③ 9.6

④ 20

207 RLC 회로의 공진에 대한 설명으로 옳지 않은 것은?

① 회로망의 입력단자에서 전압과 전류가 동위상일 때 회로망은 공진상태에 있다.

② 공진주파수는 임피던스(직렬공진) 또는 어드미턴스(병렬공진)의 위상각이 90°가 되도록 하는 주파수이다.

③ 공진 시의 회로 임피던스(직렬공진) 또는 어드미턴스(병렬공진)는 순수 저항성이 된다.

④ 공진 시 회로에 축적되는 총 에너지는 시간에 관계없이 일정하다.

208 다음 $R - L - C$ 병렬회로에서 전류 I[A]는?

① 3

② 4

③ 5

④ 6

209 $R - L - C$ 직렬회로에서 $R : X_L : X_C = 1 : 2 : 1$일 때, 역률은?

① $\dfrac{1}{\sqrt{2}}$

② $\dfrac{1}{2}$

③ $\sqrt{2}$

④ 1

210 단상 교류회로에서 80[kW]의 유효전력이 역률 80[%](지상)로 부하에 공급되고 있을 때, 옳은 것은?

① 무효전력은 50[kVar]이다.

② 역률은 무효율보다 크다.

③ 피상전력은 $100\sqrt{2}$ [kVA]이다.

④ 코일을 부하에 직렬로 추가하면 역률을 개선시킬 수 있다.

211 다음의 회로에서 입력전원 $v_{in}(t) = 5\sin 400t$[V]가 인가되었을 때의 역률(Power Factor)은?(단, $R = 25$[kΩ], $C = 0.1$[μF]이다.) 15년 서울시 9급

① 0.5

② 1

③ $\dfrac{1}{\sqrt{3}}$

④ $\dfrac{1}{\sqrt{2}}$

212 아래 회로에서 부하 Z_L에 최대전력을 전달하기 위한 Z_L[Ω]값으로 옳은 것은?

15년 국회직 9급

① $1 + j$

② $1 - j$

③ $2 + j2$

④ $2 - j2$

⑤ $1 + j2$

213 전력 증폭회로 출력단의 내부 복소 임피던스가 $10 + j5$[Ω]이다. 부하에 전달되는 전력이 최대가 되는 부하의 복소 임피던스[Ω]는?

① $10 + j5$

② $10 - j5$

③ $5 + j10$

④ $5 - j10$

214 다음은 단자 전압이 $v(t) = 100\sin w_o t + 40\sin 2w_o t + 30\sin(3w_o t + 90°)$인 신호이다. 이 신호파의 일그러짐률은 얼마인가?

① 30

② 40

③ 50

④ 70

215 다음 $R-C$ 회로에 대한 설명으로 옳은 것은?(단, 입력 전압 v_s의 주파수는 10[Hz]이다.)

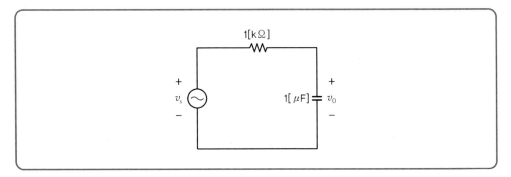

① 차단주파수는 $\dfrac{1,000}{\pi}$ [Hz]이다.

② 이 회로는 고역 통과 필터이다.

③ 커패시터의 리액턴스는 $\dfrac{50}{\pi}$[kΩ]이다.

④ 출력전압 v_o에 대한 입력전압 v_s의 비는 0.6이다.

216 다음 회로에서 직류전압 $V_s = 10$[V]일 때, 정상상태에서의 전압 V_c [V]와 전류 I_R [mA]은?

	V_c	I_R			V_c	I_R
①	8	20		②	2	20
③	8	2		④	2	2

217 다음 회로에서 정상상태에 도달하였을 때, 인덕터와 커패시터에 저장된 에너지[J]의 합은?

① 2.6

② 26

③ 260

④ 2,600

218 다음 RC회로에서 $R = 50\,[\text{k}\Omega]$, $C = 1\,[\mu\text{F}]$ 일 때, 시상수 $\tau\,[\text{sec}]$는?

① 2×10^2

② 2×10^{-2}

③ 5×10^2

④ 5×10^{-2}

219 다음 $R - C$ 직렬회로에서 $t = 0$의 시점에 스위치 SW를 닫은 후, 회로에 흐르는 전류 $i_c(t)$ [A]의 파형은?(단, 콘덴서 C의 초기 충전 전하량은 0이다.)

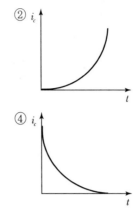

220 그림 (a)와 같이 RC 회로에 V_s의 크기를 갖는 직류전압을 인가하고 스위치를 ON시켰더니 콘덴서 양단의 전압 V_c가 그림 (b)와 같은 그래프를 나타내었다. 이 회로의 저항이 1,000[Ω]이라고 하면 콘덴서 C의 값은?

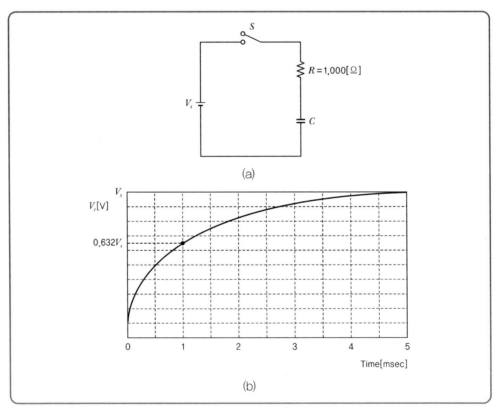

① 0.1[mF]   ② 1[mF]   ③ 1[μF]   ④ 10[μF]

221 다음 회로 (a), (b)에서 스위치 S_1, S_2를 동시에 닫았다. 이후 50초 경과 시 ($I_1 - I_2$) [A]로 가장 적절한 것은?(단, L과 C의 초기전류와 초기전압은 0이다.)

(a)

(b)

① 0.02 ② 3

③ 5 ④ 10

222 다음 2포트 회로망에서 입출력 전압 및 전류 관계를 $V_1 = A V_2 - B I_2$와 $I_1 = C V_2 - D I_2$로 표현할 때, $A + B + C + D$ 값은?

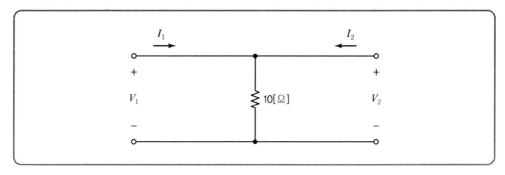

① 0.1 ② 2.1

③ 10.1 ④ 11.1

정답 **221** ③ **222** ②

223 다음 회로의 전송 파라미터 [A, B, C, D 정수]로 옳은 것은? 15년 국회직 9급

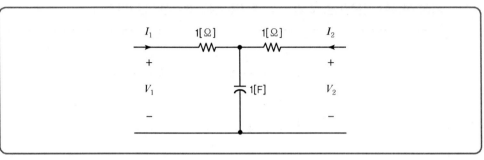

① $\begin{pmatrix} 1+j\omega & 2+j\omega \\ j\omega & 1+j\omega \end{pmatrix}$

② $\begin{pmatrix} j\omega & 2+j\omega \\ 1+j\omega & 1+j\omega \end{pmatrix}$

③ $\begin{pmatrix} 1+j\omega & 1+j\omega \\ j\omega & 1+j\omega \end{pmatrix}$

④ $\begin{pmatrix} 1+j\omega & 1+j\omega \\ j\omega & 2+j\omega \end{pmatrix}$

⑤ $\begin{pmatrix} 1+j\omega & 2+j\omega \\ 2+j\omega & 1+j\omega \end{pmatrix}$

224 다음 LC회로의 전달함수 [$H(s) = V_o(s)/V_i(s)$] 식으로 옳은 것은? 16년 국회직 9급

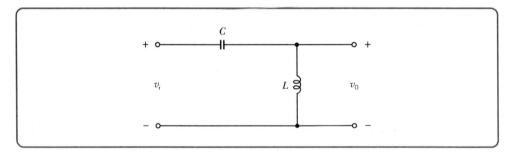

① $\dfrac{s^2}{s^2 + LC}$

② $\dfrac{s^2}{s^2 + \dfrac{1}{LC}}$

③ $\dfrac{\dfrac{1}{LC}}{s^2 + \dfrac{1}{LC}}$

④ $\dfrac{s^2}{s^2 + \dfrac{L}{C}}$

⑤ $\dfrac{\dfrac{L}{C}}{s^2 + \dfrac{L}{C}}$

225 다음 신호 $f(t)$를 라플라스 변환(Lapplace Transform)한 것으로 옳은 것은?

16년 국회직 9급

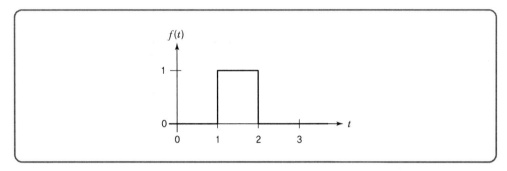

① $F(s) = \dfrac{e^{-s}}{s} - \dfrac{e^{-2s}}{s}$

② $F(s) = \dfrac{1}{s+1} - \dfrac{1}{s+2}$

③ $F(s) = e^{-s} - e^{2s}$

④ $F(s) = \dfrac{e^{-s}}{s+1} - \dfrac{e^{-2s}}{s+2}$

226 다음 $R-L-C$ 직렬회로에서 $t=0$인 경우 스위치가 닫힌다. 그때 전류 $i(t)$의 응답이 임계제동(Critical Damping)이 되기 위한 저항 R의 값으로 옳은 것은?(단, $v_c(0) = 1[\text{mV}]$, $i(0) = 0[\text{A}]$이고, $L = 100[\text{mH}]$, $C = 10[\mu\text{F}]$이다.)

15년 서울시 9급

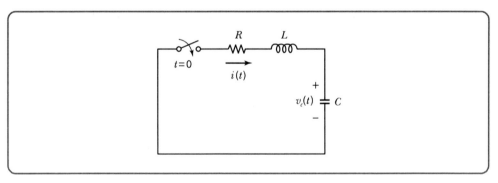

① $50[\Omega]$

② $100[\Omega]$

③ $150[\Omega]$

④ $200[\Omega]$

227 다음 회로의 전달함수가 $\dfrac{V_o(s)}{V_i(s)} = \dfrac{5s}{s^2 + 5s + 10}$ 가 되기 위한 $L[\mathrm{H}]$ 과 $C[\mathrm{F}]$의 값은?

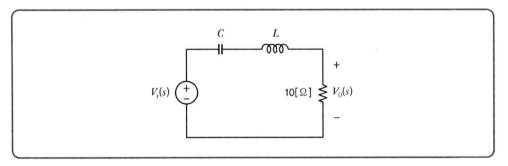

① $L=1,\ C=0.05$ ② $L=1,\ C=0.5$

③ $L=2,\ C=0.05$ ④ $L=2,\ C=0.5$

228 다음 전달함수를 갖는 시스템의 단위 임펄스 응답으로 옳은 것은?

$$G(s) = \frac{2s+5}{s^2+4s+5}$$

① $e^{-2t}(\cos t + 2\sin t)$ ② $e^{-2t}(\cos t - 2\sin t)$

③ $e^{-2t}(2\cos t + \sin t)$ ④ $e^{-2t}(2\cos t - \sin t)$

기초전기전자

발행일 | 2015. 1. 20　초판발행
2015. 8.　1　개정 1판1쇄
2016. 2. 20　개정 2판1쇄
2016. 7. 20　　　2판2쇄
2017. 1. 20　개정 3판1쇄
2017. 8.　1　개정 4판1쇄
2018. 2. 20　　　4판2쇄
2019. 2. 20　　　4판3쇄
2020. 1. 20　　　4판4쇄
2020. 8. 20　개정 5판1쇄
2021. 3. 10　　　5판2쇄
2022. 5. 10　개정 6판1쇄
2023. 8. 30　개정 7판1쇄

저　자 | 최우영 · 전승완
발행인 | 정용수
발행처 | 예문사

주　소 | 경기도 파주시 직지길 460(출판도시) 도서출판 예문사
T E L | 031) 955-0550
F A X | 031) 955-0660
등록번호 | 11-76호

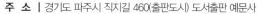

정가 : 23,000원

ISBN 978-89-274-5086-3　13560